T0222214

Es ist an der Zeit

N. David Mermin ist Mitglied der National Academy of Sciences und wurde mit dem ersten Julius-Edgar-Lilienfeld-Preis der American Physical Society ausgezeichnet. Er hat u. a. die Bücher „Festkörperphysik" (mit N. Ashcroft), „Boojums All the Way through" und „Space and Time in Special Relativity" geschrieben.

N. David Mermin

Es ist an der Zeit

Einsteins Relativitätstheorie verstehen

Aus dem Englischen übersetzt von Matthias Delbrück

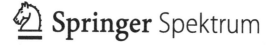 Springer Spektrum

N. David Mermin
Laboratory of Atomic and Solid State Physics
Cornell University
Ithaca, USA

Übersetzt von Matthias Delbrück

ISBN 978-3-662-47151-7   ISBN 978-3-662-47152-4 (eBook)
DOI 10.1007/978-3-662-47152-4

Die Deutsche Nationalbibliothek verzeichnet diese Publikation in der Deutschen Nationalbibliografie; detaillierte bibliografische Daten sind im Internet über http://dnb.d-nb.de abrufbar.

Springer Spektrum
Übersetzung der amerikanischen Ausgabe: It's About Time von N. David Mermin, erschienen bei Princeton University Press 2005, Copyright © 2005 by Princeton University Press. Alle Rechte vorbehalten.

Planung: Dr. Lisa Edelhäuser

Gedruckt auf säurefreiem und chlorfrei gebleichtem Papier

Springer-Verlags GmbH Berlin Heidelberg ist Teil der Fachverlagsgruppe Springer Science+Business Media
(www.springer.com)

Für Hannah und Sam

Vorwort

Die absolute, wahre und mathematische Zeit fließt aus ihrer eigenen Natur heraus, gleichmäßig und ohne Beziehung zu irgendetwas, das ihr äußerlich wäre.
Isaac Newton

My time is your time.
Rudy Vallee

… schließlich erschien mir die Zeit selbst suspekt zu sein.
Albert Einstein

Im Jahr 2005 jährte sich die Veröffentlichung von Albert Einsteins Spezieller Relativitätstheorie zum hundertsten Mal. Vierzig Jahre zuvor, also zum 60-jährigen Jubiläum, war ich als frischgebackener Physikdozent an der Cornell University zu der Überzeugung gekommen, es sei an der Zeit, die Relativitätstheorie in das Highschool-Curriculum aufzunehmen. Dies lässt sich überraschenderweise innerhalb eines Kurses in elementarer Algebra oder ebener Geometrie bewerkstelligen – mehr mathematisches Handwerkszeug braucht man für ein volles Verständnis des Themas gar nicht. Daher konzipierte ich einen Kurs über

Spezielle Relativität für eine Gruppe von Highschool-Lehrern, die damit gut zurechtzukommen schienen.

Die Spezielle Relativitätstheorie ist ideal für den Unterricht an High Schools geeignet, denn sie bietet nicht nur wirklich erstaunliche Anwendungen der elementaren Schulmathematik, sondern es besitzt auch jeder von uns (möglicherweise ohne sich dessen bewusst zu sein) ein intuitives Verständnis für die Relativität der Natur. Es geht um die Zeit – was könnte einem vertrauter sein? Was die Sache so faszinierend macht, ist, dass sich dank der Relativitätstheorie etwas so Vertrautes wie die Zeit als in Wirklichkeit so schockierend andersartig herausstellt; anders als alles, was man sich bis 1905 darunter hatte vorstellen können. Wir wissen nun, dass die beiden ersten Zitate zu Beginn dieses Vorworts komplett falsch sind. Zu verstehen, warum und inwiefern Newton und Rudy Vallee ein falsches Verständnis vom Wesen der Zeit hatten, ist ein wesentlicher Teil unserer Allgemeinbildung. Das dritte Zitat, in dem Einstein den Schlüssel zur Lösung dieses großen physikalischen Rätsels der vorletzten Jahrhundertwende so wunderbar auf den Punkt bringt, stammt aus einem Gespräch, das der Physiker und Wissenschaftshistoriker Robert S. Shankland mit Einstein Anfang der 1950er Jahre führte, wenige Jahre vor dessen Tod 1955.[1]

Trotz der guten Gründe, die dafür sprechen, wurde die Spezielle Relativitätstheorie in den letzten 40 Jahren nicht in die Lehrpläne der High Schools aufgenommen.[2] Das Einzige, was von meinem heroischen Kampf gegen die Windmühlen übrig blieb, war ein Buch, das 1968 auf Englisch unter dem Titel *Space and Time in Special Relativity* erschien und bis heute erhältlich ist.[3] Obwohl ich es eigentlich für

Highschool-Schüler geschrieben hatte, ist es in den letzten vier Jahrzehnten wohl nur selten in Schülerkreisen aufgetaucht. Stattdessen habe ich es lange Zeit an der Cornell University in Relativitätstheorie-Kursen für Nichtphysiker benutzt.

Während ich im Lauf der Jahre Studierenden die Relativitätstheorie zu erklären versuchte, wurde ich immer unzufriedener mit meinem Buch. Obwohl ich es weiterhin jedem anderen Buch auf seinem elementaren mathematischen Niveau vorzog, wurde mir klar, dass es höchstens den berühmten Einäugigen unter den Blinden abgab. In den 1990er Jahren habe ich schließlich aufgehört, es als Lehrbuch zu empfehlen und mich stattdessen auf das Vorlesungsskript verlassen, das ich inzwischen für meine Cornell-Nichtphysiker ausgearbeitet hatte. Während meiner gesamten Lehrtätigkeit wurde das Skript kontinuierlich umgestellt und überarbeitet – als Reaktion auf die Schwierigkeiten und Missverständnisse, die sich in unzähligen Gesprächen mit klugen, verwirrten Studierenden auftaten.

Der visionäre Jungdozent von vor 40 Jahren steht nun vor der Rente, und dieses neue Buch über die Spezielle Relativitätstheorie ist im Wesentlichen die aktuelle Fassung meines Vorlesungsskripts. Ich habe keine Zweifel, dass dieses Skript sich auch weiter ständig verbessern würde, wenn ich weiter im Austausch mit all diesen wunderbar gescheiten, offenen, kritischen Cornell-Studenten stünde, die geholfen haben, es auf den jetzigen Stand zu bringen. Doch ohne die Hilfe dieser Quelle beständiger Inspirationen und Überraschungen würde weiteres Herumfeilen an meinen Notizen die Sache eher schlechter als besser machen. Es ist an der Zeit, noch einmal ein Buch zu schreiben.

Zwischen 1968 und 2005 habe ich viel darüber gelernt, wie man die Spezielle Relativitätstheorie erklären sollte. Eine didaktische Entdeckung war dabei besonders wertvoll. Jeder, der dieses Thema verstehen will, muss in der Lage sein sich vorzustellen, wie Ereignisse, etwa auf einem Bahnhof, aus der Sicht eines Passagiers in einem (geradlinig-gleichförmig) durchfahrenden Zug beschrieben werden, und genauso, wie Ereignisse in diesem Zug aus der Sicht des Aufsichtspersonals auf dem Bahnsteig beschrieben werden. Ohne die Fähigkeit, korrekt und souverän zwischen diesen zwei Sichtweisen hin- und herzuwechseln, kann man nicht einmal beginnen, ein rudimentäres Verständnis für unser Thema zu entwickeln. Doch alle einführenden Bücher über die Spezielle Relativitätstheorie, einschließlich meines eigenen von 1968, setzen dies als gegeben voraus und wenden diese ungewohnte, nicht trainierte und oft gar nicht vorhandene Kompetenz sofort auf hochgradig kontraintuitive Phänomene an.

Wenn man Relativität erklären möchte, führt dieser Prozess oft zu Beschreibungen aus zwei verschiedenen Perspektiven, die einander (auf den ersten Blick) komplett zu widersprechen scheinen. Im Angesicht eines scheinbaren Paradoxons gehen Menschen, die noch nie zuvor mit der Transformation zwischen Bahnhofsperspektive und Zugperspektive zu tun hatten, aus gutem Grund davon aus, dass sie dabei irgendetwas falsch gemacht haben müssen. Statt zu versuchen, das Paradoxon als ein nur scheinbares aufzulösen, verlieren sie den Mut und das Vertrauen in die analytische Methode, die sie dort hineinbugsiert hat.

In dieser Hinsicht ist die Didaktik des Standardzugangs zur Relativitätstheorie furchtbar. Man führt eine so wesentliche wie fremdartige Methode – die Transformation zwischen „Bezugssystemen" – ein, indem man sie sofort auf äußerst ungewöhnliche und schwer zu verstehende Fälle loslässt. Für mich war die entscheidende Lektion aus dem Unterrichten von Generationen von Studenten im Grundstudium, von denen dazu keiner eine Naturwissenschaft als Hauptfach belegt hatte, dass man die Transformation zwischen Bezugssystemen an ganz gewöhnlichen, intuitiv zu erfassenden Beispielen einführen muss. Es gibt viele Möglichkeiten, diese Fähigkeit behutsam zu entwickeln, und man kann eine Menge Dinge dabei lernen, die überhaupt nicht selbstverständlich, wenn auch niemals paradox sind. Darum ist genau dies das Thema von Kap. 1 des vorliegenden Buchs, wo wir einige einfache Fragen über kollidierende Objekte untersuchen. Obwohl man so gut wie nie über solche „nichtrelativistischen" Vorgänge als Vorbereitung auf „relativistische" Diskussionen spricht, bin ich mittlerweile überzeugt, dass das unabdingbar ist, wenn man das Thema Leuten ohne formalen naturwissenschaftlichen Background erklären möchte. Eine Einführung in die Relativitätstheorie mit einfachen Stoßprozessen zu beginnen, hat noch den zweiten Vorteil, dass man diese Prozesse später ganz zwanglos zur Erklärung von „$E = mc^2$" benutzen kann.

Eine weitere Sache, die ich seit 1968 gelernt habe, ist, wie wichtig es ist herauszustellen, dass sich nicht nur Objekte mit Lichtgeschwindigkeit sehr seltsam verhalten, sondern dass Objekte, deren Geschwindigkeit geringer, aber noch vergleichbar mit der Lichtgeschwindigkeit ist, ganz genauso seltsame Dinge machen. Das Merkwürdige an einer Bewegung mit Lichtgeschwindigkeit ist nur ein Spezialfall der Merkwürdigkeit von jeglicher Bewegung, welche allerdings erst bei extrem hohen Geschwindigkeiten wirklich zutage tritt. Diese allgemeinere Seltsamkeit lässt sich in einer elementaren, aber exakten Regel zum Ausdruck bringen, die man bereits sehr früh formulieren kann und sollte. Ich werde dies in Kap. 4 tun, und zwar mithilfe eines überraschend einfachen Gedankenexperiments, das in meinem 1968er-Buch als Übungsaufgabe erschien. Als mir klar wurde, dass anscheinend bis dahin noch niemand auf diese Argumentation gekommen war, publizierte ich meine Übungsaufgabe (und ihre Lösung) im *American Journal of Physics* (1983). In der Folge merkte ich dann, dass diese Idee eine ganz zentrale Rolle in der Didaktik der Relativitätstheorie spielen sollte. Sie hilft bei der Einsicht, dass viele Tricks mit Lichtsignalen, die bei der Bestimmung der Natur der Zeit eine so wesentliche Rolle zu spielen scheinen, tatsächlich auch mit jedem anderen gleichförmig bewegten Gerät funktionieren, das Signale von hier nach da übertragen kann.

Die Bedeutung eines weniger unorthodoxen Aspekts meines didaktischen Konzepts hat Einstein von Anfang an verstanden, sie wurde aber in späteren Werken (auch in meinem Buch von 1968) tendenziell unterschätzt. Und zwar geht es darum, dass es allein eine Frage der Konvention ist, ob zwei Ereignisse an verschiedenen Orten gleichzeitig sind oder nicht. Dass die Gleichzeitigkeit von Ereignissen an verschiedenen Orten keinerlei inhärente, eigenständige Bedeutung besitzt, ist die wichtigste Lektion, die man überhaupt aus der Beschäftigung mit Relativität lernen kann – und darf somit in einer Einführung in das Thema auf keinen Fall fehlen. Doch 1968 habe ich die Relativität der Gleichzeitigkeit lediglich als zweitrangige Konsequenz aus einigen anderen Merkwürdigkeiten eingeführt, statt darauf zu bestehen, dass sie der entscheidende Schlüssel dafür ist, dass alles andere einen Sinn ergibt. Im vorliegenden Band führe ich daher die relative Natur der Gleichzeitigkeit sehr früh ein, quantitativ formuliert in einer einfachen, klaren und leicht zu merkenden Gleichung. Diese Gleichung wird danach in allen folgenden Erörterungen eine zentrale Rolle spielen.

Eine weitere Innovation in diesem Buch ist die Art, wie ich die von Minkowski kurz nach Einsteins wegweisenden Arbeiten erfundenen Raumzeitdiagramme behandle. Diese Skizzen helfen sehr dabei, die verschiedenen Ergebnisse zu einer einheitlichen intuitiven Vorstellung zusammenzufügen, ohne dass man unhandliche und komplizierte Gleichungen nachvollziehen müsste. 1968 spielten in meinem Buch die Koordinatenachsen von Raum und Zeit die entscheidende Rolle bei der Beschreibung von Ereignissen, und ich habe (etwas unkonventionelle) trigonometrische Beziehungen benutzt, um daraus die wesentlichen Informationen herauszuarbeiten. Gut 25 Jahre später fiel mir auf, dass die Achsen unnötig sind und im Zweifelsfall nur Verwirrung stiften. Man kann tatsächlich die umständlichen trigonometrischen Gleichungen meiner früheren Herleitung durch ganz einfache Sätze aus der ebenen Geometrie ersetzen, bei denen es im Wesentlichen nur darum geht, in den Abbildungen ähnliche Dreiecke zu identifizieren. Soweit ich weiß, wurde dieser Zugang zu den Raumzeitdiagrammen, der mit minimalem Rechenaufwand direkt bei Einsteins zwei Prinzipien ansetzt, bisher noch in keinem Lehrbuch benutzt oder überhaupt irgendwo in der wissenschaftlichen Literatur, weswegen ich ihn im *American Journal of Physics* (1997 und 1998) veröffentlicht habe. Raumzeitdiagramme in der hier von mir vorgelegten Form verhalten sich zur üblichen Darstellung dieser Diagramme wie die ebene euklidische Geometrie zur Analytischen Geometrie von Descartes. Natürlich ist die Analytische Geometrie das leistungsstärkere Werkzeug, wenn es um professionelle Berechnungen geht, Euklids Ansatz dagegen ist die Methode der Wahl, wenn es um ein tieferes Verständnis der Zusammenhänge geht.

Ein unüblicher Gedanke in meinem Buch von 1968 war ein alternativer grafischer Zugang, weniger vielseitig, aber auch weniger abstrakt als die Raumzeitdiagramme. Er basierte auf einer Reihe von Bildern von zwei relativ zueinander bewegten Zügen, jeweils aus der Perspektive von Passagieren in dem einen oder dem anderen Zug. Ein Jahrzehnt später dämmerte mir, das sich dasselbe noch viel einfacher sagen lässt, wenn man nicht aus Sicht der Passagiere der beiden Züge, sondern von einem Bahnsteig (oder einer Raumstation) aus argumentiert, relativ zu dem beide Züge mit betragsmäßig gleicher Geschwindigkeit in entgegengesetzte Richtungen fahren. Diesen Ansatz finden Sie nun in Kap. 9 dieses Buchs.

Schließlich darf ich beim Auflisten der in diesem Buch enthaltenen Verfeinerungen der relativistischen Didaktik auf keinen Fall Alice und Bob vergessen. Die beiden spielen seit vielen Jahrzehnten die Hauptrollen in Geschichten, welche gerne von Kryptologen erzählt werden. Ich machte ihre Bekanntschaft in den 1990er Jahren, als ich mich für einige bemerkenswerte Entwicklungen bei der Anwendung der Quantenphysik auf die Informationsverarbeitung interessierte. Dabei habe ich festgestellt, dass sie auch beim Casting für ein Buch über die Spezielle Relativitätstheorie beste Chancen hatten. Dies nicht nur, weil „aus Sicht von Alice" und „aus Sicht von Bob" viel netter klingt als „in Bezugssystem A" oder „in Bezugssystem B". Die Tatsache, dass beide – zumindest in europäischen Sprachen – ihren eigenen Satz an Pronomen (sie, er, ihm, ihn, seine, ihre, …) mitbringen, erleichtert es ungemein, einige durchaus komplizierte Geschichten völlig formlos und umgangssprachlich zu erzählen, ohne dass darunter die physikalische Präzision leiden müsste. Sie spielen (manchmal ergänzt um ihre Sidekicks Charlie, Carol, Dick und Eve) eine zentrale Rolle im vorliegenden Band. Und wenn dieses Buch auch sonst keinen Beitrag zum öffentlichen Verständnis der Relativitätstheorie leisten würde, so hoffe ich doch, dass es zumindest Alice und Bob den Weg zu einer zweiten, relativistischen Karriere verhelfen wird.

... schließlich erschien mir die Zeit selbst
suspekt zu sein.
Albert Einstein

Hinweis für die Leser

Obwohl die Mathematik in diesem Buch durchwegs auf elementarem Niveau angesiedelt bleibt – einfache ebene Geometrie und einfache algebraische Umformungen auf dem Niveau von Highschool-Anfängern[4] – kann man es nicht ganz wie einen Roman lesen. Ich habe mich peinlichst darum bemüht, die meist Einstein zugeschriebene Regel zu beachten, alle Darstellungen so einfach wie möglich zu halten, aber auf keinen Fall einfacher. Es wird darum gelegentlich nötig sein, dass Sie einen Moment innehalten und einen bestimmten Gedankengang nachvollziehen oder über eine Abbildung bzw. ihre Beziehung zum Text nachdenken; mit anderen Worten, Sie sollten aktiv am gedanklichen Prozess teilnehmen und den Text nicht nur passiv herunterlesen.

Beim Schreiben dieses Buchs hatte ich verschiedene Leser im Sinn. In erster Linie habe ich für Leute geschrieben, die keine besondere Ausbildung in Physik haben und deren mathematische Fähigkeiten nicht mehr umfassen müssen als sehr elementare Geometrie und Äquivalenzumformungen nicht sehr komplizierter Gleichungen. Aber da mein Ansatz einige neuartige Elemente enthält und sicherlich bodenständiger und intuitiver daherkommt als die meisten relativ abstrakten Darstellungen, mit denen Physikern dieser Stoff normalerweise präsentiert wird, könnte ich mir vorstellen, dass auch einige Bachelor- und Masterstudenten in Physik und physiknahen Studiengängen sowie sogar der eine oder andere Physiker, der professionell mit der Relativitätstheorie zu tun hat, sich angesprochen fühlen und ein paar interessante Dinge finden könnten, trotz des ausgesprochen elementaren Niveaus.

Wegen dieser zweiten Zielgruppe gibt es am Ende einiger Kapitel Stellen, an denen ich etwas tiefer einsteige und die für das grundlegende Verständnis (bzw. für die erste Zielgruppe) nicht unbedingt notwendig sind, auch wenn es dort immer noch im Wesentlichen elementar zugeht. Wenn Sie im Lauf eines Kapitels merken, dass es immer schwieriger wird mitzukommen, dann sollten Sie eine solche Stelle überspringen und am Anfang des nächsten Kapitels weitermachen. In der Regel wird der von Ihnen übersprungene Stoff zwar in sich durchaus interessant sein, aber keine Rolle in dem spielen, was folgt. Falls dies nicht so sein sollte – etwa wenn Sie auf einen wichtigen Querverweis auf eine Stelle stoßen, die Sie ausgelassen haben –, können Sie (aber nur dann) zurückblättern und es noch einmal versuchen. Ich würde also zwar einerseits nicht empfehlen, wie bei einer Bedienungsanleitung an beliebigen Stellen in dieses Buch hineinzulesen, aber sie müssen andererseits auch nicht alles von vorne bis hinten Seite für Seite durcharbeiten.

Solche „optionalen" Abschnitte, welche die Geduld des allgemeinen Publikums vielleicht etwas strapazieren könnten, sind die Anwendungen des relativistischen Additionstheorems für Geschwindigkeiten auf Stoßprozesse am Ende von Kapitel 4, die Untersuchung der Gleichzeitigkeit von Ereignissen mithilfe unterlichtschneller Signale am Ende von Kapitel 5, die Synchronisation von Uhren durch direkten Transport am Ende von Kapitel 6, die Diskussionen über Skalenfaktoren und Intervalle in verschiedenen Bezugssystemen am Ende von Kapitel 10 sowie die verschiedenen Anwendungen relativistischer Erhaltungssätze am Ende von Kapitel 11. Diese Abschnitte sind jeweils als „Vertiefung" in umrandeten Kästen vom restlichen Text abgegrenzt. Wie gesagt – man kann diese Abschnitte überblättern, doch Sie sollten sie dennoch nicht von vornherein ignorieren, denn dort verbergen sich einige wunderschöne Aspekte der Theorie in der einfachsten Darstellung, die ich kenne. Tun Sie es doch, entgeht Ihnen diese Schönheit. Zumindest wird aber Ihr Verständnis vom Wesen der Zeit, wie es die Relativitätstheorie vermittelt, nicht darunter leiden.

Inhaltsverzeichnis

1

Das Relativitätsprinzip

Die Spezielle Relativitätstheorie wurde 1905 von Albert Einstein in seiner berühmten Abhandlung „Zur Elektrodynamik bewegter Körper"[5] veröffentlicht. Man sagt „Spezielle Relativitätstheorie", um diese Theorie von Einsteins Gravitationstheorie abzugrenzen, die zehn Jahre später vollendet wurde und heute unter dem Namen „Allgemeine Relativitätstheorie" bekannt ist. Mit Ausnahme eines kurzen Ausblicks in Kap. 12 werden wir uns hier ausschließlich mit der Speziellen Relativitätstheorie befassen. Daher werde ich ab jetzt das „Spezielle" weglassen, unter „Relativitätstheorie" ist also im Folgenden immer die Spezielle Relativitätstheorie zu verstehen.

Einsteins Theorie basiert auf zwei Postulaten. Das erste ist als das Relativitätsprinzip bekannt – das zweite kriegen wir später, und zwar in Kap. 3. In Einsteins Worten besagt das Relativitätsprinzip „(...), daß dem Begriffe der absoluten Ruhe nicht nur in der Mechanik, sondern auch in der Elektrodynamik keine Eigenschaften der Erscheinungen entsprechen." Er hätte dies auch noch allgemeiner formulieren können, etwa: „Kein Phänomen hat irgendwelche Eigenschaften, die sich mit dem Konzept der absoluten Ruhe in Verbindung bringen ließen."

© Springer-Verlag Berlin Heidelberg 2016
N.D. Mermin, *Es ist an der Zeit*, DOI 10.1007/978-3-662-47152-4_1

Der Grund dafür, dass Einstein explizit Elektrodynamik und Mechanik erwähnt hat, liegt darin, dass das Relativitätsprinzip aus der Mechanik bereits wohlbekannt war. Es geht auf Galileo Galilei zurück. Isaac Newton integrierte es in seine klassische Theorie der Mechanik. Bis 1905 hatte man jedoch erhebliche Zweifel, ob dieses Prinzip auch im Bereich der elektromagnetischen Phänomene gilt. Die damals sehr intensiv geführte Diskussion darüber erklärt den aus heutiger Sicht etwas sperrigen Titel von Einsteins Originalveröffentlichung und ebenso seine Betonung, dass das Relativitätsprinzip in der Tat sowohl für elektromagnetische als auch für mechanische Vorgänge gültig ist. Ich vermute zudem, dass er einfach deshalb nicht „alle Naturerscheinungen", sondern nur „Elektrodynamik und Mechanik" geschrieben hat, weil man damals noch glauben konnte, dass diese beiden Gebiete bereits das gesamte Spektrum der physikalischen Prozesse abdeckten (auch die Theorie der Schwerkraft erschien zu dieser Zeit noch als ein Teilgebiet der Mechanik). Heute wissen wir, dass es noch mehr Dinge zwischen Himmel und Erde als nur Elektrodynamik und Mechanik gibt (siehe Kap. 13). Doch wir glauben nach wie vor, dass das Relativitätsprinzip für alle diese Dinge ganz genauso seine Gültigkeit behält.

Wir wollen in diesem Kapitel Einsteins originale Formulierung des Relativitätsprinzips herausarbeiten und dann untersuchen, wie sich daraus einige elementare, aber nicht unmittelbar einsichtige Tatsachen ableiten lassen darüber, wie sich Dinge verhalten. Eine tiefergehende Beschäftigung mit dem Relativitätsprinzip wirft einige subtile konzeptionelle Fragen auf, die wir erwähnen, aber tunlichst nicht vertiefen wollen. Solche philosophischen Studien können durchaus unterhaltsam sein, aber sie lenken uns ab und sind

nicht wichtig, um ein Arbeitsverständnis der Relativitätstheorie zu erlangen.

Wichtig *ist* dagegen, ein Gefühl dafür zu entwickeln, wie
man mit diesem Prinzip als Werkzeug sein Verständnis der
Bewegung von Körpern erweitern kann. Das Relativitätsprinzip praktisch *anzuwenden* mag zunächst etwas unge-
wohnt sein, aber dies zu erlernen hat nur wenig damit zu
tun, die physikalischen und philosophischen Feinheiten zu
meistern, die sich dem Versuch eines „tieferen" Verständ-
nisses unweigerlich in den Weg stellen würden. So oder so
empfiehlt es sich dringend, wenn Sie die spektakulären und
kontraintuitiven Konsequenzen auch einfacher Anwendungen des Relativitätsprinzips in Einsteins Theorie verstehen
wollen, zunächst deren Anwendung auf deutlich weniger
glamouröse Fälle anzugehen.

Das Relativitätsprinzip ist ein Beispiel für ein Invarianzprinzip. Es gibt eine Reihe von solchen Prinzipien, die alle
dem gleichen Muster folgen: „Wenn sich sonst nichts ändert, ist es egal, ... "

1. „... wo du bist" (Prinzip der räumlichen Translationsinvarianz),
2. „... wann du es tust" (Prinzip der zeitlichen Translationsinvarianz),
3. „... wohin du schaust" (Prinzip der Rotationsinvarianz).

Auch das Relativitätsprinzip gehorcht diesem Schema:
„Wenn sich sonst nichts ändert, ist es egal, ... "

4. „... wie schnell du dich bewegst, solange du es mit konstanter Geschwindigkeit und geradeaus[6] machst." (Relativitätsprinzip)

Die Worte „… ist es egal, …" bedeuten, dass die Regeln für die Beschreibung von Naturvorgängen jeweils genau die gleichen bleiben. Beispielsweise sieht Newtons Gesetz zur Berechnung der Gravitationskraft zwischen zwei Materieklumpen gleich aus, egal ob sich die Klumpen in unserer Milchstraße oder etwa im Andromedanebel befinden (räumliche Translationsinvarianz). Es hatte diese Form auch schon vor einer Million Jahren und wird sie auch in ferner Zukunft noch haben (zeitliche Translationsinvarianz). Und wenn man beide Klumpen gleichsinnig dreht oder auf den Kopf stellt, ändert dies die Gestalt der Gleichung ebenfalls nicht (Rotationsinvarianz). Und schließlich müssen wir Newtons Gesetz auch dann nicht verändern, wenn die beiden Klumpen erst in einem Zug mit konstanter Geschwindigkeit durch einen Bahnhof fahren und dann auf dessen Bahnsteig herumliegen (Relativitätsprinzip).

Dieses „Wenn sich sonst nichts ändert, ist es egal" wirft grundsätzliche Fragen auf: Im Fall der Translationsinvarianz bedeutet es, dass wir unser Experiment zusammen mit *allem*, was dafür relevant ist, an einen anderen Punkt in Raum und/oder Zeit zu bewegen haben; bei der Rotationsinvarianz muss entsprechend das komplette Experiment mit allem, was dazugehört, rotiert werden und bei der „Relativitätsinvarianz" alles Relevante in Bewegung gesetzt werden. Wenn allerdings „alles, was relevant ist" das gesamte Universum umfassen sollte, könnte man sich durchaus fragen, was für einen Sinn ein Invarianzprinzip dann noch haben würde.

Dies kann schnurstracks in einen philosophischen Abgrund führen, aus dem manch einer nie wieder herausfinden würde. Dies wollen wir tunlichst vermeiden und beschränken unsere Neugier daher ganz bewusst darauf, was die Invarianzprinzipien in ganz praktischen Situationen zu sagen haben, was in der Regel keinerlei Probleme bereitet. Man braucht normalerweise nur ein paar relevante Dinge aufzuzählen, die sich nicht verändern sollen, und fertig. Sollte ein Invarianzprinzip nicht funktionieren, werden Sie unweigerlich entdecken, dass Sie leider etwas Einfaches übersehen haben, das in diesem Fall eben auch relevant ist. Und wenn sie es berücksichtigt haben, ist damit dann nicht nur das „Invarianzproblem" gelöst, sondern Sie haben oft auch noch etwas Neues über die Natur gelernt, das sich dann in ganz anderen Kontexten als nützlich erweisen wird. Wenn es z. B. für das Experiment auf dem Bahnsteig wichtig ist, dass es windstill ist, also die Luft sich nicht bewegt, dann sollten Sie das Experiment im bewegten System besser in einem klimatisierten ICE und nicht in einem offenen Sportwagen durchführen, wo das Experiment dem Fahrtwind ausgesetzt wäre – in letzterem Fall wären eben *nicht* „alle relevanten Dinge" in beiden Experimenten gleich. Wenn Sie nicht gewusst hätten, dass die Bewegung etwa eines Fadenpendels vom Fahrtwind beeinflusst wird, dann wüssten Sie es aufgrund der scheinbaren Verletzung des Relativitätsprinzips jetzt.

Invarianzprinzipien sind nützlich, weil sie es uns erlauben, unser Wissen auf neue Situationen zu übertragen. Aus diesem ganz handfesten Blickwinkel wollen wir uns mit dem Relativitätsprinzip beschäftigen. Dieses besagte ja, dass wir mit keinem wie auch immer gearteten Experiment feststellen können, ob wir uns in einem Zustand der Ruhe oder einem Zustand geradlinig-gleichförmiger Bewegung befinden. Jeder Versuchsaufbau in einem Laboratorium, das wir als ruhend bzw. unbewegt ansehen, muss in einem im Vergleich dazu (will sagen: relativ dazu!) bewegten anderen Laboratorium exakt die gleichen Ergebnisse haben, sofern nur die Bewegung ohne Beschleunigung[7] erfolgt. Wir können die Messwerte im gleichförmig bewegten Labor anhand unserer Ergebnisse aus dem ruhenden Labor komplett vorhersagen.

Man muss sowohl die Bedeutung des Prinzips verstanden haben als auch eine gewisse Übung darin haben, es anzuwenden, um damit Wissen von einer Situation auf eine andere übertragen zu können. Wenn man dabei allerdings zu tief schürft, läuft man Gefahr, erneut auf unangenehme Spitzfindigkeiten zu stoßen: Was meinen wir mit „Ruhe" oder „gleichförmiger Bewegung"? Gehen wir auch diese Frage pragmatisch an. Gleichförmige Bewegung heißt, wie bereits angedeutet, dass man sich mit einem konstanten Betrag der Geschwindigkeit in eine feste Richtung bewegt. Die durch ihren Betrag und ihre Richtung festgelegte Größe Geschwindigkeit wird in der Physik mit dem Buchstaben v abgekürzt. Wenn sich zwei Boote mit 5 Metern pro Sekunde (m/s) bewegen, das eine nach Norden, das andere dagegen nach Osten, haben ihre Geschwindigkeiten nur den gleichen Betrag, aber eine unterschiedliche Richtung.

An dieser Stelle möchte ich kurz abschweifen. Das Meter ist eine altehrwürdige und international anerkannte Längeneinheit, die während der französischen Revolution als ein Zehnmillionstel des Abstands zwischen Nordpol und Äquator festgelegt wurde. In einigen wenigen rückständigen Ländern[8] benutzt man stattdessen die Einheit „Foot" (Plural: Feet, Symbol: ft), die in den USA als das 0,3048-Fache eines Meters festgelegt ist. Es wird sich in diesem

Buch als ausgesprochen praktisch erweisen, die Einheit Foot ein kleines bisschen umzudefinieren, und zwar auf exakt 0,299.792.458 Meter, also fast exakt 30 Zentimeter. Die Gründe hierfür werden in Kap. 3 klar werden.

Es wird sich als sinnvoll erweisen zu vereinbaren, dass eine *negative* Geschwindigkeit in einer gegebenen Richtung und die gleiche Geschwindigkeit mit positivem Vorzeichen eine Bewegung mit jeweils gleichem *Betrag* der Geschwindigkeit, aber in exakt entgegengesetzte Richtung bedeuten. „$-10\,\mathrm{m/s}$ nach Osten" ist also identisch mit der Angabe „$+10\,\mathrm{m/s}$ westwärts". Beachten Sie auch, dass in der physikalischen Definition von gleichförmiger Bewegung die fixe Richtung genauso wichtig ist wie der gleiche Geschwindigkeitsbetrag: Wenn sich etwas, wie z. B. die Erde, mit gleichem Geschwindigkeitsbetrag auf einer Kreisbahn bewegt, ist das in keiner Weise eine gleichförmige Bewegung, weil sich die Richtung dieser Form von Bewegung permanent ändert.

Man kann einen Zustand ungleichförmiger Bewegung ganz einfach von einem Zustand der Ruhe bzw. gleichförmiger Bewegung unterscheiden. Sie spüren beispielsweise sehr direkt, ob Ihr Flugzeug sich gleichförmig oder durch kräftige Luftturbulenzen bewegt, ebenso merken Sie es sofort, wenn der Busfahrer gerade kräftig auf das Gas oder die Bremse tritt, oder wenn er eine scharfe Kurve sportlich-flott nimmt. Im Gegensatz dazu können Sie – bei geschlossenem Fenster – nicht erkennen, ob Ihr Flugzeug sanft mit $250\,\mathrm{m/s}$ über den Atlantik gleitet oder ob es auf dem Boden auf seine Startgenehmigung wartet.

Wenn man mit dem Relativitätsprinzip zu tun hat, taucht sehr häufig der Begriff *Bezugssystem* auf. Ein Bezugssystem (manchmal auch nur ein „System" genannt, wenn Verwechslungen ausgeschlossen sind) ist der Orientierungsrahmen, bezüglich dessen wir Geschehnisse beschreiben. Als Beispiel soll eine Stewardess gemächlich mit – im Flugzeug-Bezugssystem – 1 m/s durch den Mittelgang der Kabine gehen. Sie starten am Heck und laufen mit 2 m/s hinter ihr her, um sie einzuholen und nach einem zweiten Kissen zu fragen. Bezogen auf die Erdoberfläche bewegt sich das Flugzeug aber selbst mit 250 m/s, also hat die Stewardess einen „ground speed" von 251 m/s und Sie sogar von 252 m/s (wobei sie nach dem Aufstehen von 250 auf 252 m/s beschleunigt haben). Es ist sehr erstaunlich, wie viel man aus solchen scheinbar banalen Betrachtungen lernen kann.

Ein weiterer wichtiger Terminus ist das sog. „inertiale Bezugssystem" oder kurz *Inertialsystem*. „Inertial" bedeutet dabei „in Ruhe oder gleichförmig (in Betrag und Richtung!) bewegt". Ein rotierendes Bezugssystem ist *nicht* inertial, ebenso wenig wie eines, das hin- und herpendelt. Wir sind fast immer nur an Inertialsystemen interessiert und werden daher meist das „inertial" weglassen, es sei denn, wir wollen explizit gleichförmig bewegte von ungleichförmig bewegten Systemen unterscheiden.

Woher wissen wir, ob ein bestimmtes Bezugssystem ein Inertialsystem ist? Dies ist nur eine etwas gelehrtere Formulierung der grundlegenden Frage danach, wie man bestimmt, ob eine Bewegung gleichförmig ist. Man sollte annehmen, dass zumindest ein Inertialsystem vorgegeben sein sollte, damit man weiß, in Bezug worauf sich das infrage stehende System inertial bzw. gleichförmig bewegen soll. Wenn wir etwa wissen, dass ein Bahnhof gegenüber einem Inertialsystem ruht, dann wissen wir auch, dass alle gleichförmig durchfahrenden Züge ebenfalls bezüglich eines (jeweils anderen) Inertialsystems ruhen. Aber woher wissen wir, dass das Bezugssystem des Bahnhofs inertial ist?

Glücklicherweise gibt es einen einfachen physikalischen Test, mit dem sich klären lässt, ob ein System inertial ist oder nicht. Bezüglich eines Inertialsystems bleiben ruhende Objekte, auf die keine Kräfte einwirken, in Ruhe. Die Tatsache, dass ein ruhendes Objekt (Sie in Ihrem Flugzeug- oder Autositz) in Ruhe bezüglich des Flugzeugs bzw. Autos bleibt oder eben nicht, bestimmt, ob das jeweilige Bezugssystem ein Inertialsystem ist. Getreu unserer fröhlich-pragmatischen Herangehensweise überspringen wir hierbei das Problem, wie man denn feststellt, dass überhaupt keine Kräfte einwirken. Wir geben uns hier mit der intuitiven Vorstellung zufrieden, dass auf jeden Fall dann Kräfte einwirken, wenn uns der Aufenthalt in Flugzeug, Auto, ICE, Bus oder wo auch immer seekrank macht.

Bei der Angabe eines Bezugssystems tappt man manchmal in die folgende Falle: Nehmen wir an, Sie hätten einen Ball X, der (im benutzten Bezugssystem) bis mittags in Ruhe ist, sich dann eine Stunde mit 1 m/s nach rechts bewegt und dann für den Rest des Nachmittags mit 1,3 m/s nach links. „Im Bezugssystem von X" bzw. „im *Eigensystem* von X" bedeutet nun aber „in demjenigen System, in welchem X ruht". Offenkundig gibt es kein Inertialsystem, in dem X von morgens bis abends ruhen würde. Stattdessen brauchen wir, je nach Tageszeit, drei verschiedene Inertialsysteme, nämlich vor 12 Uhr, zwischen 12 und 13 Uhr und danach; Sie müssen also immer sagen, welches dieser Systeme Sie mit dem „System von X" meinen. Ganz ähnlich ist es mit dem Cannonball Express, der während seiner Fahrt von New York nach Chicago sein eigenes Inertialsystem definiert, solange er auf gerader Strecke mit konstanten 50 m/s fährt. Auf der Rückfahrt oder während des Aufenthalts in einem Bahnhof definiert er dementsprechend jeweils ein anderes Inertialsystem. Das Bezugssystem eines Flugzeugs, das ständig unterschiedlichen Winden ausgesetzt ist, oder eines Zugs auf einer kurvigen Schweizer Bergstrecke ist vermutlich niemals inertial.

Viele Menschen (einschließlich, wie ich befürchte, einiger Physiker) stolpern in eine andere, etwas subtilere Falle: Sie nehmen nämlich an, das Relativitätsprinzip bedeute salopp ausgedrückt, dass das Verhalten eines gleichförmig bewegten Objekts unabhängig von dessen Geschwindigkeit sein sollte; oder anders ausgedrückt: dass eine Bewegung mit gleichförmiger Geschwindigkeit keinerlei Einfluss auf die Eigenschaften eines Objekts haben darf. Dies ist schlicht und einfach falsch. Das Relativitätsprinzip fordert nur, dass wenn ein Objekt bestimmte Eigenschaften in einem Bezugssystem besitzt, bezüglich dessen das Objekt ruht, es dieselben Eigenschaften aufweist, wenn man es *bezüglich eines relativ zum ersten gleichförmig bewegten Systems* beschreibt. Diese Eigenschaften können sich aber durchaus mit der Geschwindigkeit ändern! Betrachten wir ein schon fast albern offensichtliches Beispiel: Wenn sich das Objekt bewegt, ist seine Geschwindigkeit ungleich null, wogegen sie bei einem ruhenden Objekt ganz offenbar gleich null ist. Natürlich können Sie jetzt einwenden, dass die „Geschwindigkeit" keine inhärente (innere) Eigenschaft des Objekts ist, sondern eine Beziehung oder Relation zwischen dem Objekt und dem jeweils betrachteten Bezugssystem beschreibt. Und damit haben Sie natürlich recht. Aber der Witz dieser gedanklichen Stolperfalle ist, dass viele Eigenschaften, die inhärent, also zum „inneren Wesen" von Objekten gehörig erscheinen, bei näherer Untersuchung sich als relational oder, um das Wort zu benutzen, um das es hier letztlich immer geht: *relativ* erweisen. Wir werden viele Beispiele hierfür kennenlernen.

Ein weniger triviales Beispiel ist der *Doppler-Effekt*. Wenn sich eine gelbe Lampe von uns mit extrem hoher Geschwindigkeit entfernt, verschiebt sich die Farbe, die Sie wahrnehmen, ins Rote, rast sie dagegen entsprechend schnell auf uns zu, wechselt die Farbe über grün nach blau. Also kann die Farbe, in der man ein Objekt in einem gegebenen Bezugssystem sieht, davon abhängen, ob es ruht oder ob – und in welcher Richtung – es sich bewegt. Das Relativitätsprinzip garantiert uns in diesem Fall lediglich Folgendes: Wenn wir die Lampe in Ruhe gelb leuchten sehen, dann sieht bei einer bewegten Lampe jemand, der sich *mit exakt derselben Geschwindigkeit wie die Lampe bewegt*, die Lampe in exakt demselben gelben Farbton, in dem wir die Lampe wahrnehmen, wenn sie bezüglich unseres Systems in Ruhe ist.

Wir werden uns in diesem Buch fast ausschließlich mit einigen einfachen praktischen Anwendungen des Relativitätsprinzips beschäftigen. Aber auch hierfür muss man sich vorstellen können, wie die Dinge aussähen, wenn sie von einem anderen Inertialsystem aus betrachtet würden. Eine vielleicht nicht sehr realistische, aber dafür nützliche und seit Langem gern benutzte Vorstellung ist dabei die von einer Abfolge von Ereignissen, die von verschiedenen Leuten beobachtet wird, welche sich in verschiedenen Zügen mit jeweils unterschiedlicher Geschwindigkeit am Ort des Geschehens vorbeibewegen (einschließlich der Person, deren im Bahnhof haltender Zug die Geschwindigkeit null bezüglich des Ruhesystems der Ereignisse hat!).

Indem wir dieselben Ereignisse in verschiedenen Bezugssystemen untersuchen und dabei konsequent das Relativitätsprinzip beachten, werden wir einige wirklich außergewöhnliche Dinge lernen. Einiges davon wird so überraschend sein, dass man es zunächst kaum glauben kann. Es ist nur natürlich, wenn wir ab und zu denken, dass uns beim Anwenden des Relativitätsprinzips irgendein Fehler unterlaufen sein muss. Fangen wir also besser erst einmal klein an und leiten wir zur Übung mit dem Relativitätsprinzip einige Ergebnisse her, die Sie zwar vielleicht auch noch nicht kennen, die aber sicher nicht überraschend oder gar unglaublich sind. Das Vorgehen ist dabei im Wesentlichen immer das gleiche:

> *Wählen Sie sich eine Situation aus, die Sie nicht vollständig verstehen. Finden Sie ein neues Bezugssystem, in welchem alles klar ist. Untersuchen Sie die Situation im neuen System. Übersetzen Sie ihr Verständnis der Situation im neuen System zurück in die Sprache des ursprünglichen Systems.*

Hier haben Sie ein ganz einfaches Beispiel. Newtons erstes Bewegungsgesetz besagt, dass in der Abwesenheit von äußeren Kräften ein Körper in einem Zustand gleichförmiger Bewegung verharrt. Diese Aussage folgt mithilfe des Relativitätsprinzips aus einem viel einfacheren Gesetz, demzufolge ein ruhender Körper in Abwesenheit äußerer Kräfte in Ruhe bleibt.

Um zu sehen, dass die allgemeinere Formulierung eine Konsequenz der einfacheren (und spezielleren) Aussage ist, nehmen wir an, dass wir nur das einfachere Gesetz kennen würden. Wegen des Relativitätsprinzips muss dieses Gesetz in allen Inertialsystemen gelten und die gleiche Form haben. Wenn wir wissen wollen, was aus einem sich anfangs mit 20 m/s bewegenden Ball in Abwesenheit äußerer Kräfte wird, brauchen wir nichts anderes zu tun als nach einem Bezugssystem zu suchen, in welchem dieser Ball in Ruhe ist. Ganz offensichtlich ist dies dasjenige System, das sich mit 20 m/s in dieselbe Richtung wie der Ball bewegt. Sicherlich befindet sich der Ball bezüglich dieses Systems in Ruhe. Etwas konkreter: Im Bezugssystem eines Zugs, der mit 20 m/s neben dem Ball herfährt, befindet sich der Ball in Ruhe. Also können wir unseren Satz über kräftefreie ruhende Körper anwenden und schließen, dass sich der Ball im System des Zugs auch künftig in Ruhe befinden wird. Da sich aber alles, was im System des Zugs ruht, bezüglich des ursprünglichen Systems mit 20 m/s bewegt, schließen wir, dass der Ball sich in Abwesenheit äußerer Kräfte auch künftig mit diesem Tempo und in der gleichen Richtung weiterbewegen wird.

Ausgehend von der Tatsache, dass ungestörte ruhende Objekte in Ruhe verharren, haben wir damit mithilfe des Relativitätsprinzips die viel allgemeinere Aussage abgeleitet, dass ungestörte gleichförmig bewegte Objekte sich mit unveränderter Geschwindigkeit weiterbewegen.[9]

Wenn Sie Newtons erstes Gesetz der Bewegung bereits gekannt haben, sind Sie vielleicht von der gedanklichen Kraft dieser Argumentation nicht übermäßig beeindruckt. Also schreiten wir fort zu einem Fall, in dem das Gelernte möglicherweise etwas weniger vertraut ist. Nehmen Sie an, Sie haben zwei identische, ideal elastische Bälle. Wenn man zwei identische ideal elastische Bälle mit betragsmäßig gleicher, aber exakt entgegengesetzter Geschwindigkeit aufeinandertreffen lässt, prallen Sie jeweils exakt dorthin zurück, wo sie hergekommen sind, oder mathematisch ausgedrückt: das jeweilige Vorzeichen der Geschwindigkeit kehrt sich um, ihr Betrag bleibt gleich. Preisfrage: Was passiert, wenn in dem zur Beschreibung der Situation gewählten Bezugssystem ein Ball ruht und der andere auf ihn zugeschossen kommt?

Traditionellerweise werden solche Fragen mithilfe der Gesetze von der Erhaltung von Energie und Impuls beantwortet. Sollte Ihnen dieses Vorgehen bereits vertraut sein, dann vergessen Sie es bitte für den Moment – wir kommen auf die Erhaltungssätze bei Stoßprozessen in Kap. 11 zurück. Im gegenwärtigen Stadium ist es sowohl unterhaltsam als auch instruktiv zu verstehen, wie man dieses und viele andere Probleme mit nichts als dem Relativitätsprinzip lösen kann. Das Relativitätsprinzip in dieser Weise nutzen zu können, ist so etwas wie eine Schlüsselqualifikation für praktisch alles, was in diesem Buch noch folgt. Tatsächlich verhilft uns die Behandlung mit dem Relativitätsprinzip sogar zu profunderen Einsichten, als wenn wir uns an die Erhaltungssätze halten würden.

Um zu zeigen, was passiert, zeichnen wir zunächst eine kleine Skizze, die darstellt, was wir bereits wissen: Wenn die Bälle mit entgegengesetzt gleichem Tempo aufeinander zufliegen, prallen sie mit wiederum entgegengesetzt gleicher Geschwindigkeit zurück. Dies sehen Sie in der oberen Hälfte von Abb. 1.1. Darunter sehen Sie, was wir noch nicht wissen: Was geschieht, wenn der weiße Ball mit (um mit

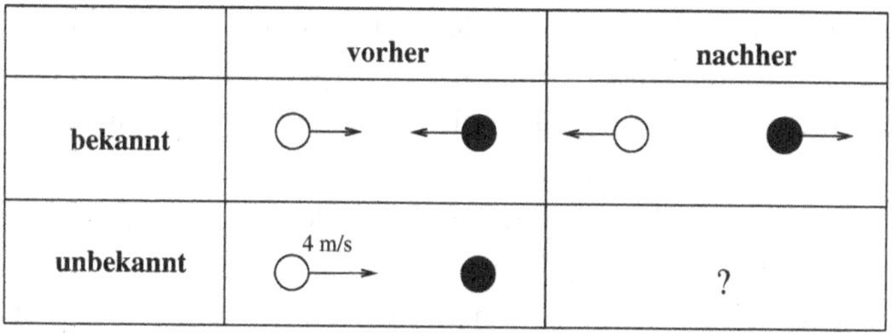

	vorher	nachher
bekannt		
unbekannt	4 m/s	?

Abb. 1.1 Ein Stoßprozess. Welches Bild muss rechts unten gezeichnet werden?

einer konkreten Zahl rechnen zu können) 4 m/s auf den ruhenden schwarzen Ball trifft?

Um zu verstehen, was im „Fragezeichen"-Kasten geschieht, stellen wir uns vor, das Geschehen finde auf den (idealisiert geraden) Gleisen in einem Bahnhof statt. Der weiße Ball bewegt sich mit 4 m/s entlang der Schienen auf den ruhenden schwarzen zu. Sie sehen diese Situation noch einmal in Abb. 1.2 oben. Wie würde nun der Zusammenstoß der beiden Bälle aussehen, wenn wir ihn von einem Zug aus beobachteten, der sich mit 2 m/s in dieselbe Richtung wie der weiße Ball, d. h. nach rechts bewegt (Abb. 1.2 Mitte)? Da der weiße Ball pro Sekunde 4 Meter zurücklegt und der Zug in derselben Zeit nur 2 Meter, legt der weiße Ball pro Sekunde 2 Meter mehr zurück als der Zug. Also bewegt sich der Ball relativ zum Zug, also im Bezugssystem des Zugs[10], mit einer Geschwindigkeit von 2 m/s. Der schwarze Ball dagegen bewegt sich relativ zum Zug bzw. im Zug-Bezugssystem mit 2 m/s *nach links*, ebenso wie sich der Bahnhof im Zug-Bezugssystem mit 2 m/s nach links bewegt (kein Wunder,

der schwarze Ball ruht ja auch im System des Bahnhofs). Langer Rede, kurzer Sinn: Im Bezugssystem des hier betrachteten Zugs entspricht die unbekannte Situation nach der Kollision, die in Abb. 1.1 unten noch mit einem „?" dargestellt werden musste, exakt derjenigen in Abb. 1.1 oben rechts, wo die Bälle sich einander mit entgegengesetzt gleicher Geschwindigkeit nähern. Wir wissen, was dann passieren muss: Wegen des Relativitätsprinzips muss jedes Experiment, das wir mit zwei identischen ideal elastischen Bällen durchführen, in jedem Inertialsystem das gleiche Ergebnis haben. Also müssen die Bälle auch im Bezugssystem des Zugs ihre Geschwindigkeiten umkehren und mit entgegengesetzt gleichen Geschwindigkeiten voneinander abprallen. Dies sehen Sie ebenfalls in der mittleren Zeile von Abb. 1.2. Jetzt müssen wir nur noch die Lösung aus dem Zugsystem zurück in das ursprüngliche Bezugssystem des Bahnhofs transferieren. Wenn der weiße Ball nach der Kollision im Zugsystem mit 2 m/s nach links fliegt, muss er im System des Bahnhofs ruhen. Entsprechend beträgt die Geschwindigkeit des schwarzen Balls nach der Kollision im Zugsystem 2 m/s nach rechts, also im Bahnhofssystem 4 m/s nach rechts (Abb. 1.2 unten).

Somit haben wir mithilfe des Relativitätsprinzips etwas Neues über das Verhalten von zwei identischen elastischen Bällen gelernt: Wenn sich der eine in Ruhe befindet und vom anderen zentral gestoßen wird, bewegt sich der zunächst ruhende Ball nach dem Stoß mit der Geschwindigkeit des einlaufenden Balls weiter, während der einfallende komplett abgestoppt wird. Dies ist eine für Billardspieler ganz vertraute Situation, aber nur die wenigsten von ihnen ahnen wohl, dass sie dabei eine direkte Konsequenz aus

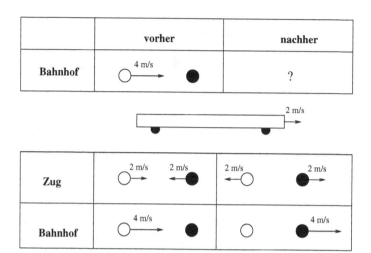

Abb. 1.2 Der Stoßprozess aus Abb. 1.1 in zwei Bezugssystemen

der viel offensichtlicheren (wenn auch beim Billard seltener anzutreffenden) Tatsache vor Augen haben, dass zwei gleich schnell aufeinander zurollende Bälle mit entgegengesetzt gleichen Geschwindigkeiten voneinander abprallen.

Soweit also zu dieser eher undramatischen Illustration der Leistungsfähigkeit des Relativitätsprinzips. Es ist wirklich nicht sehr interessant, zwei mit gleichem Tempo aufeinander zurollenden Bällen dabei zuzusehen, wie sie voneinander mit wieder gleichem Tempo abprallen. Was sollten sie auch sonst tun? Andererseits, wenn Sie einen Ball auf einen ruhenden Ball zurollen sehen – würden Sie erwarten, dass der rollende Ball augenblicklich stehen bleibt und seine ganze Geschwindigkeit auf magische Weise an den bisher ruhenden übergibt? Das kann schon etwas Spek-

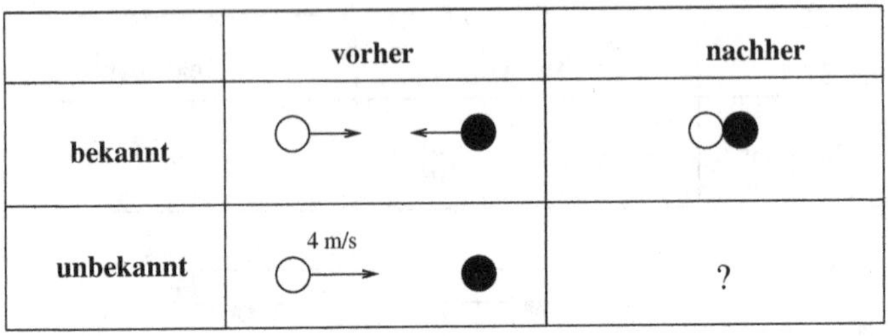

	vorher	nachher
bekannt	○→ ←●	○●
unbekannt	4 m/s ○→ ●	?

Abb. 1.3 Ein anderer Stoß: Diesmal sollen die beiden Bälle nach dem Stoß aneinander kleben bleiben

takuläres haben. Man kommt kaum umhin, sich darüber zu wundern, wieso der eine Ball vollständig zum Stillstand kommt, während der andere plötzlich mit exakt der richtigen Geschwindigkeit loszurollen beginnt. Das Mysterium klärt sich auf, wenn Sie sich klarmachen, dass die spektakuläre Kollision die langweilige ist, nur von einem in geeigneter Weise bewegten Bezugssystem aus betrachtet! Wenn Sie ihre Vorstellungskraft durch entsprechendes Training dazu bringen können, diese Verbindung unmittelbar, quasi aus dem Bauch heraus zu erkennen, dann haben Sie das Relativitätsprinzip wirklich verinnerlicht.

Ein weiteres Beispiel zeigt Abb. 1.3. Zwei identische, aber diesmal ideal klebrige Bälle werden mit entgegengesetzt gleichen Geschwindigkeiten aufeinander abgeschossen. Nach der Kollision kleben sie zusammen und verharren in Ruhe am Kollisionspunkt. Was passiert, wenn der eine Ball ruht, während der andere mit 4 m/s auf ihn zufliegt? Sie werden sicherlich aneinander kleben bleiben (schließlich sind sie „ideal klebrig"), aber bewegen sie sich nach der Kollision und wenn ja, mit welcher Geschwindigkeit?

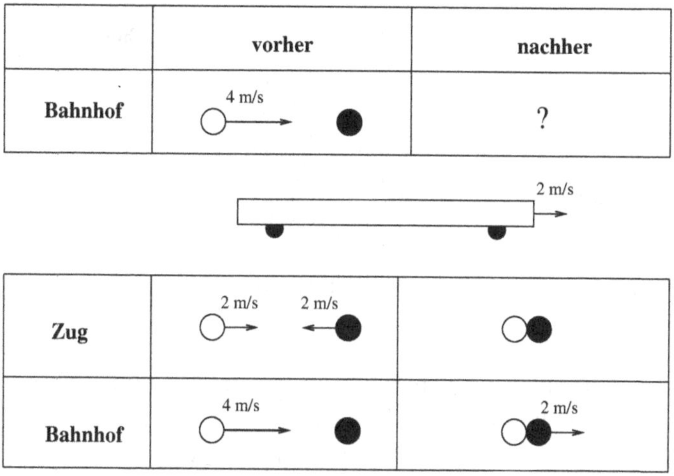

Abb. 1.4 Der „klebrige" Stoß aus Sicht der zwei Bezugssysteme aus Abb. 1.2

Auch diese Frage können wir allein mit dem Relativitätsprinzip beantworten. Dazu brauchen wir uns nur den zu Beginn bewegten weißen und den zunächst ruhenden schwarzen Ball von dem Bezugssystem eines fahrenden Zugs aus anzusehen, in welchem beide Bälle sich gleich schnell, aber in entgegengesetzte Richtungen bewegen (Abb. 1.4). Wie in unserem vorigen Beispiel bewegt sich solch ein Zug in die gleiche Richtung wie der weiße Ball, aber nur mit der halben Geschwindigkeit, also mit 2 m/s. Im System des Zugs stellt sich die Situation vor der Kollision so dar wie gewünscht: Beide Bälle bewegen sich mit gleichem Tempo aufeinander zu. Darum wissen wir, dass in diesem Bezugssystem nach der Kollision die aneinander klebenden Bälle ruhen werden. Da aber der Zug wie gesagt im Bahnhofssys-

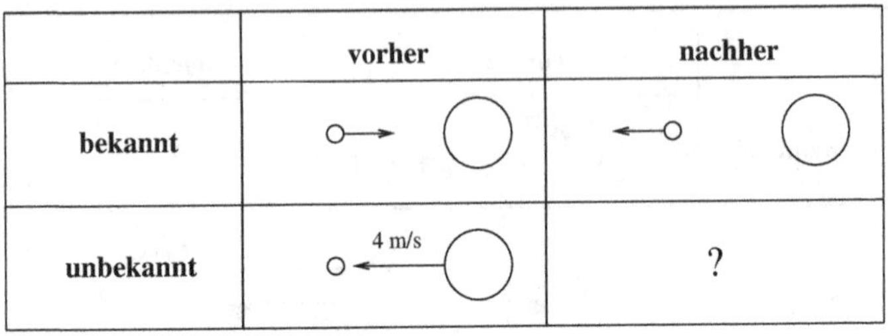

	vorher	nachher
bekannt	o—→ ◯	←—o ◯
unbekannt	4 m/s o←— ◯	?

Abb. 1.5 Stoß mit unterschiedlich großen Bällen

tem mit 2 m/s auf den Schienen nach rechts rollt, müssen sich die Bälle in diesem Bezugssystem ebenfalls mit 2 m/s nach rechts bewegen. Damit ist die Frage geklärt: Wenn ein bewegter Ball auf einen ruhenden trifft und beide nach der Kollision ideal zusammenkleben, dann bewegen sie sich anschließend mit der halben Geschwindigkeit in die entsprechende Richtung weiter.

Noch ein drittes Beispiel (Abb. 1.5), das den Vorteil hat, dass sich die Lösung diesmal nicht direkt aus dem Impulserhaltungssatz ergibt – wohl aber mithilfe des Relativitätsprinzips. Betrachten wir diesmal wieder zwei elastische Bälle, von denen aber der eine sehr groß und der andere sehr klein ist. Wenn der große Ball ruht und der kleine direkt auf ihn zugeschossen kommt, wird dieser einfach vom großen Ball abprallen und mit dem gleichen Tempo, aber umgekehrter Richtung wieder davonfliegen. Der große Ball bleibt ungerührt liegen. (Sie können hier beispielsweise an einen Tischtennisball denken, den Sie gegen eine Bowling-Kugel schmettern.) Mit welcher Geschwindigkeit bewegen sich die beiden Bälle nach der Kollision, wenn der kleine Ball vorher ruht und der große mit 4 m/s einläuft?

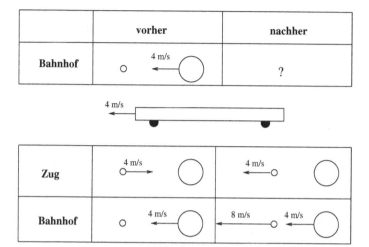

Abb. 1.6 Unterschiedliche Bälle in unterschiedlichen Bezugssystemen

Sie ahnen es wahrscheinlich schon: wir möchten auch diesmal ein Bezugssystem haben, in welchem die Bälle sich in vorhersagbarer Weise verhalten, also eines, in dem der große Ball ruht und der kleine auf ihn zuläuft. Das ist dann der Fall, wenn wir die Kollision von einem Zug aus betrachten, der sich mit dem großen Ball mitbewegt, also mit 4 m/s nach links (Abb. 1.6). In diesem System fliegt der kleine Ball dementsprechend mit 4 m/s nach rechts auf den ruhenden großen Ball zu – wie gewünscht. Also prallt im Bezugssystem des Zugs der kleine Ball vom großen Ball ab und bewegt sich anschließend mit 4 m/s nach links, der große bleibt ungerührt liegen. Um dies zurück in das Bahnhofssystem zu übertragen, müssen wir zu den Geschwindigkeiten jeweils „4 m/s nach links" addieren: Also läuft in diesem Bezugssys-

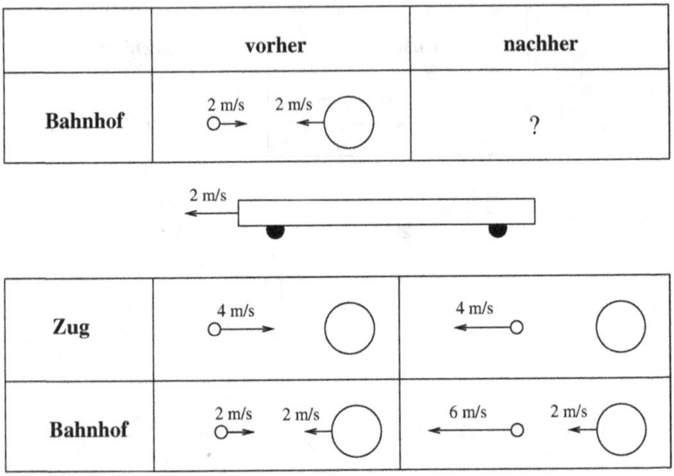

	vorher	nachher
Bahnhof	2 m/s →○ ←○ 2 m/s (großer Ball)	?

2 m/s ← [Wagen]

Zug	4 m/s ○→ ○ (großer Ball)	4 m/s ←○ ○ (großer Ball)
Bahnhof	2 m/s ○→ ←○ 2 m/s (großer Ball)	6 m/s ←○ ←○ 2 m/s (großer Ball)

Abb. 1.7 Unterschiedliche Bälle mit entgegengesetzt gleicher Geschwindigkeit im Bahnhofssystem

tem die kleine Kugel mit 8 m/s nach links und die große, wie zuvor, mit 4 m/s. Wenn also eine kleine ruhende Kugel von einer bewegten großen Kugel getroffen wird, bewegt sie sich anschließend mit der *doppelten* Geschwindigkeit der großen Kugel davon, während die große einfach ihren Weg fortsetzt.

Betrachten wir schließlich noch den interessanten Fall, dass zwei unterschiedlich große Bälle mit entgegengesetzt gleichen Geschwindigkeiten aufeinander zulaufen (Abb. 1.7). Der Betrag der Geschwindigkeit soll dabei 2 m/s sein. Das Bezugssystem, in welchem wir die Antwort schon kennen, ist auch diesmal das eines Zugs, der mit dem großen Ball mitläuft, in dem dieser also ruht. Der Zug muss dazu mit 2 m/s nach links fahren. Der kleine Ball bewegt sich in diesem System somit mit 4 m/s nach rechts. Nach der Kollision prallt er mit 4 m/s nach links ab, der große bleibt im Zugsystem liegen. Die Rücktransformation ins Bahnhofssystem ergibt dann eine Geschwindigkeit von 2 m/s nach rechts für den großen Ball (keine Änderung!) und 6 m/s nach rechts für den kleinen Ball – also das *dreifache* Tempo verglichen mit der Situation vor der Kollision.

Nebenbei bemerkt: Eine wirklich eindrucksvolle Demonstration dieser Vorgehensweise bietet das folgende Experiment. Platzieren Sie einen kleinen Ball, etwa einen Tennisball, ganz oben auf einem großen, z. B. einem Basketball, und lassen Sie dann beide vorsichtig auf eine harte Oberfläche fallen, und zwar so, dass der kleine Ball nicht von dem großen herunterrollt. Wenn der große unten aufkommt, kehrt er seine Bewegungsrichtung um und behält seinen Geschwindigkeitsbetrag bei, sodass er für einen winzigen Moment nach oben fliegt, während der kleine Ball noch hinunterfällt, und zwar mit demselben Geschwindigkeitsbetrag. Unmittelbar darauf saust der kleine Ball plötzlich und scheinbar völlig unmotiviert mit der dreifachen Geschwindigkeit nach oben. Da die maximale Höhe, die ein nach oben geschossener Ball erreicht, bei Vernachlässigung von Reibung und Luftwiderstand proportional zum *Quadrat* der Anfangsgeschwindigkeit ist, fliegt der Tennisball neunmal so hoch wie der Basketball, der es nur bis zur Ausgangshöhe schafft!

Wenn man sich dies ansieht, hat man das wunderbare Gefühl, einem wirklich guten Zaubertrick beizuwohnen. Und wie bei jedem guten Zaubertrick staunen Sie, wenn

Sie mithilfe von Abb. 1.7 herausfinden, wie es funktioniert, nur noch mehr über seine geniale Einfachheit.

Ich hoffe, dass diese Beispiele Ihnen ein Gefühl dafür gegeben haben, wie gut sich das Relativitätsprinzip tatsächlich einsetzen lässt, um nicht ganz vertraute Situationen zu durchschauen. Bevor wir aber damit beginnen, wirklich ungewöhnliche Situationen zu behandeln, müssen wir uns einige der bisher benutzten Argumente noch etwas näher ansehen.

2

Addition von (kleinen) Geschwindigkeiten

In Kap. 1 haben wir mit dem Relativitätsprinzip Stoßprozesse untersucht, bei denen nicht ganz offensichtlich ist, wie sich die Stoßpartner nach der Kollision verhalten, indem wir andere Kollisionen betrachtet haben, bei denen die Lösung auf der Hand liegt. An dieser Stelle möchte und muss ich darauf hinweisen, dass wir implizit noch ein weiteres Prinzip benutzt haben, als wir die Geschwindigkeiten der Bälle zwischen Bezugssystemen hin- und hertransformiert haben. In diesem kurzen Kapitel stelle ich Ihnen diese Regel explizit vor.

Wenn Ihnen, wie ich hoffe, diese Regel als eine Selbstverständlichkeit und damit eigentlich ziemlich uninteressant erscheint, dann haben Sie bitte ein bisschen Geduld mit mir. Der Grund dafür, dass ich so ausführlich auf dem nervtötend Offenkundigen herumreite, ist, dass in diesem Fall das Offenkundige nicht immer der Wahrheit entspricht. Die Regel ist mit phänomenal hoher Präzision korrekt, solange alle relevanten Geschwindigkeiten kleiner sind als viele tausend Meter pro Sekunde, aber wenn es um Millionen Meter pro Sekunde und mehr geht, werden wir sehen, dass sehr zu unserer Überraschung die einfache Regel für das Über-

© Springer-Verlag Berlin Heidelberg 2016
N.D. Mermin, *Es ist an der Zeit*, DOI 10.1007/978-3-662-47152-4_2

tragen von Geschwindigkeiten die Natur immer schlechter beschreibt und wir sie darum werden modifizieren müssen.

Die geheimnisvolle implizite Regel, die wir im ersten Kapitel quasi unter der Hand eingeführt haben, ist als das *nichtrelativistische Additionstheorem für Geschwindigkeiten* bekannt. Die Bezeichnung „nichtrelativistisch" ist dabei etwas unglücklich gewählt, da aber alle sie benutzen, werden wir dies auch tun. Sie bedeutet *nicht*, wie Sie jetzt berechtigterweise denken mögen, „in Widerspruch zum Relativitätsprinzip". Der Ausdruck bezieht sich vielmehr darauf, dass die physikalische Überlieferung jenes Theoriegebäude, bei welchem das Relativitätsprinzip auf seltsame Vorgänge bei sehr hohen Geschwindigkeiten angewendet wird, als die „Relativitätstheorie" bezeichnet. Demzufolge bedeutet „nichtrelativistisch" lediglich, dass die Geschehnisse zu langsam für „relativistische" Hochgeschwindigkeitseffekte sind und demzufolge alles so abläuft wie gewohnt, also so, wie wir uns die Welt vorgestellt haben, als wir die Relativitätstheorie noch nicht kannten. Oder noch etwas formaler ausgedrückt: Nichtrelativistische Gleichungen beschreiben einen Vorgang mit sehr hoher Genauigkeit, wenn alle Geschwindigkeiten hinreichend klein bleiben. Wie klein „hinreichend" jeweils ist, wird sich in den nächsten Kapiteln noch genauer herausstellen. Bereits jetzt kann ich Ihnen aber versichern, dass die Geschwindigkeit einer Gewehrkugel (bis zu 1000 m/s) ausgesprochen mickrig ist.

Bevor wir das nichtrelativistische Additionstheorem für Geschwindigkeiten ausformulieren können, müssen wir eine Konvention vereinbaren, welche Richtung wir bei einem bewegten Objekt als „positiv" bezeichnen wollen. Bei unseren Überlegungen wird es praktisch durchgehend ausreichen, wenn wir Objekte behandeln, die sich nur entlang einer geraden Linie („in einer Raumdimension") bewegen können – daher die Vorliebe von Relativitätstheoretikern für lange gerade Eisenbahngleise. Es gibt auf solchen Gleisen nur zwei mögliche Bewegungsrichtungen, die wir in folgender Weise benennen wollen: Wir nehmen an, dass die Schienen exakt ostwestlich verlegt sind, und vereinbaren dann, dass die Geschwindigkeit bei einer Fahrt nach Osten ein positives Vorzeichen bekommt, bei einer Fahrt nach Westen dagegen ein negatives. Wenn also die Geschwindigkeit eines westwärts fliegenden Balls einen Betrag von 2 m/s besitzt, dann hat die Geschwindigkeit unserer Konvention entsprechend den Wert −2 m/s.

An dieser Stelle muss man noch ein wenig (aber nicht viel) genauer hinschauen. Eine Geschwindigkeit wird immer in Bezug auf ein, also relativ zu einem Bezugssystem definiert. Nehmen wir z. B. einen Zug, der mit 4 m/s nach Osten fährt, und einen Ball, der innerhalb eines Waggons mit 1 m/s gegen die Fahrtrichtung, also nach hinten geworfen wird. Im Bezugssystem des Bahnhofs (oder der Landschaft links und rechts der Schienen) bewegt sich der Ball daher mit 3 m/s nach Osten und hat somit eine positive Geschwindigkeit (+3 m/s). Im System des Zugs dagegen bewegt sich der Ball nach hinten und damit nach Westen und besitzt folglich die negative Geschwindigkeit −1 m/s. Machen Sie sich klar, dass „nach Westen" hier „Richtung Zugende" bedeutet – Westen ist eine Richtung und kein Ort! Fährt der Zug von Bochum nach Leipzig, dann entfernt sich der Ball in seinem Inneren von Bochum, das ja bekanntlich „tief im Westen" liegt, und zwar auch dann, wenn er nach hinten (und damit aus Sicht der Passagiere nach Westen) geworfen wird. Dies gilt natürlich nur deshalb und solange, wie der Betrag der nach Osten gerichteten Geschwindigkeit des Zugs größer ist als der Betrag der nach Westen gerichteten Geschwindigkeit des Balls innerhalb des Zugs.

Wenn wir in diesem Buch Vorgänge skizzieren, die sich auf Schienen ereignen und von verschiedenen Bezugssystemen aus betrachtet werden, zeichnen wir die Schienen in der Regel horizontal und vereinbaren wie im Schulatlas, dass Osten rechts und Westen links liegt, also eine Bewegung von links nach rechts das positive Geschwindigkeitsvorzeichen erhält.

Eine weitere möglicherweise etwas pedantische Bemerkung ist hier noch angebracht, bevor wir endlich den „offenkundigen" Weg zur Transformation von Geschwindigkeiten von einem Bezugssystem ins andere (und zurück) in Gesetzesform gießen können. Sei X ein Objekt (wieder einmal ein Ball, wenn Sie mögen), das sich gleichförmig entlang der Schienen bewegt. Es existiert nun ein Bezugssystem, in welchem die Geschwindigkeit von X null ist, X sich also in Ruhe befindet. Dieses ist natürlich das Bezugssystem eines Zugs, der sich auf den Schienen mit in Betrag und Richtung gleicher Geschwindigkeit wie X bewegt. Wie ich bereits in Kap. 1 angemerkt habe, ist dies das Eigensystem des Zugs. Dabei bedeutet „eigen" nicht, dass an diesem System irgendetwas eigenartig, eigentümlich oder auf irgendeine andere Weise besonders ist. Dahinter steckt lediglich, dass jedes gleichförmig bewegte Objekt ein eindeutig und auf natürliche Weise mit ihm verknüpftes Bezugssystem hat – eben dasjenige System, bezüglich dessen es sich nicht bewegt bzw. sich in Ruhe befindet.[11] Übrigens ist neben „Eigensystem" auch die Bezeichnung „Ruhesystem" in Gebrauch, noch häufiger sagt man einfach, wie wir es in diesem Buch auch schon ab und zu getan haben, „das System von Objekt XYZ" bzw. „das XYZ-System". Wenn sich ein Objekt ungleichförmig bewegt, gibt es *kein* Inertialsystem, in welchem es zu allen Zeiten in Ruhe ist, oder andersherum: Ein Bezugssystem, in dem ein ungleichförmig bewegtes Objekt dauerhaft ruht, kann kein Inertialsystem sein.

Betrachten wir nun ein zweites Objekt namens Y, das sich auf denselben Schienen wie X gleichförmig bewegt, aber mit einer anderen Geschwindigkeit. Wir können dann die Bewegung von Y, wenn wir wollen, im Eigensystem von X beschreiben. Diese Geschwindigkeit von Y nennen wir dann die „Geschwindigkeit von Y aus Sicht von X" und schreiben dafür v_{YX}. Es ist dabei egal, ob wir hier an Bezugssysteme oder Objekte denken, denn bei gleichförmiger Bewegung sind (Eigen-)System und Objekt untrennbar miteinander verbunden, da sie sich zusammen, d. h. mit gleicher Geschwindigkeit bewegen.

Mit diesen Vereinbarungen können wir nun endlich das nichtrelativistische Additionstheorem für Geschwindigkeiten in all seiner abstrakten Schönheit formulieren: Wenn die Objekte X, Y und Z sich alle gleichförmig (mit im Allgemeinen unterschiedlichen Geschwindigkeiten) auf derselben geraden Linie bewegen, dann ist

$$v_{XZ} = v_{XY} + v_{YZ}. \tag{2.1}$$

In Worten: Die Geschwindigkeit von X relativ zu Z ist die Summe aus der Geschwindigkeit von X relativ zu Y und der von Y relativ zu Z. Oder wenn es Ihnen so lieber ist: Die Geschwindigkeit von X im Bezugssystem Z ist die Summe aus der Geschwindigkeit von X im Bezugssystem Y und der von Y im Bezugssystem Z.

Nehmen wir z. B. an, X sei ein Ball, Y ein Zug und Z ein Bahnhof an unserem Schienenstrang. Dann besagt Gl. (2.1), dass die Geschwindigkeit des Balls im Bahnhofssystem die Geschwindigkeit des Balls im Zugsystem plus die Geschwindigkeit des Zugs im Bahnhofssystem ist. Dies leuchtet unmittelbar ein, wenn die Geschwindigkeiten alle positiv sind. Rollt etwa der Ball im Zugsystem mit 2 m/s nach Osten und der Zug im Bahnhofssystem mit 4 m/s nach Osten, hat der Ball im Bahnhofssystem die Geschwindigkeit $v_{XZ} = +2 + (+4)$ m/s $= +6$ m/s („+" heißt ja ostwärts). Aber natürlich funktioniert das auch, wenn negative (westwärts gerichtete) Geschwindigkeiten auftreten: Bewegt sich der Ball im Zug mit 1 m/s nach hinten, dann ist $v_{XY} = -1$ m/s und die Ballgeschwindigkeit im Bezugssystem des Bahnhofs ist $v_{XZ} = (-1) + (+4)$ m/s $= +3$ m/s. Würde der Ball sich mit einem Geschwindigkeitsbetrag von 7 m/s Richtung Zugende (und durch die offene Heckscheibe hindurch ...) sausen, betrüge seine Geschwindigkeit relativ zum Bahnhof $v_{XZ} = (-7) + (+4)$ m/s $= -3$ m/s, wäre also auch in diesem System negativ und damit nach Westen gerichtet.

Normalerweise ist es natürlich einfacher, sich die Antwort mit etwas gesundem Menschenverstand statt mit der abstrakten Formel (2.1) herzuleiten. Es sieht so aus, als sei sie eine von diesen ärgerlichen Gleichungen, die nur aufgestellt werden, um zu zeigen, dass man eine Gleichung aufstellen kann – eine belanglose mathematische Angeberei.

Wir werden jedoch bald sehen, dass das Additionstheorem (2.1) in dieser Form nicht einmal exakt richtig ist, sondern nur für einigermaßen kleine Geschwindigkeiten verlässliche Ergebnisse liefert. Bei großen Geschwindigkeiten, oder wenn wir im Alltag exorbitant präzise Antworten suchen sollten, müssen wir eine modifizierte Version von (2.1) verwenden. In diesem Fall ist es dann entscheidend, die entsprechende mathematische Formel zu benutzen, denn der gesunde Menschenverstand würde uns dann komplett in die Irre führen. Daher sollten Sie schon jetzt den Umgang mit solchen Additionstheoremen einüben, auch wenn das nichtrelativistische im Moment nur eine triviale Selbstverständlichkeit auszudrücken scheint.

Eine wichtige Konsequenz von Gl. (2.1) (die sich bei beliebigen Geschwindigkeiten als gültig erweisen wird) ist die Aussage

$$v_{XY} = -v_{YX}. \qquad (2.2)$$

Wenn sich X mit einer gewissen Geschwindigkeit relativ zu Y bewegt, dann bewegt sich Y mit dem Negativen dieser Geschwindigkeit bezüglich X. Anders formuliert: Y sieht X mit dem Negativen derjenigen Geschwindigkeit fliegen, die X für Y feststellt. Diese ziemlich einleuchtende Beziehung folgt direkt aus der allgemeinen Regel (2.1). Wenn Sie nämlich den speziellen Fall betrachten, in dem Z und X identisch sind, ist $v_{XZ} = v_{XX}$, also gleich der Geschwindigkeit von X in seinem eigenen Ruhesystem. Diese ist natürlich 0 (das ist der tiefere Sinn von „Ruhe") und wir haben

$$0 = v_{XX} = v_{XY} + v_{YX}, \qquad (2.3)$$

was unmittelbar auf Gl. (2.2) führt.

Wie würde man vorgehen, wenn man Gl. (2.1) einem Sturkopf beweisen müsste, welcher sich weigert, sie offensichtlich zu finden? Vielleicht so: Ein Zug fährt im Bezugssystem der Schienen (bzw. des Bahnhofs) nach Osten. Wenn sich ein Ball im Zugsystem mit 2 m/s bewegt, dann kommt dieser Ball jede Sekunde dem vorderen Zugende um zwei Meter näher. Und wenn sich der Zug im Schienensystem mit 4 m/s bewegt, dann sieht man ihn dort jede Sekunde vier Meter nach Osten rollen. Damit bewegt sich der Ball im Schienensystem in einer Sekunde sechs Meter nach Osten: zwei, die er sich gegenüber dem Zug bewegt und weitere vier, die der Zug die Schienen entlang zurücklegt. Aber dass der Ball jede Sekunde um sechs Meter die Schienen entlang nach Osten bewegt wird, ist exakt das, was „hat die Geschwindigkeit $+6$ m/s" bedeutet. Wer könnte daran zweifeln? Ich würde Ihnen in der Tat empfehlen, sich frühestens dann auf Zweifel an Aussagen wie dieser einzulassen, wenn Ihnen das Relativitätsprinzip und die Addition kleiner Geschwindigkeiten wirklich vertraut geworden sind (um nicht zu sagen, zum Hals heraushängen).

Ich möchte jetzt Ihre Aufmerksamkeit auf eine scheinbar ganz unschuldige Ausdrucksweise lenken, die sich aber überraschenderweise als brandgefährlich herausstellen wird, und zwar „in einer Sekunde". Wir sind implizit davon ausgegangen, dass „in einer Sekunde" im Zug(system) das Gleiche ist wie im System des Schienenstrangs. „Was soll es denn sonst heißen?", werden Sie jetzt vermutlich fragen (und insgeheim den Kopf schütteln), „eine Sekunde ist eine Sekunde, meine Zeit ist deine Zeit." Aber nur mal angenommen, es wäre *nicht* das Gleiche. Was wäre, wenn „in einer Sekunde" im Bezugssystem des Zugs etwas anderes hieße als im

Schienenbezugssystem? Was würde dies für die soeben vorgestellte Argumentation bedeuten? Wir müssten statt „in einer Sekunde" so etwas wie „in einer Sekunde gemäß dem Zugsystem" oder „in einer Sekunde der im Schienensystem gültigen Zeit" sagen. Damit wird die obige Argumentation zwar etwas sperriger, aber im Übrigen bleibt zumindest anfangs alles in Ordnung:

Wenn sich der Ball im Zugsystem mit 2 m/s nach Osten bewegt, dann legt er in einer Sekunde der im Zugsystem gültigen Zeit zwei Meter zurück. Und wenn sich der Zug mit 4 m/s bezüglich des Schienenbezugssystems bewegt, dann legt dieser in einer Sekunde „Schienenzeit" vier Meter ostwärts zurück.

Aber dann kommen wir zu dem folgenden Satz:

Damit bewegt sich der Ball im Schienensystem *in einer Sekunde* sechs Meter nach Osten, zwei, die er sich gegenüber dem Zug bewegt und weitere vier, die der Zug die Schienen entlang zurücklegt.

Was steckt jetzt hinter dem kursiven Ausdruck *in einer Sekunde*? Dies ist überhaupt nicht trivial, denn die ersten zwei Meter werden in einer Zugsekunde und die übrigen vier Meter in einer Schienensekunde absolviert. Wir können diese beiden Sekunden nur dann bedenkenlos in einer „Universalsekunde" aufgehen lassen, wenn Zug- und Schienenzeit identisch sind.

Im Moment wollen wir diesen Gedankengang nicht weiter verfolgen. Aber behalten Sie im Hinterkopf, dass die einfache Regel (2.1) fundamental auf der Annahme beruht, dass man ganz unbesorgt mit nur einer einzigen, in allen Bezugssystemen gültigen Zeit arbeiten darf. Albert Einstein war es, der 1905 den Geistesblitz hatte, dass diese scheinbar so offensichtliche Annahme leider falsch ist: „... schließlich erschien mir die Zeit selbst suspekt zu sein", sagte er viele Jahre später einmal zu einem Kollegen.[12] Wenn die Annahme einer universell und unabhängig vom gewählten Bezugssystem gültigen Zeit nicht zutrifft, dann werden auch andere „offenkundige" Vorstellungen kaum mehr zu halten sein.

Dieses Zusammenbrechen der vertrauten Vorstellungen von der Zeit und anderen Erscheinungen bleibt allerdings unauffällig und subtil, solange die untersuchten Geschwindigkeiten klein gegenüber der Lichtgeschwindigkeit bleiben (wie in den Beispielen aus dem ersten Kapitel). Es liegt mithin auf der Hand, als Nächstes zu untersuchen, warum gerade die Lichtgeschwindigkeit eine so besondere Rolle spielt – und was für eine Rolle das dann ist.

3

Die Lichtgeschwindigkeit

Wenn Sie eine Lampe anschalten – wie lange braucht dann das Licht, um von dort über die beleuchteten Gegenstände bis zu Ihrem Auge zu gelangen? Galileo Galilei scheint tatsächlich versucht zu haben, diese Zeitspanne mit einem Experiment zu bestimmen. Und zwar positionierte er zwei Personen mit abgedunkelten Laternen auf zwei weit voneinander entfernten Bergkuppen. Die eine, nennen wir sie Alice, lässt ihre Laterne aufleuchten und startet zugleich eine Stoppuhr. Wenn der andere, Bob, das Licht von Alice' Laterne sieht, entfernt er die Abdeckung von seiner Laterne. In dem Moment, in dem Alice das Licht von Bobs Laterne aufleuchten sieht, stoppt sie ihre Uhr, welche dann die Zeit T anzeigt, die das Licht benötigt hat, um die Distanz D zwischen den beiden Bergkuppen einmal hin- und zurückzulaufen. Die Geschwindigkeit, mit der sich das Licht dabei bewegt hat, ist dann ganz einfach

$$c = 2D/T. \qquad (3.1)$$

Ich weiß nicht, ob Galilei sich dessen bewusst war, aber es gibt bei diesem Versuchsaufbau ein Problem: Nur ein Teil der Verzögerung geht auf die Zeit zurück, die das Licht für die Strecke $2D$ benötigt hat. Der Rest entspricht der Summe

© Springer-Verlag Berlin Heidelberg 2016
N.D. Mermin, *Es ist an der Zeit*, DOI 10.1007/978-3-662-47152-4_3

aus Bobs Reaktionszeit – der Zeit, die vergeht, während sich die Nervenpulse von Bobs Augen zu seinem Gehirn und von dort zu seinen Händen fortpflanzen, sowie der Zeit, die seine Hände dann noch brauchen, um die Abdeckung von der Laterne zu entfernen – und entsprechend der Reaktionszeit von Alice.

Dieses Problem lässt sich aber einfach und elegant umgehen. Man muss dazu nur dasselbe Experiment noch einmal ausführen, wobei aber diesmal Bob auf einem anderen Berg im Abstand $D' > D$ steht. Die Reaktionszeiten sind in beiden Fällen die gleichen, weswegen die Zunahme der zeitlichen Verzögerung, $\Delta T = T' - T$, allein von der Zunahme des Abstands $\Delta D = D' - D$ hervorgerufen wird. Sie müssen also lediglich in Gl. (3.1) die Größen ΔD und ΔT einsetzen, um den Einfluss der Reaktionszeiten von Alice und Bob zu eliminieren.

Dummerweise stellt man dann allerdings fest, dass es – überhaupt keine Verzögerung gibt, oder genauer gesagt: Alice misst mit ihrer Stoppuhr zwar in beiden Fällen eine Verzögerung, aber sie kann keinerlei Unterschied zwischen T und T' feststellen. Dafür gibt es zwei mögliche Erklärungen: Entweder braucht das Licht überhaupt keine Zeit, um die nun eingefügte zusätzliche Strecke $\Delta D = D' - D$ zurückzulegen, d. h., die Lichtgeschwindigkeit ist unendlich groß. Oder aber Bob und Alice brauchen so viel mehr Zeit, um die Lichtsignale zu verarbeiten und mit ihren Laternen zu hantieren, als das Licht zum Zurücklegen der betrachteten Strecken braucht, dass mit Galileis Versuchsaufbau die Reisezeit des Lichts einfach nicht zu messen ist. Wie Sie wahrscheinlich bereits wissen, bewegen sich Lichtpulse tatsächlich so schnell bzw. menschliche Nervensignale in solch einem Schneckentempo, dass zwei in Sichtweite gelegene Bergkuppen viel zu nah beieinander liegen, als dass man mit Galileis Methode die Lichtgeschwindigkeit bestimmen könnte.

Dreihundert Jahre später gelang es jedoch, Galileis Idee erfolgreich auszuführen, wobei dann aber der eine Berg auf der Erde und der andere auf dem Mond stand. Der Mond ist etwa eine Lichtsekunde von der Erde entfernt, das Licht braucht also etwa zwei Sekunden, um einmal von der Erde zum Mond und zurück zu rasen. Zu diesem Zeitpunkt war der Betrag der Lichtgeschwindigkeit übrigens bereits mit anderen Methoden auf viele Nachkommastellen genau gemessen worden. Durchgeführt wurde das Experiment mit Radiowellen, die auf von Astronauten installierte Spiegelsysteme auf dem Mond gerichtet wurden. Radiowellen sind genau wie Licht, Röntgen-, Gamma- oder Handystrahlung elektromagnetische Wellen, die sich im Vakuum alle mit der gleichen Geschwindigkeit ausbreiten.

Licht ist also so schnell, dass man zur Messung seiner Geschwindigkeit entweder enorme Entfernungen betrachten oder winzigste Zeitabstände extrem genau bestimmen muss. Die erste erfolgreiche Abschätzung der Lichtgeschwindigkeit gelang mithilfe von im wahrsten Sinne des Wortes astronomischen Weglängen, als im Jahr 1676 der dänische Astronom Ole Rømer die Bewegungen der vier von Galilei entdeckten Jupitermonde untersuchte. Dabei fiel ihm auf, dass je nach der relativen Entfernung von Erde und Jupiter die Monde bis zu 10 Minuten zu früh oder zu spät von der Jupiterscheibe verfinstert wurden. Daraus schloss er, dass das Licht etwa 20 Minuten braucht, um den Durchmesser der Erdbahn zu durchlaufen, also die

Abstandsdifferenz $\Delta D = D' - D$ im obigen Beispiel. In der gegebenen Genauigkeit führt dies auf einen Wert von einigen Hunderttausend Kilometern pro Sekunde für die Lichtgeschwindigkeit.

Im Jahr 1849 gelang dem Franzosen Hippolyte Louis Fizeau die erste terrestrische Messung der Lichtgeschwindigkeit durch die präzise Bestimmung extrem kleiner Zeitdifferenzen. Stellen Sie sich eine Achse vor, an deren Enden zwei identische Zahnräder stecken, die so ausgerichtet sind, dass ein achsenparalleler Lichtstrahl durch korrespondierende Lücken in beiden Zahnrädern hindurchstrahlen kann, wenn sich die Achse nicht dreht. Wenn Sie nun die Achse und damit die beiden Zahnräder sehr schnell rotieren lassen und außerdem die Zahnräder sehr viele sehr kleine Zahnlücken aufweisen, kann es sein, dass das Licht so „lange" für den Weg zwischen den Zahnrädern braucht, dass sich das zweite Zahnrad eine halbe Zahnlücke weitergedreht hat, bis das Licht dort ankommt und somit der Lichtweg blockiert ist.

Es stellte sich zwar heraus, dass für Achsen, die so kurz sind, dass sie noch ohne zu wackeln rotieren können, das Licht immer noch viel zu schnell für einen messbaren Effekt läuft. Fizeau benutzte aber den genialen Trick, mithilfe von Spiegeln einen kilometerlangen Umweg in den Lichtweg zwischen den Zahnrädern einzubauen, wodurch er schließlich einen Schätzwert für die Lichtgeschwindigkeit erhielt, der gut mit den Ergebnissen von Rømer übereinstimmte.

Heute haben wir sehr ausgefeilte Methoden, um die Größe der Lichtgeschwindigkeit zu bestimmen. Anfang der 1980er Jahre betrug der beste Messwert 299.792.458 Meter pro Sekunde (m/s). Hieran wird sich auch bis auf

Weiteres nichts mehr ändern, denn 1983 legte man die Größe der Lichtgeschwindigkeit bei der Neudefinition der Einheit Meter auf exakt diesen Zahlenwert fest. Ein Meter war zuvor der Abstand zweier Markierungen auf einem in Paris sorgsam aufbewahrten Platin-Iridium-Stab. Seitdem ist es die Strecke, die Licht während einer 299.792.458-stel Sekunde zurücklegt. Damit ist die Einheit der Länge auf die Einheit der Zeit zurückgeführt. Sie denken jetzt möglicherweise, dass durch diese Definition weitere, verbesserte Messungen der Lichtgeschwindigkeit überflüssig würden. Dem ist aber nicht so, denn mit solchen Präzisionsexperimenten kann man nun statt der Lichtgeschwindigkeit die Länge eines Meters genauer und genauer bestimmen. Die Bedeutung dieser Messungen ist also die gleiche geblieben, geändert hat sich nur, was wir daraus ableiten.

Die Tatsache, dass der Wert der Lichtgeschwindigkeit gerade 299.792.458 m/s beträgt, hat zwei zufällige, aber nützliche Konsequenzen:

Zum einen liegt der Zahlenwert fast genau bei 300.000 km/s bzw. $3 \cdot 10^8$ m/s. Physiker rechnen daher gerne mit dem einfachen gerundeten Wert – so gerne, dass einmal das Ergebnis eines teuren Hochpräzisionsexperiments ruiniert wurde, weil jemand beim Auswerten mit der Zahl 3 anstelle von 2,9979… gerechnet hatte.

Zum anderen ist die angelsächsische Längeneinheit Foot (abgekürzt ft, auf Deutsch Fuß) etwa einen Drittel Meter lang, also ist das Licht rund eine Milliarde Feet pro Sekunde bzw. einen „Sekundengigafoot" schnell, oder auch einen Foot pro Nanosekunde (ft/ns). Dies ist weniger exotisch, als es zunächst klingen mag: Die Taktrate eines modernen PC-Mikroprozessors liegt im Bereich einiger Gigahertz, dies entspricht einer Periodendauer von etwas unter einer Nanosekunde. Wenn Sie also möchten, dass während eines Prozessortakts Informationen zwischen Komponenten Ihres Computers ausgetauscht werden sollen, dann sollten Sie tunlichst darauf achten, dass sich diese Komponenten deutlich weniger als einen Foot, also ca. 30 cm, voneinander entfernt befinden. Denn es kann, wie wir später sehen werden, keine Information schneller als Licht übertragen werden, also kommt innerhalb einer Taktperiode des Prozessors von z. B. 0,5 ns keine Information weiter als einen halben Foot (15 cm). Auch für das Satellitennavigationssystem (GPS) und ähnliche Systeme spielen Foot und Nanosekunde eine Rolle: Die Satelliten übertragen ihre Positionssignale einmal pro Nanosekunde, daher sind diese Signale einen Foot voneinander entfernt, wenn sie die Erdoberfläche erreichen. Insofern ist ein Foot ein Maß für die Ortsauflösung des Systems.

Beim Umgang mit relativistischen Vorgängen bietet es sich an, Geschwindigkeiten in Einheiten anzugeben, in welchen die Lichtgeschwindigkeit einen besonders übersichtlichen („runden") Wert annimmt. Wäre der Wert eines (US-) Foot im Jahr 1959 nicht auf exakt 30,48 cm, sondern auf exakt 29,979.245.8 cm festgelegt worden (nur 1,64 % weniger), dann wäre das Licht *exakt* 1 ft/ns schnell. Dies ist genau das, was wir brauchen, weswegen ich für den Rest dieses Buchs die Einheit Foot wie folgt umdefinieren werde:

Künftig soll mit 1 F die Strecke gemeint sein, welche das Licht in einer Nanosekunde zurücklegt.[13] Damit ist 1 F eine Lichtnanosekunde und eine Nanosekunde ein „Lichtfoot". Wenn Sie es empörend finden, die Einheit Foot in dieser Weise umzudefinieren (wie es ein Gutachter eines Papers getan hat, das ich einmal beim *American Journal of Phy-*

sics eingereicht habe), dann nennen Sie einfach die Länge 0,299.792.458 m einen Phoot[14] und lesen Sie immer „Phoot", wenn ich im Folgenden „Foot/Fuß" schreibe.

Zum Vergleich mit geringeren Geschwindigkeiten hilft es manchmal, 1 F/ns als 1000 F/µs aufzufassen. Da die Schallgeschwindigkeit in gewöhnlicher Luft etwa 300 m/s, also 1000 F/s beträgt, ist das Licht somit eine Million Mal schneller als der Schall.

Es ist ein bisschen merkwürdig, um nicht zu sagen äußerst außergewöhnlich, die Geschwindigkeit des Lichts im Vakuum einfach so auf 299.792.458 m/s festzulegen. Normalerweise stellt sich, wenn man eine Geschwindigkeit derart exakt festlegt – oder wenn man überhaupt von irgendeiner Geschwindigkeit spricht –, immer die Frage „Geschwindigkeit relativ zu was?". Schließlich haben wir in den beiden vorangegangenen Kapiteln deutlich genug gemacht, dass die Geschwindigkeit eines Objekts von dem Bezugssystem abhängig ist, in welchem sie gemessen wird. Ein Ball, den Alice in einem gleichförmig bewegten Zug wirft, hat eine ganz andere Geschwindigkeit bezüglich des Zugs als gegenüber den Schienen. Beim Licht gibt es zwei naheliegende Antworten auf die Frage „Geschwindigkeit relativ zu was?":

Die erste naheliegende Antwort

Die Lichtgeschwindigkeit beträgt 299.792.458 m/s relativ zur jeweiligen Lichtquelle. Wenn Sie eine Taschenlampe einschalten, hat das von ihr erzeugte Licht die Geschwindigkeit 299.792.458 m/s bezüglich der Taschenlampe. Wie sollte es auch anders sein? In ganz ähnlicher Weise meint man mit der Geschwindigkeit einer Gewehrkugel ja auch immer die Geschwindigkeit, mit der sie sich von dem Gewehr entfernt, aus dem sie abgeschossen wurde (und nicht etwa die Geschwindigkeit bezüglich eines Düsenjets, der die Kugel neben sich herfliegen sieht).

Diese durchaus vernünftige Antwort steht im Widerspruch zu unserem derzeitigen Verständnis des elektromagnetischen Charakters von Lichtwellen. Im 19. Jahrhundert kam es zur großen Vereinheitlichung der Gesetze von Elektrizität und Magnetismus, die in den berühmten Gesetzen des schottischen Physikers James Clerk Maxwell gipfelte. Maxwells Gleichungen sagen voraus, dass ein elektrisch geladenes Teilchen, das regelmäßig hin- und herschwingt (wie dies z. B. ständig im Draht einer Glühbirne geschieht), Strahlungsenergie aussenden muss, die sich mit einer Geschwindigkeit von etwa 300.000.000 m/s ausbreitet. Da diese Geschwindigkeit numerisch exakt mit der Lichtgeschwindigkeit übereinstimmt, war es nur natürlich, Licht als eine spezielle Form dieser sog. elektromagnetischen Strahlung anzusehen. Die Schwingungsfrequenz der Ladungen ist im Falle von sichtbarem Licht mit mehreren 100 Billionen Schwingungen pro Sekunde ausgesprochen hoch. Der entscheidende Punkt ist aber nun, dass aus Maxwells Gleichungen ganz eindeutig hervorgeht, dass die Ausbreitungsgeschwindigkeit der elektromagnetischen Strahlung *nicht* von der Geschwindigkeit der Strahlungsquelle abhängt (und auch nicht von dem System, in welchem die Geschwindigkeit der Strahlungsquelle gemessen wird). Maxwell zufolge ist die Lichtgeschwindigkeit unabhängig davon, ob sich die schwingenden Ladungen in Richtung der Lichtausbreitung, in die entgegengesetzte Richtung oder gar nicht bewegen.

Weiterhin wird die Regelmäßigkeit bestimmter astronomischer Bewegungen nicht davon beeinflusst, ob die Lichtquelle, welche uns diese Phänomene beobachten lässt, sich von uns entfernt oder auf uns zuläuft. Es gibt also sowohl theoretische als auch astronomische Belege dafür, dass die Lichtgeschwindigkeit unabhängig von der Geschwindigkeit der jeweiligen Lichtquelle ist.

Die zweite naheliegende Antwort

Die Lichtgeschwindigkeit hat nur im „Vakuum", also in einem Medium, das weder Luft noch andere Stoffe enthält, den Wert 299.792.458 m/s. Tatsächlich kann die Lichtgeschwindigkeit in dichten transparenten Medien wie Wasser oder Glas um ein Viertel oder noch mehr unter dem Vakuumwert liegen. Historisch nannte man das Medium, in welchem die Lichtgeschwindigkeit den oben genannten Wert hat, den „Äther". Darunter kann man sich den irreduziblen Rest vorstellen, der übrigbleibt, wenn aus einem Raumgebiet alles entfernt wurde, was sich nur entfernen lässt.

Wir denken uns jetzt also das Licht nicht mehr analog zu einer von einem Gewehr abgefeuerten Kugel, sondern analog zum Schall, d. h. zu Luftwellen. Wie die Lichtgeschwindigkeit hängt auch die Schallgeschwindigkeit nicht davon ab, wie schnell sich eine Schallquelle bewegt, sondern nur von den Eigenschaften der Luft (Druck, Temperatur, …), deren Schwingungen den Schall darstellen und ihn transportieren. Wenn Licht analog dazu aus sich durch den Raum ausbreitenden Schwingungszuständen eines Äther genannten Mediums besteht, dann sollte seine Geschwindigkeit immer bezüglich dieses Mediums definiert werden.

Da die Erde die Sonne mit einem recht flotten Tempo von 30 km/s umrundet, ändert sich ihre Bewegungsrichtung bezüglich des Fixsternhintergrunds im Jahresverlauf erheblich. Darüber hinaus läuft das gesamte Sonnensystem in etwa 200 Millionen Jahren einmal um das Zentrum der Milchstraße – es wäre somit ein mehr als merkwürdiger Zufall, wenn sich ausgerechnet die Erde gerade in Ruhe gegenüber dem Eigensystem des Äthers befinden würde. Vielmehr ist eine Art „Äther(fahrt)wind" zu erwarten, je nachdem, ob wir uns gerade auf den Äther zu- oder von ihm wegbewegen. Dementsprechend müsste auch die Lichtgeschwindigkeit, die ja bezüglich des Äthers konstant sein muss, auf der Erde schwanken, je nachdem, ob sich das Licht mit der Ätherwindrichtung oder senkrecht dazu bewegt. Verschiedene Versuche, diese Richtungsabhängigkeit der Lichtgeschwindigkeit zu messen, schlugen jedoch fehl, am berühmtesten ist sicherlich das Michelson-Morley-Experiment aus den 1880er Jahren. Alle diese Versuche zeigten, dass wenn die Lichtgeschwindigkeit gegenüber einem ätherartigen Medium fix ist, die Erde trotz ihrer komplexen Bewegungen bezüglich der Zentren von Sonnensystem und Milchstraße eine unwahrscheinlich niedrige Relativgeschwindigkeit dem Äther gegenüber haben müsste. Hartnäckige Verteidiger der Ätherhypothese argumentierten, dass die Erde auf irgendeine Weise den sie umgebenden Teil des Äthers mit sich ziehen könnte. Dann aber müssten sich die scheinbaren Positionen weit entfernter Sterne oder Galaxien am Himmel in charakteristischer Weise ändern – was wiederum niemals beobachtet wurde.

Die Bedeutung des Michelson-Morley-Experiments für die historische Entwicklung der Relativitätstheorie ist verschiedentlich infrage gestellt worden. Einstein erwähnt es zwar 1905 in seiner berühmten Arbeit, aber nur einmal und auch nur quasi nebenbei: „Beispiele ähnlicher Art, sowie die *mißlungenen Versuche, eine Bewegung der Erde relativ zum ,Lichtmedium'* zu konstatieren, führen zu der Vermutung, daß (…)"[15] – kaum mehr als eine Randnotiz. Die experimentellen Bemühungen von Michelson und anderen mussten genannt werden, denn hätten sie erfolgreich gezeigt, dass es auf der Erde eine signifikante Rchtungsabhängigkeit der Lichtgeschwindigkeit gibt, wäre die Relativitätstheorie ein totgeborenes Kind geblieben.

Die „Beispiele ähnlicher Art", die Einstein als die wesentliche Motivation, die Natur der Zeit infrage zu stellen, angab, sind alle Beispiele für die Tatsache, dass die elektrischen und magnetischen Erscheinungen der Materie alle konsistent mit Einsteins Relativitätsprinzip sind – entgegen der weitverbreiteten Ansicht, es gebe ein bevorzugtes Inertialsystem zur Beschreibung elektromagnetischer Vorgänge, nämlich das Ruhesystem des Äthers. Allgemein dachte man damals, die Maxwell-Gleichungen gälten ausschließlich in diesem Bezugssystem. Der entscheidende Punkt war für Einstein, dass eine große Zahl von elektromagnetischen Vorgängen in anderen Bezugssystemen exakt gleich abzulaufen schienen wie im Äthereigensystem. Dies führte ihn auf das Postulat, dass die Gesetze des Elektromagnetismus in jedem beliebigen Inertialsystem streng gültig sind. Wenn diese Annahme korrekt ist, dann wird sich die „Einführung eines ,Lichtäthers' (…) insofern als überflüssig erweisen", als es keine Möglichkeit gäbe, anhand irgendeines elektromagnetischen Vorgangs das Ruhesystem des Äthers von irgendeinem anderen Inertialsystem zu unterscheiden. Es ist genau dieses Postulat – dass das aus der Newton'schen Mechanik bekannte Relativitätsprinzip ebenso für den Elektromagnetismus gilt –, welches Einstein das „*Prinzip der Relativität*" genannt hat.

Wenn nun also die Maxwell'schen Gleichungen in jedem beliebigen Inertialsystem gelten und wenn sie vorhersagen, dass elektromagnetische Strahlung und insbesondere Licht sich mit einer konstanten, von der Bewegung der Lichtquelle unabhängigen Geschwindigkeit ausbreiten, dann muss sich Licht in jedem Inertialsystem mit dieser konstanten Geschwindigkeit ausbreiten. Die Antwort auf die obige Frage „Geschwindigkeit relativ zu was?" lautet also demnach: „relativ zu irgendeinem beliebigen Inertialsystem". In jedem Inertialsystem beträgt die Lichtgeschwindigkeit im Vakuum schlicht und ergreifend 299.792.458 m/s, egal wie schnell sich die Lichtquelle bewegt und egal aus welchem Inertialsystem heraus die Lichtausbreitung beobachtet wird. Wenn Sie beispielsweise mit einer Rakete dem Licht mit (immerhin) 10 km/s hinterherrasen, wird sich die Geschwindigkeit, mit der sich das Licht von Ihrer Rakete entfernt, nicht auf 299.782 km/s verringern. Es entfernt sich stattdessen immer noch mit 299.792 km/s von Ihnen. Ich möchte an dieser Stelle betonen, dass nur die Lichtgeschwindigkeit im *Vakuum* diese bemerkenswerte Eigenschaft besitzt. Die Lichtgeschwindigkeit in Wasser hängt *durchaus* davon ab, wie schnell Sie sich relativ zum Wasser bewegen, allerdings auf eine etwas kompliziertere Art und Weise, als man zunächst denken würde, wie wir noch sehen werden. In der Tat ist hier das Licht gar nicht der entscheidende Punkt, sondern diese spezielle Geschwindigkeit $c = 299.792.458$ m/s. Wenn jemand ohne weitere

Angaben „Lichtgeschwindigkeit" sagt, meint er fast immer diesen Wert, also die Lichtgeschwindigkeit c in Vakuum.

Wie kann das sein? Wie kann es eine besondere Geschwindigkeit c geben mit der Eigenschaft, dass was auch immer sich so schnell bewegt, in jedem beliebigen Inertialsystem diese Geschwindigkeit besitzt? Diese Tatsache, bekannt als das *Prinzip von der Konstanz der Lichtgeschwindigkeit*, ist hochgradig kontraintuitiv. Eigentlich ist „kontraintuitiv" noch viel zu milde ausgedrückt: Es erscheint jedem „normal" denkenden Mensch komplett unmöglich. Eines der wichtigsten Anliegen dieses Buchs ist es, dieses Gefühl der Unmöglichkeit zu beseitigen und durch die Einsicht zu ersetzen, dass es in der Tat vollkommen vernünftig ist.

An dieser Stelle möchte ich eine kleine Abschweifung zur Nomenklatur einschieben: Heute nennt praktisch jeder die Lichtgeschwindigkeit im Vakuum c, etwa in der mehr als berühmten Gleichung „$E = mc^2$", auf welche wir in Kap. 11 ausführlich eingehen werden. Früher dachte ich, dass das „c" für „konstant"[16] steht und daran erinnern soll, dass sich der Wert beim Übergang zwischen zwei Inertialsystemen nicht ändert. Vielleicht steht es aber auch nur für das lateinische Wort für Geschwindigkeit, *celeritas*, von welchem z. B. das englische „acceleration" (Beschleunigung) abgeleitet ist.

Um zu verstehen, warum die Konstanz der Lichtgeschwindigkeit letztlich doch sinnvoll ist, müssen wir sehr genau untersuchen, was es genau bedeutet, „eine Geschwindigkeit" bezüglich eines bestimmten Bezugssystems zu haben. Wenn wir sagen, dass sich ein Objekt gleichförmig mit einer gewissen Geschwindigkeit v bewegt, meinen wir, dass es innerhalb einer gegebenen Zeit T die Distanz

D zurücklegt und dass zwischen diesen drei Größen die Beziehung $D/T = v$ besteht. Dies führt uns darauf, näher zu betrachten, wie man eigentlich solche Abstände und solche Zeitspannen misst.

Es sei zunächst einmal P eine korrekte Prozedur, mit der man Zeit- und Längenmessungen und damit auch die Bestimmung von Geschwindigkeiten in einem gegebenen Inertialsystem durchführen kann. Wir lassen nun Bob diese Prozedur P im Bezugssystem einer Raumstation ausführen, um die Geschwindigkeit eines Lichtpulses zu bestimmen, der in die Tiefe des Weltraums entschwindet. Wenig überraschend erhält er als Ergebnis ungefähr 299.792 km/s. Nehmen wir nun an, Alice fliege zügig dem Licht mit einer Geschwindigkeit hinterher, die Bob mit seiner Prozedur als 792 km/s misst. Bob erkennt dann korrekterweise, dass in jeder Sekunde das Licht sich 299.792 km von ihm entfernt, während Alice in dieser Zeit 792 km in derselben Richtung zurücklegt. Demzufolge nimmt der von Bob gemessene Abstand zwischen Alice und dem Lichtpuls pro Sekunde nur um 299.000 km zu. Wenn jedoch Alice mit derselben Prozedur P im Bezugssystem ihrer Rakete Geschwindigkeiten, Zeiten und Abstände ermittelt, findet sie, dass die Geschwindigkeit des Lichts 299.792 km/s beträgt, sich der Lichtpuls also in ihrem Bezugssystem in jeder Sekunde 299.792 km und nicht bloß 299.000 km von ihr entfernt.

Wie können wir diesen Widerspruch auflösen? Offenkundig muss es einen Unterschied zwischen den Messungen von Alice und Bob geben. Aber verwenden Sie nicht beide exakt dieselbe zertifizierte Prozedur P? Ja, aber die Frage ist, was hier „exakt dieselbe" bedeutet. Wenn Bob beispielsweise Uhren benutzt, die sich im Bezugssystem seiner Raumstation in Ruhe befinden, dann verwendet Alice, wenn sie nach derselben Prozedur P vorgeht, Uhren, die sich bezüglich *ihres* Bezugssystems, d. h. ihrer Rakete, in Ruhe befinden. Somit sind in Bobs System zwar seine Uhren in Ruhe, Alice' Uhren hingegen in Bewegung – in Alice' System ist es umgekehrt: Ihre Uhren ruhen, Bobs dagegen bewegen sich. Ähnlich verhält es sich mit den Metermaßen (Geodreiecken, Zollstöcken, …), mit denen Alice und Bob Längen messen. Der gar nicht so komplizierte, aber leicht zu übersehende Knackpunkt ist, dass Bobs Messprozedur, *wie sie in seinem Bezugssystem beschrieben wird*, exakt mit der Prozedur von Alice, *beschrieben in ihrem Bezugssystem*, übereinstimmen muss. Dagegen ist Alice' Messverfahren, wenn man es von Bobs System aus beschreibt, *nicht* das gleiche wie Bobs Verfahren in Bobs System.

Es ist dieser kleine, aber feine Unterschied, mit dem sich sowohl Bob als auch Alice auf eine vollkommen rationale Weise die scheinbaren Diskrepanzen zwischen den Messwerten erklären können. Die Tatsache, dass Alice und Bob in unterschiedlichen Bezugssystemen beide exakt dieselbe Geschwindigkeit für denselben Lichtpuls messen, erscheint nur dann paradox, wenn Sie einige nicht hinterfragte Annahmen über die Beziehung zwischen den von Alice und Bob verwendeten Uhren und Längenmaßen machen. Vor 1905 ging man implizit von den folgenden drei Annahmen aus:

1. Das Verfahren, mit dem Alice die Uhren in ihrem Bezugssystem synchronisiert („stellt"), führt dazu, dass sie dieselbe Zeit bzw. dieselben Zeitspannen anzeigen wie

die Uhren, die Bob in seinem Bezugssystem nach demselben Verfahren synchronisiert hat. (Auch hier bedeutet „dasselbe Verfahren" wieder, dass Bobs Vorgehen in seinem System genauso beschrieben wird wie Alice' Vorgehen in dem ihren.)

2. Die Taktrate einer Uhr (bei einer Pendeluhr wäre das die Pendelfrequenz), die Bob bezüglich seines Bezugssystems misst, ist unabhängig davon, wie schnell sich diese Uhr relativ zu Bobs Bezugssystem bewegt.

3. Die von Bob in seinem Bezugssystem gemessene Länge eines Metermaßes (Geodreiecks, Zollstocks, …) ist unabhängig davon, wie schnell sich dieses Metermaß relativ zu Bobs Bezugssystem bewegt.

Sollte sich auch nur eine dieser Annahmen als falsch erweisen, müssen wir das in Kap. 2 ausführlich behandelte nichtrelativistische Additionstheorem für Geschwindigkeiten modifizieren, also die Regel, die angibt, wie sich die Geschwindigkeit eines Objekts ändert, wenn man das Bezugssystem wechselt, bezüglich dessen die Geschwindigkeit gemessen wird. Heute wissen wir, dass sogar *alle drei* Annahmen nicht zutreffen. Die Spezielle Relativitätstheorie liefert uns quantitative Aussagen über die hieraus folgenden Abweichungen von Messergebnissen. Durch geeignete Korrekturterme erhält man daraus ein einfaches und kohärentes Bild von räumlichen und zeitlichen Messungen, das gänzlich mit der Existenz einer besonderen, invarianten Geschwindigkeit in Einklang steht, die in allen Inertialsystemen gleich ist und „zufällig" derjenigen des Lichts im Vakuum entspricht.

Wir werden den traditionellen (und einfachsten) Weg wählen, um zu diesem Bild zu gelangen, nämlich genau wie Einstein zunächst einmal als Arbeitshypothese akzeptieren, dass in jedem beliebigen Inertialsystem jede Messprozedur, welche die Vakuumlichtgeschwindigkeit korrekt bestimmt, den Wert 299.792.458 m/s ergeben *muss*. Wir werden mithin die seltsame Tatsache schlucken, dass wenn Alice und Bob beide die Geschwindigkeit desselben Lichtpulses messen, sie beide 299.792.458 m/s herausbekommen, selbst wenn sich Alice, von Bob aus gesehen, mit ihren Messinstrumenten in dieselbe Richtung wie das Licht bewegt. Indem wir diese seltsame Tatsache vorläufig hinnehmen und darauf bestehen, dass das Relativitätsprinzip unter allen Umständen gültig bleiben muss, werden wir exakt *herleiten* können, auf welche Weise die drei obigen nichtrelativistischen Annahmen über bewegte Uhren und Maßstäbe modifiziert werden müssen. Ist dies erst einmal gelungen und ist die korrekte Form der drei Annahmen gefunden und verstanden, wird die seltsame Tatsache ihre Seltsamkeit verloren haben. Und nicht nur das, wir werden auch ein solides Verständnis für die von Einstein entdeckten neuen und wunderbaren Raffinessen in der Natur der Zeit entwickelt haben.

Diese eine bemerkenswerte Eigenschaft des Lichts – nämlich dass seine Geschwindigkeit nicht vom Bezugssystem abhängt, von dem aus sie gemessen wird – nennt man heute das *Prinzip von der Konstanz der Lichtgeschwindigkeit*. Man kann sagen, dass die Spezielle Relativitätstheorie nur auf zwei fundamentalen Prinzipien beruht: dem Relativitätsprinzip und dem Prinzip von der Konstanz der Lichtgeschwindigkeit. In seiner großen Arbeit aus dem Jahr

1905 benutzte Einstein nicht das Wort *Prinzip* für diesen zweiten grundlegenden Sachverhalt, so wie er das bei dem ersten durchaus tat. Er bezeichnete beide Grundaussagen als *Voraussetzungen*; die zwei Aussagen fasste er so, dass Licht sich im leeren Raum mit einer Geschwindigkeit ausbreitet, die unabhängig von der Geschwindigkeit des emittierenden Körpers ist. Dies ist gleichbedeutend mit dem zweiten Prinzip, wenn es mit dem ersten verbunden wird, welches Einstein als das Postulat formulierte, dass das Konzept der absoluten Ruhe im Elektromagnetismus genauso wenig Bedeutung hat wie in der Newton'schen Mechanik.

Wenn Sie sich für die Originalarbeit interessieren[17] und wissen möchten, wie Einstein das Problem angegangen ist, können Sie sich den Text seiner Arbeit „Zur Elektrodynamik bewegter Körper", in der er sein Relativitätsprinzip erstmals formuliert, aus dem Internet herunterladen – geben Sie einfach in der Suchmaschine Ihrer Wahl den Titel der Arbeit ein (alle von mir verwendeten Zitate kommen von den ersten eineinhalb Seiten).

4

Addition beliebiger Geschwindigkeiten

In Kap. 2 haben wir folgendermaßen argumentiert: Wenn Alice in einem mit der Geschwindigkeit v fahrenden Zug einen Ball mit der Geschwindigkeit u in Fahrtrichtung wirft, dann bewegt sich der Ball relativ zu den Schienen mit der Geschwindigkeit

$$w = u + v \qquad (4.1)$$

in dieselbe Richtung wie der Zug.

Diese Aussage ist als das nichtrelativistische Additionstheorem für Geschwindigkeiten bekannt. „Nichtrelativistisch" heißt es deshalb, weil es nur dann die Situation korrekt beschreibt, wenn die Geschwindigkeiten u und v klein sind im Vergleich zur Lichtgeschwindigkeit. Sicherlich gilt es nicht mehr, wenn $u = c$ ist (d. h., wenn Alice eine Taschenlampe anknipst, statt einen Ball zu werfen), denn wir wissen, dass die Geschwindigkeit w, die das Licht im Bezugssystem der Schienen hat, nicht $c + v$ ist, sondern wiederum einfach c – derselbe Wert, den die Lichtgeschwindigkeit auch im Bezugssystem des Zugs hat!

© Springer-Verlag Berlin Heidelberg 2016
N.D. Mermin, *Es ist an der Zeit*, DOI 10.1007/978-3-662-47152-4_4

Nun wollen wir annehmen, dass Alice mit einem (aus einem Science-Fiction-Film ausgeliehenen) Ultragewehr Kugeln abfeuert, deren Mündungsgeschwindigkeit u 90 % der Lichtgeschwindigkeit beträgt. Diese „Kugeln" könnten, wenn Sie es unbedingt realistisch halten wollen, Lichtpulse sein, welche durch ein Rohr längs des Zugs propagieren, das mit einer transparenten Flüssigkeit gefüllt ist, deren Brechungsindex die Lichtgeschwindigkeit um ein Zehntel gegenüber dem Vakuumwert reduziert.[18] Es wäre ziemlich erstaunlich, wenn das nichtrelativistische Additionstheorem, das für $u = c$ versagt, für $u = 0,9c$ korrekt wäre. Und in der Tat ist es das auch nicht. Sowohl Gl. (4.1) als auch der Fall $u = c$ werden sich im Folgenden als Spezialfälle eines sehr allgemeinen Gesetzes herausstellen, das unabhängig vom Verhältnis der betrachteten Geschwindigkeiten zur Lichtgeschwindigkeit gültig ist. Dieses *relativistische Additionstheorem für Geschwindigkeiten* besagt, dass

$$w = \frac{u + v}{1 + \left(\frac{u}{c}\right)\left(\frac{v}{c}\right)}. \tag{4.2}$$

Sind u und v beide klein gegenüber der Lichtgeschwindigkeit, dann sind u/c und v/c kleine Zahlen. Ihr Produkt ist dann ein kleiner Bruchteil einer kleinen Zahl, mit anderen Worten eine *sehr* kleine Zahl – daher besteht in diesem Fall der Unterschied zwischen dem relativistischen (4.2) und dem nichtrelativistischen Additionstheorem (4.1) nur in der Multiplikation mit einer Zahl, die fast exakt gleich 1 ist. Wenn andererseits $u = c$ ist, dann kann (4.2) nur gelten, wenn w exakt gleich c ist, egal welchen Wert v auch annehmen mag. (Überprüfen Sie es – diese mathematische

Fingerübung ist nicht allzu schwierig.) Somit ist Gl. (4.2) sowohl mit unserer nichtrelativistischen Erfahrung konsistent – d. h. mit unseren Erfahrungen aus dem Umgang mit Situationen, in denen alle relevanten Geschwindigkeiten viel kleiner als die Lichtgeschwindigkeit sind – als auch mit dem Ergebnis, dass derselbe Lichtpuls in allen Inertialsystemen gleich schnell ist.

Wir wollen nun zeigen, dass das allgemeinere relativistische Additionstheorem (4.2) eine direkte und unmittelbare Konsequenz aus Einsteins zwei Postulaten „Konstanz der Lichtgeschwindigkeit" und „Relativitätsprinzip" ist. Wir werden dabei sehen, dass aus der Konstanz der Lichtgeschwindigkeit in allen Inertialsystemen *zwangsläufig* folgt, dass wir das Additionstheorem (4.1) durch die Gl. (4.2) ersetzen müssen, egal was für Objekte wir betrachten und wie schnell sie sich wohin auch immer bewegen mögen. Dass sich eine so viel allgemeinere Regel allein aus Einsteins zwei Postulaten bzw. Prinzipien ableiten lässt, ist eine bemerkenswerte Demonstration der Wirksamkeit dieser Prinzipien. Im Prinzip ist die dabei verwendete Argumentation analog zu derjenigen, mit der wir in Kap. 1 Newtons erstes Axiom aus der Tatsache abgeleitet haben, dass ruhende Körper in Abwesenheit äußerer Kräfte in Ruhe bleiben. Doch während es auf der Hand liegt, dass – ist das Relativitätsprinzip einmal verstanden – der spezielle Fall von in Ruhe verbleibenden ruhenden Körpern uns auf die allgemeine Regel führt, dass gleichförmig bewegte Objekte ihren Bewegungszustand nicht ändern, ist die Verbindung zwischen dem speziellen Fall der Konstanz der Lichtgeschwindigkeit und dem allgemeinen relativistischen Additionstheorem (4.2) alles andere als selbsterklärend.

Bevor wir uns an diese äußerst wichtige Anwendung des Relativitätsprinzips machen, möchte ich auf Folgendes hinweisen: Die Tatsache, dass die Geschwindigkeit c in (4.2) explizit auftritt, und zwar auch dann, wenn keines der betrachteten Objekte oder Bezugssysteme irgendetwas mit Licht zu tun haben sollte, deutet bereits an, dass diese ominöse Geschwindigkeit c keine spezielle Eigenschaft des Lichts, sondern ein integraler Bestandteil der Struktur von Raum und Zeit ist. Dinge, die sich mit diesem speziellen Tempo bewegen, bewegen sich als eine direkte Konsequenz aus Gl. (4.2) in *allen* Bezugssysteme mit diesem Tempo. Lichtpulse im Vakuum sind ein (relativ) alltagsnahes Beispiel für solche Dinge, doch die Bedeutung der Naturkonstanten c geht weit über die Tatsache hinaus, dass sich Licht im leeren Raum mit dieser Geschwindigkeit ausbreitet.

Um zu einer Strategie für die Herleitung des relativistischen Additionstheorems (4.2) zu kommen, müssen wir uns zuerst überlegen, wo eigentlich der Fehler bei der Begründung des nichtrelativistischen Additionstheorems (4.1) gelegen hat. Die offenkundige Methode der Wahl zur Feststellung der Geschwindigkeit eines Objekts besteht bekanntlich darin, die Zeit zu messen, die das Objekt braucht, um eine Strecke bekannter Länge zurückzulegen. Dies erfordert zwei Uhren, die am Anfang und Ende der Strecke platziert werden und mit denen man die exakten Zeiten von Beginn und Ende der Fahrt bestimmt. Bei unserer Herleitung des nichtrelativistischen Additionstheorems (4.1) hatten wir implizit angenommen, dass Personen im Schienenbezugssystem und solche im Bezugssystem des Zugs davon ausgehen können, dass ihre Uhren die gleiche Zeit anzeigen. Vor Einstein hatte niemand diese wichtige Grundannahme auch nur zur Kenntnis genommen oder gar explizit ausgesprochen. Natürlich hatte man sich Gedanken gemacht, dass es in der praktischen Ausführung schwierig sein dürfte, zwei Uhren an möglicherweise sehr weit voneinander entfernten Orten exakt zu synchronisieren. Doch niemand hätte gedacht, dass hier auch ein *prinzipielles* Problem auftauchen könnte.[19] Ebenso sind wir, wie gesagt, implizit davon ausgegangen, dass Leute in verschiedenen Bezugssystemen sich einig sind über die Länge der Schienenstrecke zwischen den beiden Uhren sowie über die Dauer der von den Uhren angezeigten Zeitspannen (d. h. das Tempo, in dem die beiden Uhren ticken).

Die Konstanz der Lichtgeschwindigkeit steht im Fall eines sich mit Lichtgeschwindigkeit bewegenden Objekts in direktem Widerspruch zum nichtrelativistischen Additionstheorem (4.1), was bedeutet, dass mindestens eine der Annahmen, auf denen es fußt, falsch sein muss. Dies lässt wiederum die Gültigkeit des nichtrelativistischen Additionstheorems bei beliebigen Geschwindigkeiten zweifelhaft erscheinen. Aber wenn wir nicht einmal von den angesprochenen Annahmen über die einfachsten Instrumente zur Messung von Geschwindigkeiten ausgehen dürfen, wie sollen wir dann überhaupt eine Regel für die Addition von Geschwindigkeiten finden? Ein Weg, dies zu tun, besteht darin, einen Satz neuer, „relativistischer" Regeln für die Uhrensynchronisation und etwaige dabei auftretende Diskrepanzen aufzustellen, zu benutzen und dann entsprechend beim Vergleich von Längen oder Uhrentaktraten vorzugehen. Dies ist genau der Weg, auf dem man normalerweise das korrekte relativistische Additionstheorem herleitet. Er ist allerdings nicht ganz unaufwendig. Deswegen wollen wir ihn nicht sofort beschreiten, denn es ist möglich und lehrreich, die relativistischen Regeln für die Addition von Geschwindigkeiten herauszufinden, bevor man weiß, wie mit bewegten Uhren und Maßstäben umzugehen ist – und genau dies wollen wir jetzt tun.

Der direkte Weg zu Gl. (4.2) besteht darin auszunutzen, dass wir zumindest die Geschwindigkeit von einem Ding ganz genau kennen: Licht. Indem wir auf eine ziemlich clevere Weise Licht zur Messung von Geschwindigkeiten benutzen, können wir auf den Einsatz von Uhren und Maßstäben komplett verzichten. Dadurch bekommen wir die Regeln für die Transformation von Geschwindigkeiten beim Wechsel des Bezugssystems, ohne irgendetwas über Uhren oder Maßstäbe annehmen zu müssen. Die Idee dabei ist, ein sich bewegendes Objekt – etwa einen Ball – mit einem Lichtpuls, den wir jetzt Photon nennen werden, um die Wette laufen zu lassen. Durch Vergleich der von Ball und Photon zurückgelegten Strecken können wir die Geschwindigkeit des Balls ermitteln. Wenn beispielsweise das Photon, das mit dem Tempo c unterwegs ist, doppelt so weit kommt wie der Ball, muss der Ball die Geschwindigkeit $\frac{1}{2}c$ gehabt haben.[20]

Diese schöne Idee führt leider sofort auf eine Schwierigkeit. Obwohl Photon und Ball ihr Rennen am selben Ort starten, werden sie sich, wenn sie mit unterschiedlichen Geschwindigkeiten unterwegs sind, am Ende des Rennens an unterschiedlichen Orten befinden. Um dann aber zu vergleichen, wie weit sie gekommen sind, müssten wir ermitteln, an exakt welchem Ort sich der Ball in exakt dem Moment befindet, in dem das Photon über die Ziellinie flitzt. Hierfür müssten wir zwei Uhren synchronisieren, ei ne an der Ziellinie und eine am Ort des Balls. Erst dann könnten wir bestimmen, wo der Ball ist, wenn das Photon am Ziel ankommt: nämlich indem wir notieren, wo der Ball sich in exakt dem Moment aufhält, in dem seine Uhr exakt dieselbe Zeit anzeigt wie die an der Ziellinie, wenn dort das Photon erscheint. Aber all dies würde die Synchronisation zweier Uhren an verschiedenen Standorten erfordern – also genau das, was wir vermeiden wollten.

Zum Glück kann man dieses Problem recht einfach umgehen. Statt das Rennen zu beenden, wenn das Photon die Ziellinie passiert, platzieren wir dort einen Spiegel, der es reflektiert (seine Bewegungsrichtung umkehrt) und lassen es zurück Richtung Start laufen. Wir beenden das Rennen genau in dem Moment, in welchem das Photon auf dem Rückweg auf den Ball trifft, der immer noch in Richtung Ziellinie bzw. Spiegel saust. Auf diese Weise befinden sich Ball und Photon sowohl am Beginn als auch am Ende des Wettlaufs zur selben Zeit am selben Ort, und wir brauchen weder entfernte Uhren zu synchronisieren noch Längen zu messen. Der räumliche Abstand zwischen Ball und Photon ist am Anfang und am Ende des Rennens gleich null.

Stellen Sie sich vor, wir würden all dies in einem Zug durchführen. Zunächst beschreiben wir das Rennen im Bezugssystem des Zugs. Wir lassen das Rennen am hinteren Ende des Zugs beginnen, am Vorderende befinde sich der Spiegel, der das Photon wieder nach hinten schickt. Nehmen wir an, dass sich Ball und Photon an einer Stelle treffen, die einen Bruchteil f der Zuglänge vom Vorderende entfernt ist. Wenn der Zug z. B. 100 gleich lange Wagen hat, die von vorne nach hinten durchnummeriert sind, dann bedeutet $f = 0{,}34$, dass sich Ball und Photon am Übergang zwischen Wagen 34 und Wagen 35 treffen. Vom Start bis zum Treffpunkt hat das Photon die gesamte Zuglänge plus einen Anteil f dieser Länge zurückgelegt, also insgesamt das $(1 + f)$-Fache dieser Länge. Der Ball dagegen ist nur $(1 - f)$-mal die Zuglänge vorangekommen. Das Verhältnis der beiden Strecken – also Weg des Balls zu Weg des Photons – ist somit $\frac{1-f}{1+f}$ (Abb. 4.1a).

Da Photon und Ball die gleiche Zeit für die jeweils zurückgelegte Strecke gebraucht haben, muss dieses Verhältnis auch gleich dem Verhältnis ihrer Geschwindigkeiten sein. Die Formulierung „die gleiche Zeit" ist nun, darauf sei noch einmal explizit hingewiesen, völlig unproblematisch und erfordert keine Bestätigung durch möglicherweise fragwürdige Uhren, da wir das Rennen so angelegt haben, dass sich Photon und Ball am Anfang wie am Ende des Rennens am selben Ort befinden. Wenn wir also die Geschwindigkeit des Balls im System des Zugs u nennen, dann ist, da die Geschwindigkeit des Photons sowieso immer c beträgt,

$$\frac{u}{c} = \frac{1 - f}{1 + f}. \qquad (4.3)$$

Damit haben die Passagiere im Zug die Geschwindigkeit des Balls gemessen, ohne auch nur eine Uhr zu benutzen und ohne zu wissen, wie lang der Zug bzw. ein einzelner Wagen ist. Sie mussten lediglich in der Lage sein, die Wagen zu zählen. Treffen sich Photon und Ball irgendwo innerhalb eines Wagens, müssten sie lediglich die relativen Längen der beiden Abschnitte des Wagens vor und hinter dem Treffpunkt bestimmen, aber nicht dessen absolute Länge. Dies könnten sie mit irgendeinem Maßstab unbekannter Länge

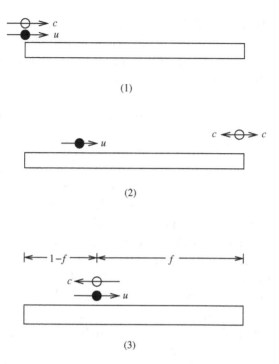

Abb. 4.1 Ein Photon (*weißer Kreis*, Geschwindigkeit *c*) im Wettlauf mit einem Ball (*schwarzer Kreis*, Geschwindigkeit *u*) in einem ruhenden Zug (*langes Rechteck*). Sie sehen drei Momentaufnahmen des Rennens: (1) Beim Start befinden sich Photon und Ball zusammen am hinteren Zugende und bewegen sich mit den Geschwindigkeiten *c* bzw. *u*. (2) Das Photon erreicht das Vorderende des Zugs und wird zurück nach hinten reflektiert (daher der *Pfeil mit zwei Spitzen*). (3) Am Ende des Rennens trifft das Photon auf den Ball an einem Ort, der einen Bruchteil *f* der Zuglänge vom Vorderende entfernt ist

tun, indem sie wiederum lediglich zählen, wie oft dieser in den einen bzw. den anderen Abschnitt des Wagens passt.

Damit fasst Gl. (4.3) eine ganz einfache Methode zusammen, die Geschwindigkeiten zweier Objekte ohne Uhren oder das Messen absoluter Entfernungen zu vergleichen. Es wird sich als praktisch herausstellen, Gl. (4.3) nach f aufzulösen[21]:

$$f = \frac{c - u}{c + u}. \qquad (4.4)$$

Nun beginnen wir noch einmal von vorne und analysieren ein ähnliches Rennen im Zug, diesmal aber aus Sicht des Bezugssystems der Schienen bzw. des festen Erdbodens. Dort hat der Zug eine Geschwindigkeit v, von der wir (mit gutem Grund!) annehmen, das sie kleiner als die Lichtgeschwindigkeit ist. Die Geschwindigkeit des Balls in diesem System nennen wir w. Der Einfachheit halber nehmen wir noch an, dass u, v und w alle positiv sein mögen – d. h., der Ball soll sich im System des Zugs nach rechts bewegen und Zug und Ball im Schienenbezugssystem ebenso. In diesem Fall weisen alle Geschwindigkeiten in dieselbe Richtung und wir brauchen uns nicht mit Beträgen und Ähnlichem abzumühen. Das Ergebnis, auf das wir schließlich kommen werden, wird dann aber dennoch sowohl für positive wie für negative Geschwindigkeiten gelten, wie sich mit etwas mehr Aufwand zeigen lässt. Wie bisher starten das Photon und der Ball am hinteren Zugende, das Photon wird vom Spiegel am Vorderende reflektiert und trifft auf dem Rückweg auf den ihm entgegeneilenden Ball, womit das Rennen beendet ist. Wiederum interessiert uns der Bruchteil der Zuglänge, den das Photon auf dem Rückweg unterwegs war, bevor es den Ball erreicht. Diesen Bruchteil wollen wir wie in Gl. (4.4) allein als Funktion der Geschwindigkeiten ausdrücken. Da mit der Zuggeschwindigkeit v eine dritte Bewegung hinzukommt, wird die Analyse jetzt leider ein bisschen komplizierter.

Nach wie vor gehen wir davon aus, dass sich dass Photon auf dem Hin- wie auf dem Rückweg mit der Geschwindigkeit c bewegt, und zwar auch im Schienenbezugssystem. Demnächst werden wir uns auf das Postulat von der Konstanz der Lichtgeschwindigkeit berufen, um zu beweisen, dass wir es hier mit exakt derselben physikalischen Situation wie im vorigen Fall zu tun haben. Vorher ist es aber vielleicht besser, unser Resultat von eben erst einmal wieder zu vergessen. Sie könnten sich z. B. vorstellen, dass wir nun ein anderes Photon, sozusagen ein „Schienenbezugssystem-Photon" ins Rennen schicken, das im Schienenbezugssystem die Geschwindigkeit c besitzt, während das Photon in der vorigen Argumentation im System des Zugs mit der Geschwindigkeit c unterwegs war. Wenn Sie die Sache so betrachten (und das sollten Sie jetzt tun!), ist überhaupt nichts merkwürdig an dem Gedankengang, mit welchem wir die Situation nun im Bezugssystem des Schienenstrangs analysieren wollen. Dieser ist, wie gesagt, lediglich etwas komplexer, da sich nun auch noch der Zug bewegt.

In dieser Analyse müssen wir die Begriffe „Schienensystem-Abstände" und „Schienensystem-Zeiten" verwenden. Damit machen wir aber keinerlei Aussage über die Art, wie sich Uhren oder Maßstäbe im Bezugssystem des Schienenstrangs benehmen mögen, außer dass die Personen in diesem System dafür gesorgt haben, dass die Geschwindigkeit eines Objekts in diesem Bezugssystem immer das Verhältnis aus zurückgelegter Strecke im Schienenbezugssystem und dafür im Schienenbezugssystem benötigter Zeit ist. Unser Ziel ist es, am Ende eine Gleichung wie (4.3) oder (4.4) zu erhalten, in der weder Zeiten noch Längen auftauchen. Die Relation, die wir suchen, soll also nur Geschwindigkeiten sowie den Bruchteil f der Zuglänge enthalten, den das Photon auf dem Rückweg hinter sich gebracht hat, bevor es auf den Ball trifft. Alle unbekannten Zeiten und Längen sollen (und werden) sich am Ende herausheben.

Werfen Sie einen Blick auf Abb. 4.2: Es dauert eine Zeitspanne T_0, bis das Photon vom hinteren Zugende bis zum Spiegel am Vorderende gelaufen ist, und eine Zeitspanne T_1, bis es auf dem Rückweg vom Spiegel aus auf den Ball trifft – ein f-tel der Zuglänge vom Vorderende entfernt. Seien nun L die Länge des Zugs und D der Abstand zwischen dem Vorderende des Zugs und dem Ball in dem Moment, wenn das Photon den Spiegel am vorderen Zugende erreicht. Alle diese Zeiten und Längen sind unbekannte Größen im Bezugssystem des Schienenstrangs. Da aber die folgenden Überlegungen alle vollständig vom Blickpunkt dieses Systems aus durchgeführt werden, und da sich am Ende die problematischen Größen D, L, T_0 und T_1 alle herauskürzen werden, kann dies keine Schwierigkeiten machen. Falls es im Folgenden etwas unübersichtlich werden sollte, schauen Sie noch einmal auf Abb. 4.2, wo sich die vier Größen jeweils befinden.

Da T_0 die Zeit ist, die das Photon braucht, um einen Vorsprung D auf den Ball zu gewinnen, und weil Photon und Ball am selben Ort und zur selben Zeit mit den Geschwindigkeiten c bzw. w starten, muss gelten:

$$D = cT_0 - wT_0. \qquad (4.5)$$

Andererseits brauchen das Photon und der Ball die Zeit T_1, um wieder zusammenzukommen, nachdem sie zuvor einen

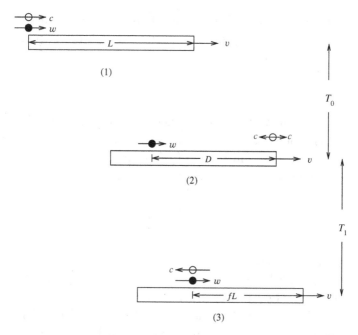

Abb. 4.2 Jetzt findet das Rennen zwischen Photon und Ball in einem Zug statt, der sich mit der Geschwindigkeit v nach rechts bewegt. Wie in Abb. 4.1 sehen Sie drei Schnappschüsse, und zwar diesmal aus Sicht des Schienenbezugssystems: (1) Zu Beginn des Rennens befinden sich das Photon und der Ball zusammen am hinteren Ende des fahrenden Zugs und haben (im Schienenbezugssystem) die Geschwindigkeiten c bzw. w. Der Zug hat die Länge L. (2) Nach einer Zeit T_0 erreicht das Photon das vordere Zugende, wo es vom Spiegel reflektiert wird. In diesem Moment hat das Photon einen Abstand D vom Ball. (3) Am Ende des Rennens ist seit (2) die Zeit T_1 vergangen und das Photon trifft den Ball wieder, und zwar einen Bruchteil f der Zuglänge L vom vorderen Zugende entfernt

Abstand D voneinander hatten. Da das Photon in dieser Zeit die Strecke cT_1 zurücklegt und der Ball die Strecke wT_1, haben wir

$$D = cT_1 + wT_1. \tag{4.6}$$

Weil wir den Wert von D nicht kennen (und auch gar nicht kennen wollen), eliminieren wir diese Größe aus den beiden Relationen. Dies führt uns auf $cT_0 - wT_0 = cT_1 + wT_1$, was wir auch in der übersichtlichen Form

$$\frac{T_1}{T_0} = \frac{c - w}{c + w} \tag{4.7}$$

notieren können.

Unglücklicherweise kennen wir die Zeiten T_1 und T_0 auch nicht. Es gibt jedoch eine zweite und ganz ähnliche Möglichkeit, einen Ausdruck für das Verhältnis der beiden Zeiten zu erhalten. Dazu muss man lediglich den Weg des Photons nicht wie eben mit dem des Balls, sondern mit dem des Zugs vergleichen. Beachten Sie dazu zunächst, dass T_0 auch diejenige Zeit ist, die das Photon braucht, um vom Hinterende des Zugs aus die Strecke L bis zum Vorderende zurückzulegen. Mit der Photonengeschwindigkeit c und der Zuggeschwindigkeit v ergibt dies

$$L = cT_0 - vT_0. \tag{4.8}$$

Beachten Sie weiter, dass T_1 auch die Zeit ist, in welcher sich das Photon mit der Geschwindigkeit c in Richtung des hinteren Zugendes bewegt, bis es auf den Ball an einer Stelle trifft, die ursprünglich einen Abstand fL von ihm hatte und die sich nun mit der Geschwindigkeit v auf das Photon zubewegt. Somit haben wir

$$fL = cT_1 + vT_1. \tag{4.9}$$

Wir kennen den tatsächlichen Wert von L so wenig wie den von D, aber auch hier können wir L aus den Gleichungen eliminieren, was auf $cT_1 + vT_1 = f(cT_0 - vT_0)$ führt. Daraus bekommen wir dann den gewünschten zweiten Ausdruck für das Verhältnis von T_1 zu T_0:

$$\frac{T_1}{T_0} = f \cdot \frac{c - v}{c + v}. \tag{4.10}$$

Und obwohl wir weder T_1 noch T_0 kennen, können wir diesen Ausdruck mit dem in Gl. (4.7) gleichsetzen und damit die beiden Zeiten eliminieren. Wir bekommen dann

$$f \cdot \frac{c - v}{c + v} = \frac{c - w}{c + w}. \tag{4.11}$$

Dies ist die Relation, die wir brauchen. Alle unbekannten Zeiten und Längen bzw. räumlichen Abstände sind verschwunden, es tauchen nur noch das Längenverhältnis f und einige Geschwindigkeiten auf. Auflösen von Gl. (4.11) nach f ergibt dann schließlich den Ausdruck

$$f = \frac{c + v}{c - v} \cdot \frac{c - w}{c + w}. \tag{4.12}$$

Ich möchte betonen, dass an der Argumentation, die uns zu Gl. (4.12) geführt hat, absolut nichts eigenartig oder fragwürdig ist. Es handelt sich dabei einfach um die Beschreibung eines Rennens zwischen einem Ball und einem

Photon in einem fahrenden Zug vom Standpunkt eines Be-
obachters aus, der bezüglich des Schienenstrangs ruht. Um
sicherzugehen, dass wir nichts übersehen haben, beachten
wir noch Folgendes: Stellen Sie sich vor, der Zug habe im
Bezugssystem der Schienen die Geschwindigkeit $v = 0$. In
diesem Fall wäre das Schienenbezugssystem dasselbe System
wie das des Zugs. Demzufolge wäre w, die Geschwindigkeit
des Balls im Schienenbezugssystem, gleich der Geschwindigkeit u, die der Ball im System des Zugs hat. Und in der
Tat gelangen wir, wenn wir in (4.12) $v = 0$ und $w = u$ setzen, zurück zu unserem Zugsystem-Resultat (4.4). Galilei
wäre sehr zufrieden mit unserer Herleitung von Gl. (4.12)
gewesen (obwohl wir für ihn aus dem Zug ein Schiff hätten
machen müssen). Und natürlich bleibt das Ergebnis (4.12)
genauso korrekt, wenn wir das Photon durch irgendetwas
anderes ersetzen, das sich mit gleicher Geschwindigkeit in
beide Richtungen bewegt und dafür sorgen, dass dessen
Geschwindigkeit c größer als w und v ist.

Nur mit der folgenden Behauptung würde wir Galileis
Missfallen erregen: Wenn das Photon wirklich ein Photon
und dessen Geschwindigkeit c tatsächlich die Vakuum-
Lichtgeschwindigkeit *ist*, dann sagen wir, dass die beiden
soeben vorgestellten Betrachtungen in den Bezugssystemen
von Zug und Schienen *ein und dasselbe Rennen* zum Gegen-
stand haben. In diesem Wettlauf sind u die Ballgeschwindigkeit im System des Zugs, w dessen Geschwindigkeit im
System der Schienen und v die Geschwindigkeit des Zugs
im System der Schienen. Eigenartigerweise – und dies ist das
einzig Eigenartige in dem gesamten Gedankengang – verlangen wir nun, dass die Schienensystem-Geschwindigkeit
c dieses einen Photons (in beiden Richtungen) exakt die

gleiche ist wie die Geschwindigkeit c, die ebendieses Photon im Zugsystem hat (wiederum in beiden Richtungen). In beiden Bezugssystemen beträgt diese Geschwindigkeit c unabhängig von der Richtung genau einen Fuß[22] pro Nanosekunde. Dies hier ist die einzige Stelle, an der das zugegebenermaßen kontraintuitive Prinzip von der Konstanz der Lichtgeschwindigkeiten in die Argumentation eingeht.

Aber wenn wir tatsächlich ein und dasselbe Rennen in zwei unterschiedlichen Bezugssystemen beschrieben haben, dann muss f, das Verhältnis aus der Länge des Photonenrückwegs zum finalen Treffpunkt und der gesamten Zuglänge, in beiden Systemen denselben Wert haben. Denn obwohl die beiden Bezugssysteme möglicherweise auf verschiedene Werte für die Länge der Wagen oder des gesamten Zugs kommen (und das werden sie in der Tat!), kann es keine Differenzen darüber geben, an welcher Stelle im Zug der Treffpunkt liegt. Dieser Treffpunkt könnte eine kleine Explosion auslösen, die an dieser Stelle einen Farbklecks hinterlässt, sodass später alle Beobachter aus beliebigen Bezugssystemen den Zug inspizieren und feststellen könnten, wo genau das Zusammentreffen stattgefunden hat.

Es muss also der Schienensystem-Ausdruck (4.12) für das Verhältnis f den gleichen Wert ergeben wie der Zugsystem-Ausdruck (4.4). Gleichsetzten der beiden Terme liefert uns die folgende Relation zwischen den drei Geschwindigkeiten w, u, und v:

$$\frac{c+v}{c-v} \cdot \frac{c-w}{c+w} = \frac{c-u}{c+u}. \tag{4.13}$$

Aus praktischen Gründen formen wir dieses relativistische Additionstheorem für Geschwindigkeiten noch einmal um, sodass wir es besser mit seinem nichtrelativistischen Pendant (4.1) vergleichen können, wo w auf der linken Seite vom Gleichheitszeichen stand und u und v rechts davon:

$$\frac{c - w}{c + w} = \frac{c - u}{c + u} \cdot \frac{c - v}{c + v}. \qquad (4.14)$$

Dies ist das relativistische Gesetz, welches die nichtrelativistische Formel (4.1) ersetzt. Statt u und v einfach zu *addieren*, um w zu bekommen, müssen wir einen Term, der u enthält, mit einem Term von derselben Form, welcher v enthält, *multiplizieren*, und erhalten dadurch einen dritten Term von wieder dieser Form, der w enthält.

Der Zusammenhang zwischen der nichtrelativistischen Formel (4.1) und der relativistischen Variante (4.14) ist alles andere als klar. Um zu sehen, dass zwischen ihnen eine Beziehung besteht, die sogar ziemlich einfach ist, muss man eine elementare algebraische Übung ausführen und Gl. (4.14) nach der Geschwindigkeit w des Balls im Schienenbezugssystem auflösen, womit man w als eine Funktion der Ballgeschwindigkeit u im System des Zugs und der Geschwindigkeit v erhält, mit welcher sich der Zug durch das Schienensystem bewegt. Als Ergebnis bekommen wir das relativistische Additionstheorem in der Form, in der wir es in Gl. (4.2) erstmals kennengelernt haben:

$$w = \frac{u + v}{1 + \frac{u}{c} \cdot \frac{v}{c}}. \qquad (4.15)$$

Sollte Ihnen die Äquivalenzumformung von (4.14) nach (4.15) zu kompliziert sein, können Sie am Ende dieses Kapitels die einzelnen Schritte nachlesen.

Obwohl die beiden Formen (4.14) und (4.15) des Additionstheorems für Geschwindigkeiten vollkommen äquivalente Möglichkeiten darstellen, dieselbe Beziehung zwischen den drei Geschwindigkeiten w, u und v auszudrücken, ist es hilfreich, beide Formen im Gedächtnis zu behalten, da je nach Fragestellung mal die eine, mal die andere geschickter ist. So macht die Form (4.15) unmittelbar einsichtig (wie bereits zu Beginn dieses Kapitels bemerkt), warum das nichtrelativistische Additionstheorem $w = u+v$ so gute Resultate liefert, solange u und v klein gegenüber der Lichtgeschwindigkeit bleiben. In der Form (4.14) kann man dagegen direkt die folgende wichtige Tatsache ablesen: Wenn die Geschwindigkeit u des Balls im Bezugssystem des Zugs und die Geschwindigkeit v des Zugs im Bezugssystem der Schienen beide kleiner als die Lichtgeschwindigkeit sind, dann sind die Brüche $\frac{c-u}{c+u}$ und $\frac{c-v}{c+v}$ beide Zahlen zwischen 0 und 1. Da das Produkt zweier Zahlen zwischen 0 und 1 wieder eine Zahl zwischen 0 und 1 ist, muss auch der Bruch $\frac{c-w}{c+w}$ zwischen 0 und 1 liegen, und dies bedeutet, dass die Geschwindigkeit w, die der Ball im Bezugssystem der Schienen hat, ebenfalls kleiner als die Lichtgeschwindigkeit ist. Dies folgt natürlich ebenso aus Gl. (4.15), aber man sieht es Gl. (4.14) deutlich einfacher an.

Somit ist die naheliegende Strategie zur Erzeugung von überlichtschnellen Objekten zum Scheitern verurteilt: Wenn Sie mit einer Hightech-Kanone Kugeln mit 90 % der Lichtgeschwindigkeit abfeuern, und diese Kanone in einem Zug aufbauen, der mit 90 % der Lichtgeschwindigkeit in Schussrichtung fährt, dann wird die Geschwindigkeit der Kanonenkugeln im Schienenbezugssystem immer noch unter der Lichtgeschwindigkeit bleiben. Tatsächlich erhalten wir in diesem speziellen Fall mit Gl. (4.15) für die Geschwindigkeit w des Balls im Schienenbezugssystem den Wert $\frac{0{,}9+0{,}9}{1+(0{,}9)^2} = \frac{1{,}80}{1{,}81}$, das entspricht 99,45 % der Lichtgeschwindigkeit. Dies ist übrigens ein erstes Indiz dafür, dass kein materielles Objekt schneller als das Licht sein kann.

Für die meisten Fragestellungen ist es sinnvoll, das relativistische Additionstheorem für Geschwindigkeiten nicht in dem etwas bemühten Bild von Bällen, Zügen und Schienen zu formulieren, sondern ganz abstrakt von gewissen Objekten (oder Bezugssystemen) zu sprechen, die sich relativ zu anderen Objekten (oder Bezugssystemen) bewegen. Nennen wir also den Schienenstrang Objekt A, den Zug Objekt B und den Ball Objekt C. Die Geschwindigkeit v des Zugs im Schienenbezugssystem ist jetzt v_{BA} – die Geschwindigkeit von B bezüglich A. In der gleichen Weise ist die Geschwindigkeit u des Balls im System des Zugs nun v_{CB}, also die Geschwindigkeit von C relativ zu B und w, die Geschwindigkeit des Balls im Schienenbezugssystem, wird zu v_{CA}. Mit diesen Bezeichnungen lauten die beiden Formen des Additionstheorems

$$\frac{c - v_{CA}}{c + v_{CA}} = \frac{c - v_{CB}}{c + v_{CB}} \cdot \frac{c - v_{BA}}{c + v_{BA}} \qquad (4.16)$$

und

$$v_{CA} = \frac{v_{CB} + v_{BA}}{1 + \frac{v_{CB}}{c} \cdot \frac{v_{BA}}{c}}. \qquad (4.17)$$

Ein weiterer Vorteil von Gl. (4.16) gegenüber (4.17) ergibt sich, wenn Sie den Fall betrachten, in dem das Objekt C eine Rakete ist, die ihrerseits von einem vierten Objekt D abgefeuert wird. Wenn D sich mit der Geschwindigkeit v_{DC}

relativ zu C bewegt, wie groß ist dann die Geschwindigkeit v_{DA} von D relativ zu A? Mit anderen Worten, welche Form nimmt das Additionstheorem an, wenn wir es mit drei Geschwindigkeiten und nicht nur mit zweien zu tun haben? Dies wird *sehr* unübersichtlich, wenn wir die Form (4.17) wählen, doch mit der Form (4.16) des Additionstheorems brauchen wir nur Folgendes zu beachten:

Die Geschwindigkeit von D relativ zu A ergibt sich aus den Geschwindigkeiten von D bezüglich C und von C bezüglich A durch Anwenden der allgemeinen Regel (4.14):

$$\frac{c - v_{DA}}{c + v_{DA}} = \frac{c - v_{DC}}{c + v_{DC}} \cdot \frac{c - v_{CA}}{c + v_{CA}}. \tag{4.18}$$

Wenn wir jetzt (4.14) noch einmal anwenden, um den Term mit v_{CA} in Abhängigkeit von v_{CB} und v_{BA} auszudrücken, bekommen wir

$$\frac{c - v_{DA}}{c + v_{DA}} = \frac{c - v_{DC}}{c + v_{DC}} \cdot \frac{c - v_{CB}}{c + v_{CB}} \cdot \frac{c - v_{BA}}{c + v_{BA}}. \tag{4.19}$$

Um also drei Geschwindigkeiten und nicht nur zwei miteinander zu verknüpfen, müssen wir einfach einen weiteren Faktor an das Produkt in (4.16) anfügen und erhalten sofort (4.19). Wäre D eine Rakete, die ihrerseits ein fünftes Objekt E aussenden würde, dieses ein weiteres usw., könnten wir auf diese Weise ad infinitum fortfahren. Die der Gl. (4.17) entsprechende Form des Additionstheorems würde immer komplizierter, während die multiplikative Variante ihre übersichtliche Form behält.

Das Additionstheorem bleibt – egal in welcher Form – gültig, auch wenn die Geschwindigkeiten nicht alle dasselbe

Vorzeichen haben, etwa wenn der Ball im Zug nach hinten und nicht in Fahrtrichtung geworfen wird. Wenn Alice also im Zug einen Ball mit der Geschwindigkeit u in Richtung des *hinteren* Zugendes wirft, während der Zug weiter mit der positiven Geschwindigkeit v die Schienen entlangzuckelt, ist die Geschwindigkeit w des Balls im Bezugssystem der Schienen durch

$$w = \frac{-u + v}{1 - \frac{u}{c} \cdot \frac{v}{c}} \tag{4.20}$$

gegeben (ersetzen Sie einfach in (4.2) u durch $-u$).[23]

Ein einfacherer, wenn auch etwas abstrakterer Weg, um einzusehen, dass (4.16) und (4.17) gültig bleiben, auch wenn nicht alle Geschwindigkeiten positiv sind, besteht in der Erkenntnis, dass zwar bei der Herleitung von (4.16) alle drei Geschwindigkeiten v_{CA}, v_{CB} und v_{BA} positiv waren. Wir können aber ganz einfach negative Geschwindigkeiten in die Gleichungen einfügen, in dem wir die allgemeine Regel

$$v_{YX} = -v_{XY} \tag{4.21}$$

ausnutzen. Wir können also beispielsweise die positive Geschwindigkeit v_{BA} als $-v_{AB}$ schreiben. Dann nimmt Gl. (4.16) die Form

$$\frac{c - v_{CB}}{c + v_{CB}} = \frac{c - v_{CA}}{c + v_{CA}} \cdot \frac{c - v_{AB}}{c + v_{AB}} \tag{4.22}$$

an. Beachten Sie, dass dies exakt dieselbe Form hat wie Gl. (4.16) – lediglich die Indizes A und B haben ihre Plätze getauscht. Und natürlich ist nun, wie gewünscht, eine der drei Geschwindigkeiten, nämlich v_{AB}, negativ.

Auf ähnliche Weise können wir mithilfe von (4.21) Gl. (4.16) so umformen, dass entweder eine der Geschwindigkeiten auf der rechten Seite (oder beide) negativ sind.

Bemerkenswerterweise hat Fizeau schon im Jahr 1851 ein Experiment durchgeführt, das die Gültigkeit des relativistischen Additionstheorems für Geschwindigkeiten in der Form (4.2) bestätigt – wenige Jahre nach seiner Messung des Betrags der Lichtgeschwindigkeit und mehr als ein halbes Jahrhundert, bevor Einstein 1905 das relativistische Additionstheorem für Geschwindigkeiten erstmals publizierte. Fizeaus Experiment bestimmte die Geschwindigkeit des Lichts in fließendem Wasser.

Wie wir bereits angemerkt haben, ist die Lichtgeschwindigkeit in ruhendem Wasser kleiner als im Vakuum. Traditionsgemäß schreibt man dies in der Form $\frac{c}{n}$, wobei der „Brechungsindex" n des Wassers etwa $1\frac{1}{3}$ ist, sodass die Lichtgeschwindigkeit in Wasser etwa $\frac{3}{4}$ ihres Werts c im Vakuum beträgt. Mit dem nichtrelativistischen Additionstheorem würde man erwarten, dass die Lichtgeschwindigkeit in Wasser, das mit der Geschwindigkeit v durch ein Rohr strömt, um diese Strömungsgeschwindigkeit erhöht wäre: $w = \frac{c}{n} + v$. Was Fizeau 1851 jedoch beobachtete, war

$$w = \frac{c}{n} + v\left(1 - \frac{1}{n^2}\right). \qquad (4.23)$$

Dieses Ergebnis sah man ironischerweise als Bestätigung einer damals aktuellen, besonders ausgefeilten äthertheoretischen Kalkulation an, welche auf der Idee basierte, dass das Wasser den Äther teilweise mit sich fortreißt. Aber es lässt sich natürlich viel zwangloser ätherfrei als eine elementare Folgerung aus dem relativistischen Additionstheorem für Geschwindigkeiten verstehen, wie die folgende Überlegung zeigt.

Seien w die Lichtgeschwindigkeit im Bezugssystem des Rohrs, $\frac{c}{n}$ die Lichtgeschwindigkeit im Bezugssystem des Wassers und v die Geschwindigkeit des Wassers im Bezugssystem des Rohrs. Dann sagt uns Gl. (4.17), dass

$$w = \frac{\frac{c}{n} + v}{1 + \frac{v}{nc}}. \qquad (4.24)$$

Dieser Ausdruck für w sieht ziemlich anders aus als (4.23). Um die Ähnlichkeit zu erkennen, müssen wir nicht w betrachten, sondern die Differenz zwischen w und der Lichtgeschwindigkeit in ruhendem Wasser, $w - \frac{c}{n}$. Aus Gl. (4.24) folgt direkt, dass

$$w - \frac{c}{n} = \frac{\frac{c}{n} + v - \frac{c}{n}\left(1 + \frac{v}{nc}\right)}{1 + \frac{v}{nc}} = \frac{v\left(1 - \frac{1}{n^2}\right)}{1 + \frac{v}{nc}}. \qquad (4.25)$$

Dies entspricht genau Fizeaus Resultat (4.23), nur dass der Term $v\left(1 - \frac{1}{n^2}\right)$, der den Effekt des sich bewegenden Wassers beschreibt, durch $1 + \frac{v}{nc}$ geteilt wird. Aber die Geschwindigkeit v des Wassers im Rohr ist natürlich winzig im Vergleich zur Vakuumlichtgeschwindigkeit c, weswegen der Nenner sich nicht wahrnehmbar von 1 unterscheidet. Man müsste das Experiment mit einer unmöglich hohen Präzision durchführen, um die minimale Abweichung zwischen den Gleichungen (4.23) und (4.25) nachweisen zu können. Obwohl Einstein dieses Experiment von Fizeau in seiner Arbeit aus dem Jahr 1905 nicht erwähnt, hat er später gesagt, dass es für sein Denken von fundamentaler Bedeutung gewesen ist.[24]

Am Schluss dieses Kapitels füge ich noch zwei vertiefende Abschnitte ein. Ich würde Ihnen zwar durchaus empfehlen, diese zumindest zu überfliegen, sie sind aber für die weitere Diskussion nicht zwingend notwendig. Und zwar möchte ich zum einen wie versprochen nachtragen, wie man die Form (4.15) des relativistischen Additionstheorems für Geschwindigkeiten aus der multiplikativen Form (4.14) herleiten kann. Zum anderen führe ich die Anwendung des Relativitätsprinzips auf einige einfache Stoßprozesse vor.

Vertiefung 1: Herleitung des relativistischen Additionstheorems

Schreiben Sie zunächst (4.14) in der Form

$$\frac{c - w}{c + w} = \frac{a}{b}, \tag{4.26}$$

mit

$$a = (c - u)(c - v) \quad \text{und} \quad b = (c + u)(c + v). \tag{4.27}$$

Aus Gl. (4.26) folgt, dass

$$(c - w)b = (c + w)a \tag{4.28}$$

oder

$$c(b - a) = w(b + a), \tag{4.29}$$

sodass

$$\frac{w}{c} = \frac{b - a}{b + a}. \tag{4.30}$$

Nun ist mit (4.27)

$$b = c^2 + c(u + v) + uv$$
$$a = c^2 - c(u + v) + uv,$$

(4.31)

und daher

$$b + a = 2(c^2 + uv) = 2c^2 \left(1 + \left(\tfrac{u}{c}\right)\left(\tfrac{v}{c}\right)\right),$$
$$b - a = 2c(u + v).$$

(4.32)

Mit diesen beiden Relationen reduziert sich (4.30) unmittelbar zu (4.15).

Vertiefung 2: Anwendung des Relativitätsprinzips auf einfache Stoßprozesse

Jetzt komme ich noch einmal auf einige der in Kap. 1 diskutierten Stoßprozesse zurück, diesmal sollen aber die betrachteten Geschwindigkeiten nicht klein gegenüber der Lichtgeschwindigkeit sein. Wir müssen also das relativistische Additionstheorem für Geschwindigkeiten (4.2) anstelle der nichtrelativistischen Formel (4.1) benutzen.

Wie in Kap. 2 angemerkt, haben wir in Kap. 1, als wir das Relativitätsprinzip auf einige einfache Stoßprozesse angewendet haben, für unsere Diskussion das nichtrelativistische Additionstheorem für Geschwindigkeiten benutzt. Unsere dortigen Schlussfolgerungen sind somit nur solange zulässig, wie alle auftretenden Geschwindigkeiten klein gegenüber der Vakuumlichtgeschwindigkeit c bleiben. Um herauszufinden, was bei mit c vergleichbaren Geschwindigkeiten geschieht, können wir natürlich denselben Ansatz verwenden, müssen dann aber das nichtrelativistische Additionstheorem überall durch die korrekte relativistische Version ersetzen.

Betrachten Sie z. B. die Kollision zwischen dem großen und dem kleinen elastischen Ball in den Abb. 1.5 und 1.6. Im Ruhesystem des großen Balls wird der kleine Ball einfach in die Richtung, aus der er gekommen ist, zurückreflektiert, während der große Ball stationär, d. h. in Ruhe bleibt. Nehmen wir an, dies sei auch dann der Fall, wenn die Geschwindigkeit des kleinen Balls vergleichbar mit der Lichtgeschwindigkeit c ist. Wir fragen uns erneut, was passiert, wenn der kleine Ball ursprünglich ruht und der große mit einer Geschwindigkeit u auf ihn zukommt (anders ausgedrückt: wie dieselbe Situation in dem Bezugssystem aussieht, in dem der kleine Ball anfänglich ruht). Im nichtrelativistischen Fall haben wir gefunden, dass nach der Kollision der kleine Ball mit der Geschwindigkeit $2u$ davonfliegt. Wäre u größer als die halbe Lichtgeschwindigkeit, würde dies bedeuten, dass der kleine Ball schneller als das Licht wird. Aber wir wissen natürlich, dass wir in solch einem Fall das relativistische Additionstheorem benutzen müssen.

Nehmen wir an, dass der große Ball sich in dem System, in welchem der kleine anfänglich ruht, mit einem Geschwindigkeitsbetrag u nach rechts bewegt. Im Eigensystem des großen Balls kommt der kleine mit demselben Tempo u von rechts nach links angerast und saust nach dem Zusammenstoß mit gleichem Tempo, also wieder u, nach rechts zurück. Um herauszufinden, welche Bewegung der kleine Ball nach der Kollision in dem zuerst betrachteten Bezugssystem ausführt, wenden wir das relativistische Additionstheorem in der Form (4.15) an, wobei u die Geschwindigkeit des kleinen Balls nach dem Stoß im System des großen Balls ist und v die Geschwindigkeit des großen Balls im System, in welchem der kleine Ball anfänglich ruhte, also hier ebenfalls u. Gleichung (4.15) sagt uns dann, dass w, die Geschwindigkeit des kleinen Balls nach dem Stoß in dem System, in welchem er ursprünglich ruhte, folgendermaßen berechnet werden kann:

$$w = \frac{u + u}{1 + \left(\frac{u}{c}\right)\left(\frac{u}{c}\right)} = \frac{2u}{1 + \left(\frac{u}{c}\right)^2}. \tag{4.33}$$

Wenn u nur ein kleiner Bruchteil der Lichtgeschwindigkeit c ist, haben wir wieder unser altes nichtrelativistisches Ergebnis: Der Nenner ist praktisch 1 und der kleine Ball zischt doppelt so schnell davon wie der große Ball. Ist jedoch $u = \frac{1}{2}c$, dann besagt Gl. (4.33), dass der kleine Ball nach dem Stoß nicht die Geschwindigkeit $c = 2u$, sondern bloß $\frac{4}{5}c$ hat. Und für den Fall, dass $u = \frac{3}{4}c$ ist, beträgt die Geschwindigkeit nicht $\frac{3}{2}c$, sondern $\frac{\frac{3}{2}c}{1+\frac{9}{16}} = \frac{24}{25}c$. Sie können sich leicht davon überzeugen, dass $2u/c$ immer kleiner bleibt als $1 + \left(\frac{u}{c}\right)^2$ (beachten Sie, dass $\left(1-\frac{u}{c}\right)^2 > 0$ ist). Es ist also egal, mit welchem Tempo der große Ball auf den kleinen geschleudert wird, der kleine Ball fliegt immer langsamer als das Licht (im Vakuum) davon.

Auf ähnliche Weise können wir unser Ergebnis relativistisch machen, wenn der große und der kleine Ball mit (entgegengesetzt) gleichen Geschwindigkeiten, also mit $+u$ und $-u$, aufeinandertreffen. Unsere nichtrelativistische Betrachtung ergab, dass der kleine Ball dreimal so schnell zurückfliegt, wie er gekommen ist (Abb. 1.7). Nun müssen wir die Geschwindigkeit w des kleinen Balls vor der Kollision im Ruhesystem des großen Balls mit der Gl. (4.33) ausrechnen. Im Ruhesystem des großen Balls fliegt der kleine Ball auch jetzt genauso schnell davon, wie er gekommen ist, also mit der Geschwindigkeit w. Verwenden wir das relativistische Additionstheorem für Geschwindigkeiten, um dieses Ergebnis in das ursprüngliche Bezugssystem zu übertragen, bekommen wir

$$\frac{w + u}{1 + \frac{w}{c} \cdot \frac{u}{c}}. \tag{4.34}$$

Mit w aus (4.33) wird daraus

$$\frac{3 + \left(\frac{u}{c}\right)^2}{1 + 3\left(\frac{u}{c}\right)^2} \cdot u. \tag{4.35}$$

Wie nicht anders zu erwarten, geht dies für kleine $\frac{u}{c}$ in das nichtrelativistische Ergebnis über ($w = 3u$), doch wenn u z. B. $\frac{1}{3c}$ ist, erhält man nur $\frac{7}{9}c$, und für $u = \frac{2}{3}c$ auch nur $\frac{62}{63}c$.

5

Gleichzeitige Ereignisse und synchronisierte Uhren

Die Verwunderung, mit der wir die Tatsache aufnehmen, dass ein gegebener Lichtpuls sowohl im Bezugssystem der Schienen als auch in dem des Zugs dieselbe Geschwindigkeit hat, lässt sich auf einen tief verwurzelten Irrglauben über das Wesen der Zeit zurückführen. Solange wir es nicht besser wissen – und vor Einsteins „Wunderjahr" 1905[25] wusste es niemand besser –, gehen wir ohne darüber nachzudenken davon aus, dass die „Gleichzeitigkeit" von zwei an unterschiedlichen Orten stattfindenden Ereignissen eine absolute, vom Beobachter bzw. dessen Bezugssystem unabhängige Bedeutung haben müsste. Diese Annahme durchdringt unser Weltbild so vollständig, dass unsere Sprache es kaum zulässt, auch nur darüber nachzudenken, was „Gleichzeitigkeit" eigentlich wirklich bedeutet.

Bevor wir uns dennoch daran machen, den Begriff der Gleichzeitigkeit zu hinterfragen, müssen wir zunächst klären, was unter einem „Ereignis" zu verstehen ist, denn (auch) dieses Konzept spielt eine fundamentale Rolle in der relativistischen Beschreibung der Welt. Kurz auf den Punkt gebracht ist ein Ereignis etwas, das an einem bestimmten Ort zu einer bestimmten Zeit passiert. Es ist, wenn Sie

© Springer-Verlag Berlin Heidelberg 2016
N.D. Mermin, *Es ist an der Zeit*, DOI 10.1007/978-3-662-47152-4_5

so wollen, die raumzeitliche Verallgemeinerung der rein geometrischen Idee eines Punkts.

Wenn Sie etwas länger darüber nachdenken, werden Sie merken, dass ein „Ereignis" genauso wie ein mathematischer Punkt eine Idealisierung ist. Kein Objekt, das uns in die Hände kommt, hat wirklich die räumliche Ausdehnung null, wie es für mathematische Punkte definitionsgemäß sein soll, und kein Vorgang, der irgendwo geschieht, dauert null Sekunden. (Obwohl eine Zeitdauer von 0 s im Begriff „augenblicklich" zumindest angedeutet ist, kenne ich kein englisches[26] Wort für „hat die Länge 0", außer vielleicht „pointlike" bzw. „punktartig".) Ob wir etwas als ein Ereignis, d. h. einen Raumzeit-Punkt, ansehen oder nicht, hängt von den betrachteten räumlichen und zeitlichen Abständen ab. Wenn z. B. die relevante Zeitskala im Bereich von Jahren liegt und die betrachteten Längendifferenzen hunderte von Kilometern betragen, dann ist es durchaus sinnvoll, ein Seminar, das heute zwischen 13:25 und 14:40 in Raum 115 der Rockefeller Hall auf dem Campus der Cornell University in Ithaca, New York, stattfindet, als solch ein Ereignis zu behandeln (zumindest solange sich unser Bezugssystem nicht allzu schnell an der Erde vorbeibewegt). Sind die relevanten Skalen dagegen Minuten oder Fuß, sieht die Situation natürlich ganz anders aus.

Ein Vorgang kann also dann in einem gegebenen Bezugssystem als ein einzelnes Ereignis angesehen werden, wenn sowohl seine zeitliche als auch seine räumliche Ausdehnung klein gegenüber allen anderen interessierenden Zeitspannen und Distanzen sind. Alle Ereignisse, die wir im Folgenden untersuchen wollen, lassen sich in allen betrachteten Bezugssystemen als Ereignisse im oben genannten Sinn auffassen – also als Punkte in der Raumzeit.

Wie können wir entscheiden, ob zwei unterschiedliche Ereignisse, die an verschiedenen Orten stattfinden und vom Bezugssystem des Zugs aus betrachtet gleichzeitig geschehen, auch im Schienenbezugssystem gleichzeitig sind? Um es etwas konkreter zu machen, bestehe das eine Ereignis darin, dass an der Stelle auf den Schienen, an der sich das hintere Ende des Zugs gerade befindet, sehr schnell eine kleine Markierung angebracht wird, während der Zug die Schienen entlangrast. Das andere Ereignis soll dann das (im Zug) gleichzeitige Anbringen einer entsprechenden Markierung an der Stelle sein, wo sich gerade das vordere Zugende befindet. Natürlich kommen für diese beiden Ereignisse auch viele andere Möglichkeiten in Betracht: Glocken, die vorne und hinten am Zug geläutet werden, Lichtblitze, welche die beiden Enden beleuchten usw. Da es aber sowieso eine gute Idee ist, die Orte der beiden Ereignisse für spätere Zwecke auf den Schienen zu markieren, ist die einfachste Wahl, das jeweilige Anbringen dieser beiden Markierungen selbst als Ereignis auszuwählen.

Wie kann sich Alice, welche das Bezugssystem des Zugs benutzt, davon überzeugen, dass die beiden Markierungen gleichzeitig angebracht werden? Nun, sie könnte beide Enden des Zugs mit akkuraten Uhren ausstatten und auf diese Weise bestätigen, dass die Markierungen genau dann angebracht wurden, als die zugehörige Uhr Mittag anzeigte. Aber woher weiß sie, dass die beiden Uhren korrekt *synchronisiert* wurden – dass sie *zur selben Zeit* Mittag anzeigen?

Offensichtlich bringt es Alice nicht weiter, die Gleichzeitigkeit zweier Ereignisse mit Uhren zu überprüfen: Um sicherzugehen, dass die dazu verwendeten Uhren korrekt synchronisiert sind, benötigt sie genau das, was sie eigentlich mit den beiden Uhren erreichen will, nämlich eine Methode, mit der sie prüfen kann, ob zwei Ereignisse an verschiedenen Orten – in diesem Fall, dass die Uhren 12 Uhr Mittag anzeigen – *zur selben Zeit* passieren.

Dieser Punkt ist von ganz zentraler Bedeutung: Wir können mit Uhren an unterschiedlichen Orten nur dann sinnvoll arbeiten, wenn sie korrekt synchronisiert sind. Aber „synchronisiert" bedeutet, dass die Uhren *zur selben Zeit* dieselbe Zeit anzeigen. Darum muss man die Gleichzeitigkeit zweier Ereignisse an verschiedenen Orten überprüfen können, um festzustellen, ob zwei Uhren an verschiedenen Orten synchronisiert sind. Und um (mit Uhren) zu prüfen, ob zwei Ereignisse an verschiedenen Orten gleichzeitig stattfinden, muss man zwei Uhren an verschiedenen Orten synchronisiert haben. Die Frage nach der Synchronisation von Uhren an verschiedenen Orten und die Frage der Gleichzeitigkeit von Ereignissen an verschiedenen Orten sind also nur zwei äquivalente Formulierungen desselben grundlegenden Problems. Sie können die eine Frage dann und nur dann beantworten, wenn Sie die Antwort auf die andere Frage kennen. Und umgekehrt.

Versuchen wir es trotzdem noch einmal. Alice könnte ihre zwei Uhren an einem Ort zusammenbringen, dort direkt ablesen, dass sie dieselbe Zeit anzeigen, und sie dann an ihre vorgesehenen Standorte an den Enden des Zugs bringen (lassen). Aber woher weiß sie, wie schnell die Uhren getickt haben, während sie vor Ort gebracht wurden? Angesichts so paradoxer Dingen wie der Konstanz der Lichtgeschwindigkeit wäre es sehr voreilig zu meinen, sie wüsste irgendetwas darüber, wie schnell eine Uhr tickt, die zum Ende ihres Zugs oder überhaupt irgendwohin bewegt wird. (Wir werden in Kap. 6 erfahren, wie mit dieser Situation umzugehen ist.) Der einfachste Weg zu prüfen, ob die Uhren beim Transport an die Enden des Zugs seltsame Dinge erlebt haben, ist es, ihre Anzeige mit der von ruhenden Uhren am jeweiligen Zugende zu vergleichen – was uns direkt wieder zum Ausgangspunkt unserer Diskussion zurückführt.

Aha, aber angenommen, wir gleichen die beiden Uhren exakt in der Mitte des Zugs miteinander ab und bringen sie dann auf exakt die gleiche Weise an ihre Positionen an den Zugenden – abgesehen davon natürlich, dass die Bewegung in entgegengesetzte Richtungen erfolgt. Egal, was unterwegs mit den beiden Uhren geschieht und wie ihre Ganggenauigkeit oder -geschwindigkeit darunter leidet, in jedem Fall wurden beide Uhren in der gleichen Weise beeinflusst. Darum hat sich ihre Synchronisation nicht verändert, d. h., sie zeigen immer noch beide im selben Moment dieselbe Uhrzeit an (wenn auch vielleicht nicht dieselbe Zeit wie eine Uhr, die in der Mitte des Zugs geblieben ist). Diese Methode, die Zugenden mit synchronisierten Uhren auszustatten, müsste tatsächlich funktionieren, und sie tut es auch – im Bezugssystem des Zugs.

Jetzt aber stoßen wir auf ein ganz anderes Problem. Selbst wenn Alice so clever war, an den Enden ihres Zugs zwei mittig synchronisierte und symmetrisch transportierte Uhren zu platzieren, die in ihrem Bezugssystem zur gleichen Zeit Mittag (oder welche Zeit auch immer) anzeigen, würde dies nicht bedeuten, dass Bob im Schienenbezugssystem dies genauso sieht. Für ihn wären nämlich die Wege und Geschwindigkeiten der Uhren beim Transport *nicht* symmetrisch und somit die Transportprozeduren *nicht* identisch gewesen. In seinem Bezugssystem wird die eine Uhr in Fahrtrichtung und die andere gegen die Fahrtrichtung transportiert, und dies ist *kein* zu vernachlässigender Unterschied.

Bob *würde* Alice zustimmen, dass ihre eine Uhr in dem Moment, in welchem sie an ihrem Ende ankommt, dieselbe Zeit anzeigt wie die andere Uhr, wenn sie ihr Ende erreicht, denn Alice und Bob können nicht verschiedene Ansichten über Ereignisse haben, die am selben Ort *und* zur selben Zeit passieren. Aber für Bob muss die identische Zeitanzeige auf beiden Uhren nicht bedeuten, dass gleich viel Zeit vergangen ist, seit die Uhren die Mitte des Zugs verlassen haben, dass sie also diese identische Zeigerstellung (oder wie auch immer sie die Zeit anzeigen) *zur gleichen Zeit* präsentieren. Denn die Uhren haben sich in seinem Bezugssystem nicht mit dem gleichen Geschwindigkeitsbetrag, also symmetrisch bewegt und könnten deshalb beim Transport unterschiedlich schnell getickt haben. Bob muss daher eine ziemlich komplizierte Rechnung anstellen, wenn er wissen will, ob eine der beiden Uhren *zur gleichen Zeit wie die andere* ihr Zugende erreicht hat. Dabei müsste er ermitteln, wie schnell die Uhren sich jeweils im Schienenbezugssystem bewegt haben und welche Strecke sie dabei zurückgelegt haben. Das kann ziemlich umständlich werden. Aber die Rechnung lässt sich natürlich durchführen und führt auf ein bemerkenswertes Ergebnis, zu dem wir mit einer viel einfacheren Vorgehensweise gelangen werden.

Diese einfachere Vorgehensweise vermeidet, wie schon unsere Methode zur Herleitung des relativistischen Additionstheorems für Geschwindigkeiten, alle durch den

Gebrauch von widerspenstigen Uhren hervorgerufenen Schwierigkeiten, indem sie die Gleichzeitigkeit von zwei Ereignissen an verschiedenen Orten im Bezugssystem des Zugs komplett ohne Uhren überprüft. Diese Methode lässt sich darüber hinaus auch leicht im Schienenbezugssystem anwenden. Die Argumentation beruht wie zuvor auf der Tatsache, dass die Lichtgeschwindigkeit den Wert c hat – ein Fuß pro Nanosekunde –, egal in welcher Richtung sich das Licht bewegt und egal in welchem Bezugssystem die Geschwindigkeit gemessen wird.

Warum sollte man so etwas Seltsames in unsere Prozedur zur Überprüfung gleichzeitiger Ereignisse an verschiedenen Orten einbauen? Wenn Sie sich diese Frage stellen, haben Sie vergessen, warum wir überhaupt damit angefangen haben, uns Gedanken über eine mögliche Abhängigkeit der Gleichzeitigkeit von der Wahl des Bezugssystems zu machen. Der Grund dafür war die Hoffnung, auf diese Weise zu einem klareren Verständnis der Konstanz der Lichtgeschwindigkeit zu kommen. Was wir jetzt machen, ist vollkommen vernünftig. Wir *beginnen* mit der seltsamen Tatsache, dass die Lichtgeschwindigkeit konstant ist, und schauen, zu welchen Schlüssen über die Gleichzeitigkeit von Ereignissen wir dann kommen *müssen*. Was wir finden werden, ist Folgendes: Ob zwei Ereignisse an verschiedenen Orten gleichzeitig sind oder nicht, hängt in der Tat vom Bezugssystem ab, und zwar auf eine Weise, die sich einfach und präzise angeben lässt.

Beachten Sie zunächst, dass Alice im Bezugssystem des Zugs die Tatsache, dass Licht sich mit einer fixen Geschwindigkeit c ausbreitet, sehr einfach dazu benutzen kann, an den beiden Enden des Zugs zwei Markierungen exakt gleichzeitig anzubringen: Sie platziert eine Lampe genau in der Mitte des Zugs und lässt sie kurz aufleuchten. Die Lichtpulse aus der Lampe rasen mit der (betragsmäßig) gleichen Geschwindigkeit c nach vorne und hinten. Da sie dabei gleiche Strecken zurücklegen (jeweils die halbe Zuglänge), müssen sie *zur gleichen Zeit* an den beiden Zugenden ankommen. Wenn also das Anbringen der beiden Markierungen durch die Ankunft dieser zwei Lichtpulse ausgelöst („getriggert") wird, erfolgt es an beiden Zugenden garantiert gleichzeitig.

Damit hat es Alice geschafft, ein Paar von Ereignissen zu definieren, die im Bezugssystem des Zugs an verschiedenen Orten gleichzeitig geschehen, ohne dafür irgendwelche problematischen Uhren benutzen zu müssen. Natürlich funktioniert dieses Verfahren mit jeder beliebigen Form von Signalen, die sich von Zugmitte nach vorne und hinten ausbreiten, solange sie dies jeweils mit der gleichen Geschwindigkeit tun. Ist allerdings diese gleiche Signalgeschwindigkeit nicht die Lichtgeschwindigkeit, können wir nicht mehr davon ausgehen, dass die Signale im Schienenbezugssystem die gleiche Geschwindigkeit aufweisen. Stattdessen muss man dann die (in der Tat je nach Richtung unterschiedlichen) Signalgeschwindigkeiten im Schienensystem mit dem relativistischen Additionstheorem für Geschwindigkeiten ausrechnen. Man würde dann mit einigem Aufwand auf dieselbe Relation zwischen der Schienensystem-Zeit und der Schienensystem-Länge kommen, wie man sie viel einfacher auch mit Lichtsignalen erhalten würde (wir kommen darauf am Ende dieses Kapitels noch einmal zurück).

Die Frage, die sich jetzt vordringlich stellt, ist, wie wohl Bob in seinem Schienenbezugssystem Alice' geniale Methode zur Herstellung der Gleichzeitigkeit von zwei Ereignissen in ihrem Bezugssystem interpretiert. Sicherlich wird er darin übereinstimmen, dass sich Alice' Lampe in der Mitte des Zugs befindet, denn wenn der Zug 100 Wagen hat und die Lampe zwischen Wagen 50 und 51 angebracht ist, muss sie in der Mitte hängen.[27] Doch wenn im Bezugssystem der Schienen die Lampe eingeschaltet wird und die beiden Lichtpulse sich auf den Weg nach vorne und hinten machen, bewegt sich das hintere Zugende auf den Ort der Lampe zur Zeit des Aussendens der Lichtpulse zu und das vordere Zugende entfernt sich von diesem Ort. Da die Geschwindigkeit des Lichts auch im Schienensystem in jeder Richtung c beträgt – erinnern Sie sich daran, dass wir vorausgesetzt haben, dass sich Licht in beiden Bezugssystemen in jeder Richtung mit einem Fuß pro Nanosekunde ausbreitet –, erreicht das Licht im Schienenbezugssystem das hintere Zugende ganz sicher eher als das vordere, welches ja sozusagen vor dem Lichtpuls davonläuft.

Darum muss Bob schließen, dass der nach hinten abgehende Lichtpuls sein Zugende erreicht, bevor der nach vorne laufenden Puls vorne angekommen ist, und dass demzufolge die hintere Markierung früher als die vordere angebracht wird. Genau dieselbe Argumentation, die in Alice' Bezugssystem die Gleichzeitigkeit zweier Ereignisse beweist, zeigt in Bobs System, dass diese Ereignisse nicht gleichzeitig geschehen. *Ob zwei Ereignisse an verschiedenen Orten zur gleichen Zeit geschehen oder nicht, hat keine absolute Bedeutung, sondern hängt davon ab, in welchem Bezugssystem diese Ereignisse beschrieben werden.*[28]

Die Passagiere des Zugs, in deren Augen die Markierungen gleichzeitig angebracht werden, können bei Ankunft der Lichtpulse die Uhren am Vorder- und Hinterende des Zugs miteinander synchronisieren. Da Beobachter draußen an den Schienen darauf bestehen, dass die Markierung am hinteren Zugende *vor* derjenigen am vorderen Ende angebracht wird, schließen sie zwangsläufig, dass die Uhr am hinteren Zugende gegenüber der am vorderen Ende vorgeht.

Es ist leicht, einen exakten quantitativen Ausdruck für die Differenz der beiden Uhren zu finden. Wir brauchen dazu nur Alice' Methode zur gleichzeitigen Markierung der Schienen an den Orten von vorderem und hinterem Zugende aus Sicht von Bobs Schienenbezugssystem zu analysieren, also den Fall, dass sich der Zug mit der Geschwindigkeit v die Schienen entlangbewegt. Wir nennen dazu die Länge des Zugs L. Ich möchte betonen, dass damit die Zuglänge *im Schienenbezugssystem* gemeint ist. Obwohl wir es gewohnt sind, dass die Länge von Objekten nicht davon abhängt, in welchem Bezugssystem wir sie bestimmen, sollten wir dies nicht mehr für selbstverständlich halten. Und, wie schon angedeutet, wird sich dies auch tatsächlich als ein weiterer naiver Irrglauben herausstellen.

Das obere Bild in Abb. 5.1 zeigt, wie das Licht in der Zugmitte angeknipst wird und sich die beiden Lichtpulse, die wir nun wieder als Photonen bezeichnen wollen, auf den Weg zu den zwei Enden des Zugs machen.

In der Mitte von Abb. 5.1 sehen Sie die Lage eine Zeit T_h später, wenn das nach hinten ausgesandte Photon das hintere Zugende erreicht, welches ihm mit der Geschwindigkeit v entgegengekommen ist. Augenblicklich wird eine Markie-

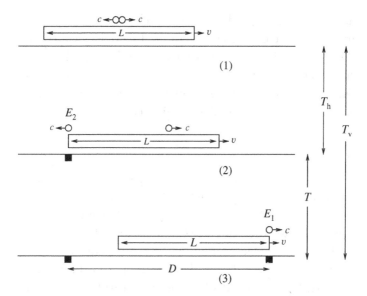

Abb. 5.1 Drei Ereignisse, die im Bezugssystem der Schienen zu verschiedenen Zeiten geschehen. Alle Längen, Zeiten und Geschwindigkeiten werden im Schienenbezugssystem angegeben. Das *lange horizontale Rechteck* stellt einen Zug der Länge L dar, der mit der Geschwindigkeit v nach rechts fährt. Die *weißen Kreise* sind Photonen, die sich jeweils mit der Geschwindigkeit c bewegen. (1) Zwei Photonen werden in der Mitte des Zugs in Richtung des vorderen bzw. hinteren Zugendes emittiert. (2) Zur Zeit T_h nach dem ersten Bild erreicht das linke Photon das hintere Zugende, woraufhin augenblicklich ein kleiner Fleck (*schwarzes Quadrat*) auf den Schienen erscheint, welcher den Ort dieses Ereignisses markiert, das wir als Ereignis E_2 bezeichnen. (3) Zur Zeit T_v nach dem ersten Bild erreicht das rechte Photon das vordere Zugende, und ein weiterer Fleck erscheint auf den Schienen am Ort dieses Ereignisses (E_1). Der räumliche Abstand zwischen dem von E_1 erzeugten Fleck und dem E_2-Fleck ist die Strecke D. Die zwischen den Ereignissen E_1 und E_2 vergehende Zeit ist $T = T_v - T_h$. Wie im Text erklärt, besteht zwischen der Zeitspanne T und der Distanz D, welche die zwei Ereignisse E_1 und E_2 voneinander trennen, der einfache Zusammenhang $T = Dv/c^2$

rung (schwarzes Quadrat) an der Stelle auf den Schienen angebracht, wo dies geschehen ist. Während der Zeit T_h hat das Photon (das sich mit der Geschwindigkeit c bewegt) die Strecke cT_h zurückgelegt. Diese Strecke entspricht der Differenz aus der halben Zuglänge und der Strecke, die das hintere Zugende während T_h zurückgelegt hat:

$$cT_h = \tfrac{1}{2}L - vT_h. \tag{5.1}$$

Unten in Abb. 5.1 ist die Lage zur (späteren) Zeit T_v nach Anschalten der Lichtquelle in der Zugmitte dargestellt. Nun trifft das rechte Photon auf das vordere Zugende, welches sich in dieselbe Richtung bewegt hatte. Im selben Moment wird auch hier eine Markierung auf den Schienen angebracht. In der Zeit T_v hat das rechte Photon die Strecke cT_v zurückgelegt, was der Summe aus der halben Zuglänge und der vom vorderen Zugende während T_v zurückgelegten Strecke entspricht:

$$cT_v = \tfrac{1}{2}L + vT_v. \tag{5.2}$$

Wir möchten jetzt die Zeit $T = T_v - T_h$ berechnen, die zwischen dem Anbringen der beiden Markierungen vergeht. Dazu subtrahieren wir die erste Gleichung von der zweiten und erhalten auf der linken Seite $c(T_v - T_h)$, also einfach cT. Praktischerweise verschwindet dabei auch gleich die unbekannte Länge L aus der Gleichung:

$$cT = v(T_v + T_h). \tag{5.3}$$

Aber was ist $T_v + T_h$? Wenn wir diese Größe mit c multiplizieren, bekommt sie eine ganz einfache Bedeutung. Der

Ausdruck $c \cdot (T_v + T_h)$ ist einfach die Summe aus cT_v, dem vom Licht zwischen Lampe und vorderem Zugende zurückgelegten Weg, und cT_h, dem vom Licht zwischen Lampe und hinterem Zugende zurückgelegten Weg. Dies ist gerade der Abstand D zwischen den beiden schwarzen Markierungen, also zwischen den Orten, an denen sich das hintere bzw. vordere Zugende befanden, als dort das jeweilige Photon ankam. Es ist somit

$$D = c(T_v + T_h). \tag{5.4}$$

Wenn wir nun in Gl. (5.3) den Term $(T_v + T_h)$ durch D/c ersetzen und beide Seiten der Gleichung durch c teilen, sodass T auf der linken Seite der Gleichung alleine steht, bekommen wir eine sehr übersichtliche Beziehung zwischen der Schienensystem-Zeitspanne T und der Schienensystem-Distanz D zwischen den beiden Ereignissen „Fleck anbringen vorne" und „Fleck anbringen hinten":

$$T = \frac{Dv}{c^2}. \tag{5.5}$$

Dies können wir abstrakter als eine allgemeine Regel formulieren, also uns von Alice, Bob, dem Zug, den Schienen und den Farbklecksen verabschieden:

Wenn zwei Ereignisse E_1 und E_2 in einem Bezugssystem gleichzeitig sind, dann geschieht in einem anderen System, welches sich mit der Geschwindigkeit v in der Richtung von E_1 nach E_2 bewegt, das Ereignis E_2 eine Zeit Dv/c^2 früher als das Ereignis E_1, wenn die räumliche Distanz zwischen den Ereignissen im zweiten Bezugssystem D beträgt.

Wie groß ist dieser Effekt? Nehmen wir an, die zwei Markierungen seien auf dem Schienenstrang 10.000 Fuß voneinander entfernt und der Zug habe eine Geschwindigkeit von 100 F/s (rund 110 km/h). Da die Lichtgeschwindigkeit eine Milliarde F/s beträgt, dauert Dv/c^2 nur eine Pikosekunde bzw. eine billionstel Sekunde, in Zahlen $10.000 \cdot 100/(1.000.000.000)^2 = 10^{-12}$. Wenn zwei Ereignisse im Bezugssystem des Zugs gleichzeitig stattfinden, geschieht im Schienenbezugssystem das eine eine billionstel Sekunde später als das andere. Ein Unterschied, der nicht unbedingt sofort ins Auge fällt. Auf der anderen Seite hantieren Laserphysiker heute mit Zeiten, die tausendmal oder sogar millionenfach kürzer sind als eine Pikosekunde (Femto- oder Attosekunden).

Ich habe schon darauf hingewiesen, dass die überraschende Tatsache der Relativität der Gleichzeitigkeit von Ereignissen an verschiedenen Orten zur alltäglichen Erfahrung der relativen „Gleichortigkeit" von Ereignissen zu verschiedenen Zeiten wird, wenn man die Begriffe Ort und Zeit vertauscht. Wenn wir die Zeit in Nanosekunden und Abstände in Fuß messen (oder irgendwelche anderen Einheiten benutzen, in denen $c = 1$ ist), tritt diese faszinierende Symmetrie zwischen Raum und Zeit auch quantitativ zutage. Die Regel für gleichzeitige Ereignisse lautet dann:

Wenn zwei Ereignisse zur gleichen *Zeit* im System des Zugs geschehen, dann entspricht die im System der Schienen zwischen ihnen vergehende *Zeitspanne* (in Nanosekunden) ihrer räumlichen *Distanz* (in Fuß), multipliziert mit der Geschwindigkeit v des Zugs relativ zu den Schienen (in Fuß pro Nanosekunde).

Vertauschen Sie in dieser Aussage Zeit und Raum:

Wenn zwei Ereignisse am gleichen *Ort* im System des Zugs geschehen, dann entspricht im System der Schienen ihre räumliche *Distanz* (in Fuß) der zwischen ihnen vergehenden *Zeitspanne* (in Nanosekunden), multipliziert mit der Geschwindigkeit *v* des Zugs relativ zu den Schienen (in Fuß pro Nanosekunde).

Diese zweite Aussage ist nichts anderes als eine präzise quantitative Formulierung der bekannten Regel, wie weit sich etwas – nämlich der Ort, an dem im Zug zwei Ereignisse geschehen – mit einer gegebenen Geschwindigkeit während einer gegebenen Zeit fortbewegt. Wir werden noch mehr Beispiele für diese wundervolle Symmetrie zwischen Zeit und Raum kennenlernen.

Die quantitative Regel, die wir soeben für gleichzeitige Ereignisse gefunden haben, führt uns auf eine ähnliche Gesetzmäßigkeit für synchronisierte Uhren. Wir haben schon gesehen, dass unterschiedliche Ansichten über die Gleichzeitigkeit zweier Ereignisse sehr eng mit Differenzen in der Frage zusammenhängen, ob zwei Uhren synchron ticken. Hierzu beachten Sie bitte Folgendes.

Nehmen Sie an, die Zeiten, zu denen die zwei Markierungen angebracht wurden, seien im Schienenbezugssystem mit zwei Uhren gemessen worden, die in diesem System korrekt synchronisiert wurden und am Schienenstrang genau am jeweiligen Ort der Markierung platziert sind. Wie gehen die Passagiere des Zugs, in deren Augen die Markierungen gleichzeitig angebracht wurden, damit um, dass die Uhren im Schienenbezugssystem Zeiten anzeigen, welche um den Betrag Dv/c^2 voneinander abweichen? Ganz locker! Für sie besteht der Grund dafür, dass im Schienensystem die hintere Markierung Dv/c^2 vor der vorderen erzeugt wurde, darin, dass die hintere Uhr *langsamer* ging als die vordere, und zwar um genau diesen Betrag Dv/c^2! Damit können wir die folgende Regel formulieren:

> Wenn sich zwei synchronisierte Uhren in ihrem Eigensystem in einer Distanz D voneinander befinden, dann tickt in einem Bezugssystem, das sich in Richtung ihrer Verbindungslinie mit der Geschwindigkeit v bewegt, die vordere Uhr um den Betrag Dv/c^2 langsamer als die hintere.

Wegen $c = 1$ F/ns kann man das auch so formulieren: Die vordere Uhr geht gegenüber der hinteren pro Fuß Abstand im Eigensystem um v Nanosekunden nach, wobei die Geschwindigkeit v der Uhren in F/ns angegeben wird. Da v kleiner als 1 F/ns ist, ergibt sich kein sehr großer Effekt. Er bleibt kleiner als eine Mikrosekunde pro 1000 Fuß und wird noch viel geringer, wenn v deutlich kleiner ist als die Lichtgeschwindigkeit. Ist v gleich der Schallgeschwindigkeit in Luft (ein Fuß pro Millisekunde), beträgt der Effekt nur noch ein Millionstel einer Mikrosekunde pro 1000 Fuß bzw. eine Nanosekunde pro Million Fuß.

Beachten Sie, dass die $T = Dv/c^2$-Regel für gleichzeitige Ereignisse und die $T = Dv/c^2$-Regel für synchronisierte Uhren beide eine Zeit T und eine Länge D *in ein und demselben Bezugssystem* verknüpfen. In der Regel für gleichzeitige Ereignisse besteht die Relation zwischen der Distanz D

und der Zeitspanne T zwischen zwei Ereignissen in einem
System, in welchem die Ereignisse nicht gleichzeitig sind.
In der Regel für synchronisierte Uhren ist D der räumliche
Abstand zwischen zwei Uhren in einem System, in welchem
diese synchronisiert sind, und T die Differenz der von den
Uhren angezeigten Zeiten in einem System, in welchem sie
nicht synchronisiert sind – aber diese angezeigten Zeitwerte
beschreiben „Zeit" in dem System, in welchem sie synchronisiert *sind.*

In Kap. 4 haben wir herausgefunden, dass verschiedene
Methoden, ein Objekt schneller als das Licht (im Vakuum)
werden zu lassen – mehrstufige Raketen, Hochgeschwindig-
keitskollisionen – nicht funktionieren können. Mit der uns
jetzt vorliegenden $T = Dv/c^2$-Regel für gleichzeitige Ereignisse haben wir einen weiteren, sehr deutlichen Hinweis
darauf, wie problematisch es wäre, wenn sich irgendetwas
schneller als das Licht bewegen könnte. Stellen Sie sich ein
Objekt vor, das sich auf einer Schienenstrecke mit einer Geschwindigkeit $u > c$ nach Osten bewegt. Zwei Ereignisse,
die dieses Objekt an Orten erlebt, die im Schienenbezugssystem eine Distanz D voneinander entfernt sind, finden
im Schienensystem eine Zeit $T = D/u$ nacheinander statt.
Jetzt definieren wir eine Geschwindigkeit $v = c^2/u$ (welche
kleiner als c ist, da $c/u < 1$), dann haben wir $T = Dv/c^2$.

Nun können wir die Regel für gleichzeitige Ereignisse
in umgekehrter Richtung anwenden. Da Zeitspanne und
räumliche Distanz zwischen zwei Ereignissen im Schienenbezugssystem gemäß $T = Dv/c^2$ zusammenhängen,
müssen diese Ereignisse in einem Zug, der sich mit der
Geschwindigkeit v nach rechts bewegt, gleichzeitig geschehen – im Bezugssystem dieses Zugs nimmt also ein und

dasselbe Objekt zur selben Zeit an Ereignissen teil, die an verschiedenen Orten stattfinden!

Diese Situation ist so bizarr, dass sich unser Verdacht jetzt schon stark erhärtet, dass ein Objekt möglicherweise grundsätzlich nicht über die Lichtgeschwindigkeit hinaus zu beschleunigen ist. Weitere, noch eindeutigere Indizien werden wir in den folgenden Kapiteln kennenlernen.

Vertiefung: Die $T = Dv/c^2$-Regel bei langsamen Signalen

Auf den verbleibenden Seiten dieses Kapitels zeige ich, dass die $T = Dv/c^2$-Regel für gleichzeitige Ereignisse auch dann gültig bleibt (wie es natürlich auch sein muss!), wenn Alice' Signale von der Mitte des Zugs nach vorne und hinten langsamer als das Licht übermittelt werden. Der einzige Grund dafür, mit Lichtpulsen zu argumentieren, besteht darin, dass es dann erheblich einfacher wird, weil Lichtsignale sowohl im Zug- als auch im Schienensystem immer gleich schnell sind. Ich möchte Sie durchaus ermutigen, diese Diskussion zumindest zu überfliegen. Sie ist aber nicht notwendig für das Verständnis der nachfolgenden Kapitel.

Die $T = Dv/c^2$-Regel für gleichzeitige Ereignisse ist ein solch zentraler Bestandteil der Relativitätstheorie, dass es sich lohnt explizit nachzuweisen, dass es nicht auf die Geschwindigkeit ankommt, mit welcher Alice die „Synchronisationstrigger" an das vordere und hintere Zugende übermittelt. Entscheidend ist nur, dass beide Signale sich im Bezugssystem des Zugs mit betragsmäßig gleicher Geschwindigkeit $\pm u$ ausbreiten.

Um dies zu sehen, nehmen wir zunächst an, dass der Betrag der Signalgeschwindigkeit u von Alice' zwei Signalen zwar kleiner als c, aber größer als die Geschwindigkeit v ihres Zugs im Schienenbezugssystem ist, sodass sich das nach hinten laufende Signal auch im Schienenbezugssystem in

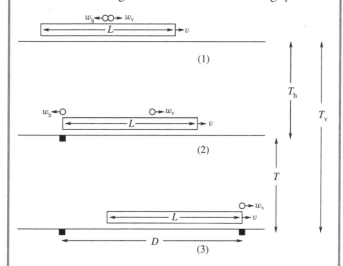

Abb. 5.2 Wenn Alice' Signale sich im Bezugssystem des Zugs nicht mit der Lichtgeschwindigkeit c zu den Zugenden bewegen, ist ihre Geschwindigkeit auch im Schienenbezugssystem ungleich c. Daher müssen wir in Abb. 5.1 die Bezeichnungen ändern. *Weiße Kreise* stehen immer noch für Alice' Signale, aber sie sind nun keine Photonen mehr. Das eine Signal läuft mit der Geschwindigkeit w_v zum Vorderende des Zugs, das andere mit w_h nach hinten

die entgegengesetzte Richtung wie das nach vorne laufende bewegt.[29] Es seien nun die Geschwindigkeiten von Alice' Signalen im Schienenbezugssystem w_v (nach vorne) und w_h (nach hinten). Wir werden diese Größen später mithilfe des Additionstheorems für Geschwindigkeiten aus Kap. 4 aus u und v konstruieren. Abbildung 5.2 stellt die Situation dar. Beachten Sie, dass der einzige Unterschied zu Abb. 5.1 darin liegt, dass nun c durch w_v bzw. w_h ersetzt ist, je nach Ausbreitungsrichtung des Signals. Dementsprechend müssen wir lediglich in den Gln. (5.1) und (5.2) c durch das passende w ersetzen:

$$w_h T_h = \tfrac{1}{2}L - v T_h \qquad (5.6)$$

bzw.

$$w_v T_v = \tfrac{1}{2}L + v T_v. \qquad (5.7)$$

Die Gesamtdistanz D zwischen den zwei Markierungen auf den Schienen ist dann gegeben durch:

$$D = w_v T_v + w_h T_h. \qquad (5.8)$$

Um im Schienensystem die Relation zwischen der Zeitspanne $T = T_v - T_h$ zwischen dem Anbringen der beiden Markierungen und der Distanz D zwischen diesen Markierungen aufzustellen, müssen wir uns nun etwas mehr anstrengen als im Fall $w_h = w_v = c$. Als Erstes lösen wir die Gln. (5.6) und (5.7) nach T_h und T_v auf:

$$T_h = \frac{\tfrac{1}{2}L}{w_h + v}, \qquad (5.9)$$

$$T_v = \frac{\tfrac{1}{2}L}{w_v - v}. \qquad (5.10)$$

Damit haben wir T in Abhängigkeit von L:

$$T = \frac{1}{2}L\left(\frac{1}{w_v - v} - \frac{1}{w_h + v}\right). \qquad (5.11)$$

Einsetzen in (5.8) gibt uns D als Funktion von L:

$$D = \frac{1}{2}L\left(\frac{w_v}{w_v - v} + \frac{w_h}{w_h + v}\right). \qquad (5.12)$$

Wenn wir (5.11) durch (5.12) teilen, kommen wir auf den folgenden ziemich unhandlichen Ausdruck für das Verhältnis von T zu D:

$$\frac{T}{D} = \frac{2v - (w_v - w_h)}{2w_v w_h + v(w_v - w_h)}. \qquad (5.13)$$

Beachten Sie die folgenden Punkte bei Gl. (5.13):

Wenn Alice' Signale Lichtpulse gewesen *wären*, hätten wir im Schienenbezugssystem $w_v = w_h = c$. Man überzeugt sich leicht, dass sich in diesem Fall Gl. (5.13) auf $T/D = v/c^2$ vereinfacht, womit wir eine deutlich unelegantere Herleitung für unser bereits bekanntes Ergebnis $T = Dv/c^2$ hätten.

Nehmen wir als Nächstes an, das nichtrelativistische Additionstheorem für Geschwindigkeiten würde gelten. Dann hätten wir

$$w_v = u + v \quad \text{und} \quad w_h = u - v \qquad (5.14)$$

und es wäre $w_v - w_h = 2v$; aus (5.13) würde einfach $T/D = 0$; die zwischen dem Anbringen der beiden Markierungen vergehende Zeit wäre in beiden Bezugsystem gleich null. Dies entspricht genau der nichtrelativistischen Regel für gleichzeitige Ereignisse: zwei Ereignisse, die im Bezugsystem des Zugs gleichzeitig sind, sind es auch im System der Schienen.

Schließlich sei noch bemerkt, dass wir für das korrekte relativistische Ergebnis die falschen nichtrelativistischen Beziehungen (5.14) durch die relativistischen Versionen aus Kap. 4 ersetzen müssen:

$$w_v = \frac{u + v}{1 + \frac{u}{c} \cdot \frac{v}{c}} \quad \text{und} \quad w_h = \frac{u - v}{1 - \frac{u}{c} \cdot \frac{v}{c}}. \qquad (5.15)$$

Wenn Sie in Gleichung (5.13) die Größen w_v und w_h durch die korrekten relativistischen Ausdrücke (5.15) in Abhängigkeit von u und v ersetzen und dann sehr sorgfältig den sich ergebenden sperrigen Ausdruck vereinfachen, werden sie entdecken, dass der Zähler von (5.13) sich vom Nenner lediglich um einen Faktor v/c^2 unterscheidet, sodass sich (5.13) auf

$$T/D = v/c^2 \qquad (5.16)$$

reduziert. Damit haben wir wieder die $T = Dv/c^2$-Regel erhalten, und zwar unter der einzigen Voraussetzung, dass sich Alice' Signale im Bezugssystem des Zugs beide mit demselben Geschwindigkeitsbetrag u bewegen – egal ob $u < c$ ist oder $u = c$.

Somit spielt die Konstanz der Lichtgeschwindigkeit keine Rolle bei der Synchronisation von Uhren – sie vereinfacht nur die Argumentation erheblich. Allerdings war sie natürlich entscheidend für die Herleitung des relativistischen Additionstheorems für Geschwindigkeiten, welches wir seinerseits verwendet haben, um die Geschwindigkeit von Alice' Signalen im Schienenbezugssystem auszurechnen.

6

Bewegte Uhren werden langsamer, bewegte Stöcke schrumpfen

In Kap. 5 sind wir zu dem Schluss gekommen, dass in einem gegebenen Bezugssystem synchronisierte Uhren, die in diesem System in einem Abstand D voneinander ruhen, in einem anderen, gegenüber dem ersten mit der Geschwindigkeit v entlang ihrer Verbindungslinie bewegten Bezugssystem *nicht* synchronisiert sind: Die vordere Uhr geht gegenüber der hinteren um eine Zeitspanne T nach, für die gilt:

$$T = Dv/c^2. \qquad (6.1)$$

Wir sind auf diese Regel gekommen, als wir überlegten, was Alice im Bezugssystem ihres Zugs zu Uhren sagen würde, die für Bob in dessen Schienenbezugssystem gleichzeitig abgelesen werden. Alice zufolge sind Bobs Uhren ganz klar außer Takt, da sie das – für Alice – gleichzeitige Anbringen von zwei Schienenmarkierungen zu verschiedenen Zeiten registrieren. Bob seinerseits bleibt natürlich dabei, dass seine Uhren ganz sicher synchronisiert sind und dass vielmehr die beiden Schienenmarkierungen nicht zur gleichen Zeit angebracht worden sein können.

© Springer-Verlag Berlin Heidelberg 2016
N.D. Mermin, *Es ist an der Zeit*, DOI 10.1007/978-3-662-47152-4_6

Wegen des Relativitätsprinzips gilt die Regel (6.1) in jedem beliebigen Inertialsystem. Also muss sie, obwohl wir (6.1) mit Alice' Beschreibung von in Bobs System synchronisierten Uhren hergeleitet haben, genauso auch für die in Bobs System gemessenen Unterschiede zwischen Uhren gelten, welche in Alice' System synchronisiert sind.

Lassen Sie uns die Konsequenzen von (6.1) noch eingehender betrachten, und zwar für zwei Uhren, die Alice im Bezugssystem des Zugs synchronisiert hat, und zwei andere Uhren, die Bob im Schienensystem synchronisiert hat. Auf diese Weise werden wir darüber Aufschluss erhalten, wie schnell Bobs Uhren in Alice' System ticken (und umgekehrt) und ebenso über die *Länge*, welche der Zug in Bobs System hat bzw. über den Abstand zweier Schwellen im Gleisbett in Alice' Bezugssystem. Das – nun vielleicht nicht mehr ganz so überraschende – Ergebnis wird sein, dass bewegte Uhren langsamer gehen müssen und bewegte Züge, Schienen oder sonstige Objekte in Bewegungsrichtung kürzer sein müssen. Hierfür werden wir eine quantitative Beziehung erhalten, welche den Faktor angibt, um den die Taktraten bzw. Längen von bewegten Uhren oder Objekten abnehmen.

Wir kehren wieder zu Alice in ihrem Zug zurück und lassen sie wieder zwei synchronisierte Uhren an dessen vorderem bzw. hinterem Ende anbringen (siehe die rechte Hälfte von Abb. 6.1). Da die beiden Uhren im Bezugssystem des Zugs synchronisiert sind, zeigen sie dieselbe Zeit an: 0. In der Abbildung ist auch die *Eigenlänge* L_A des Zugs – die Länge, die er in seinem Eigensystem hat – markiert. Weiterhin sind Bobs Uhren eingezeichnet, die neben den Schienen aufgestellt sind und sich im Bezugssystem des Zugs zusammen mit den Schienen mit der (betragsmäßigen) Geschwindigkeit v nach links bewegen. Die Uhren an den Schienen sind im Schienenbezugssystem synchronisiert. Daraus folgt, dass im Bezugssystem des Zugs die vordere (linke) Uhr gegenüber der hinteren (rechten) um eine Zeit T_B nachgeht: In dem Zugzeit-Moment, in welchem beide Zuguhren 0 anzeigen, zeigt die linke Schienenuhr auch 0, die rechte zeigt dagegen schon T_B an.

Andererseits können Alice' Uhren, wenn sie im Bezugssystem des Zugs synchronisiert sind, nicht auch im Schienensystem synchron laufen (linke Hälfte von Abb. 6.1). Da die Zuguhren im Schienensystem *nicht* synchronisiert sind, brauchen wir jetzt *zwei* zu unterschiedlichen Schienen-Zeiten aufgenommene Schnappschüsse, um die Zeitpunkte darzustellen, an welchen Alice' Uhren 0 zeigen. Links oben zeigt die in Fahrtrichtung hintere (hier also die linke) Zuguhr 0 an. Zu diesem Schienen-Zeitpunkt zeigt die vordere (rechte) Uhr aber noch „$-T_A$", also eine um $|T_A|$ frühere Zeit. Unten links zeigt die vordere Uhr jetzt die Zeit 0 an, zu diesem Schienen-Zeitpunkt steht die hintere Uhr aber schon auf $+T_A$.[30] Die zwischen dem oberen und dem unteren Bild auf der linken Seite vergangene Schienen-Zeit ist die Zeit T_B, welche die beiden Schienenuhren im unteren Bild anzeigen. Dass diese Uhren Schienenzeit-synchronisiert sind, liest man aus den beiden linken Bildern sofort ab.

Gleichung (6.1) sagt uns quantitativ, dass die Differenz T_A zwischen den von den beiden Zuguhren angezeigten Zeiten im Schienenbezugssystem und deren Abstand L_A im Bezugssystem des Zugs gemäß

$$T_A = L_A v / c^2 \qquad (6.2)$$

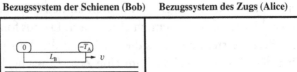

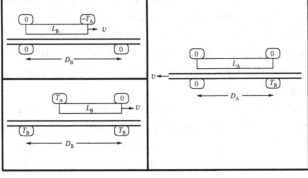

Abb. 6.1   Alle drei Skizzen zeigen vier Uhren (*kleine abgerundete Rechtecke*), einen Zug (*langes Rechteck*) und einen Schienenstrang (*lange parallele Linien*). Zwei Uhren sind am Zug befestigt, eine vorne, eine hinten. Die beiden anderen Uhren sind mit den Schienen verbunden. Die beiden Zuguhren (*oben*) sind im Bezugssystem des Zugs synchronisiert, die beiden anderen sind im Schienenbezugssystem synchronisiert. Innerhalb des jeweiligen Symbols steht die von dieser Uhr angezeigte Zeit. Das *rechte* Bild stellt einen Zeitpunkt im System des Zugs dar, an welchem beide Uhren dieselbe Zug-Zeit 0 anzeigen. Schienen und Schienenuhren bewegen sich mit der (betragsmäßigen) Geschwindigkeit *v* nach links. Im System des Zugs sind die Schienenuhren nicht synchronisiert, sondern die vordere geht gegenüber der hinteren um T_B nach. Der Zug hat in seinem Eigensystem die Länge L_A, seine Eigenlänge. Aus der Abbildung sieht man sofort, dass die Distanz D_A des Schienenstücks zwischen Vorder- und Hinterende des Zugs im Bezugssystem des Zugs gleich L_A ist. Die beiden Bilder *links* stellen zwei Zeitpunkte im Bezugssystem der Schienen dar, *oben* zeigen beide Schienenuhren die Schienen-Zeit 0 an, *unten* stehen beide auf T_B. Der Zug und die Zuguhren fahren mit der Geschwindigkeit *v* nach rechts. Beachten Sie, dass die Zuguhren im Bezugssystem der Schienen nicht synchronisiert sind, die vordere Zuguhr geht gegenüber der hinteren um die Zeit T_A nach. Der Abstand zwischen den Schienenuhren ist im Schienenbezugssystem die Eigenlänge D_B des zwischen ihnen liegenden Schienenstücks, die Zuglänge im Schienensystem ist L_B

zusammenhängen, wobei v die Geschwindigkeit des Zugs im Schienenbezugssystem ist. Ganz analog hängen die Differenz zwischen den von den Schienenuhren angezeigten Zeiten im Bezugssystem des Zugs und deren Abstand D_B im Schienenbezugssystem über die Beziehung

$$T_B = D_B v / c^2 \qquad (6.3)$$

zusammen, wobei sich die Schienen mit der (gleichen) Geschwindigkeit v am Zug vorbeibewegen. Mit den Gln. (6.2) und (6.3) sowie einigen elementaren Einsichten aus Abb. 6.1 haben wir bereits alles beisammen, um zu ermitteln, wie schnell bzw. langsam bewegte Uhren ticken und welche Länge bewegte Züge oder Schienen haben.

Der Faktor, um den bewegte Uhren verlangsamt[31] sind, ist durch das Verhältnis T_A / T_B gegeben. Dies ersieht man aus den zwei Schienensystem-Skizzen auf der linken Seite von Abb. 6.1: Zwischen der oberen und der unteren Momentaufnahme vergeht auf den beiden Schienenuhren die Zeit T_B, während auf den beiden Zuguhren jeweils die Zeit T_A vergeht. Da die Schienenuhren die Zeit im Schienenbezugssystem korrekt anzeigen, ist T_A diejenige Zeit, die auf einer Uhr im Bezugssystem des Zugs während der Schienensystem-Zeit T_B vergeht. Also entspricht das Verhältnis T_A / T_B tatsächlich dem Bruchteil der Zeit im Schienensystem, um den die Zuguhren weitergelaufen sind.

Auf die gleiche Weise bekommen wir den räumlichen (Längen-)Schrumpffaktor für ein bewegtes Objekt als das Verhältnis L_B / L_A aus der Länge des Zugs im Schienenbezugssystem, L_B, und seiner Eigenlänge L_A (also der Länge, die der Zug in Ruhe und damit in seinem Eigensystem hat).[32] Derselbe Schrumpffaktor ergibt sich, wenn man das Verhältnis D_A/D_B zwischen der Distanz D_A der Schienenuhren im Bezugssystem des Zugs und deren Eigendistanz im Schienenbezugssystem betrachtet. Wir haben also

$$L_B/L_A = D_A/D_B. \tag{6.4}$$

Um nun herauszubekommen, wie sehr Uhren und andere Objekte tatsächlich verkürzt und verlangsamt werden, müssen wir noch zwei weitere Punkte beachten.

1. Wie die rechte Seite von Abb. 6.1 (Bezugssystem des Zugs) zeigt, ist der räumliche Abstand zwischen den beiden Schienenuhren im System des Zugs, D_A, gleich dem räumlichen Abstand zwischen den beiden Zuguhren im System des Zugs, also der Eigenlänge L_A des Zugs:

$$L_A = D_A. \tag{6.5}$$

Entscheidend für diese Schlussfolgerung ist, dass die beiden Zug-synchronisierten Uhren an den Zugenden jeweils dieselbe Zeit im System des Zugs anzeigen, was bedeutet, dass die rechte Skizze einen *einzigen Zeitpunkt* im Bezugssystem des Zugs darstellt. Wäre die Skizze stattdessen aus unterschiedlichen Zugzeit-Momentaufnahmen zusammenkopiert, dann könnte man keinerlei Rückschlüsse auf den Abstand der Schienenuhren im System des Zugs ziehen, denn dann sähe man die beiden Schienenuhren zu *verschiedenen* Zugsystem-Zeiten an unterschiedlichen Orten.

2. Aus den Schienensystem-Skizzen auf der linken Seite ergibt sich eine etwas kompliziertere Relation zwischen L_B und D_B. Man liest dort ab, dass D_B der Abstand im Schienensystem zwischen dem linken Zugende zur Schienen-Zeit 0 und dem rechten Zugende zur Schienenzeit T_B ist. Diese Distanz ist gegeben durch die Summe aus der Zuglänge im Schienenbezugssystem und der Strecke, welche der Zug zwischen diesen beiden Schienen-Zeitpunkten zurücklegt. Da der zeitliche Abstand zwischen den beiden linken Skizzen im Schienensystem T_B ist (wie man dort an den beiden Schienenuhren ablesen kann) und der Zug mit der Geschwindigkeit v fährt, beträgt diese zusätzliche Strecke vT_B. Damit haben wir

$$D_B = L_B + vT_B. \qquad (6.6)$$

Alles, was wir wissen wollen, folgt nun aus den Gln. (6.2)–(6.6). Als Erstes schließen wir sofort aus (6.2), (6.3) und (6.5), dass der Verlangsamungsfaktor für bewegte Uhren *derselbe* Faktor sein muss wie der Schrumpffaktor für bewegte Objekte. Denn (6.2) und (6.3) besagen, dass $T_A/T_B = L_A/D_B$, während wegen (6.5) $L_A = D_A$ ist. Folglich gilt

$$T_A/T_B = D_A/D_B. \qquad (6.7)$$

Die linke Seite dieser Gleichung ist der Verlangsamungsfaktor für bewegte Uhren, die rechte Seite der Schrumpffaktor für bewegte Objekte. Wir nennen diesen gemeinsamen Faktor „s"[33] und folgern

$$T_A = sT_B, \quad D_A = sD_B \quad \text{sowie} \quad L_B = sL_A, \qquad (6.8)$$

wobei die letzte Gleichung aus (6.4) folgt.

Um zu erkennen, wie der Schrumpf-(Verlangsamungs-)Faktor s von v abhängt, kombinieren wir Gl. (6.6) mit (6.3) und finden daraus dann $D_B = L_B + v^2 D_B/c^2$, woraus wir schließen, dass

$$L_B = D_B(1 - v^2/c^2). \qquad (6.9)$$

Aber Gl. (6.8) sagt uns, dass $L_B = sL_A$ ist, (6.5) besagt $L_A = D_A$ und (6.8) bedeutet $D_A = sD_B$. Wenn wir diese drei Beziehungen zusammennehmen, bekommen wir $L_B = s^2 D_B$, weswegen wir mit (6.9) auf

$$s^2 D_B = D_B(1 - v^2/c^2) \qquad (6.10)$$

kommen. Folglich erhalten wir für den Schrumpffaktor (oder Verlangsamungsfaktor) s den Ausdruck

$$s = \sqrt{1 - v^2/c^2}. \qquad (6.11)$$

(In der Literatur wird der Kehrwert $1/s$ dieses Faktors oft als γ bezeichnet. Für unsere Argumentation ist aber $s = 1/\gamma$ intuitiver und wird sich auch im Folgenden als nützlicher erweisen.)

Beachten Sie, dass wenn die Quadratwurzel von s kleiner als 1 ist, s selbst ebenfalls kleiner als 1 sein muss und damit tatsächlich ein Schrumpf- (und kein Streck-) bzw. ein Verlangsamungs- (und kein Beschleunigungs-)Faktor ist. Beachten Sie weiterhin, dass im Fall $v > c$ in Gl. (6.10) der Term s^2 eine negative Zahl sein müsste, was mathematisch keinen Sinn ergibt. Tatsächlich ist die ganze Argumentation in Kap. 5 nur dann sinnvoll, wenn die Geschwindigkeit v

des Zugs auf den Schienen (oder der Schienen am Zug vorbei) kleiner ist als die Lichtgeschwindigkeit c, denn wenn der Zug schneller wäre als das Licht, würde das Photon es niemals von der Mitte des Zugs bis zum vorderen Zugende schaffen – erneut haben wir wirklich ernstzunehmende Hinweise darauf, dass die Lichtgeschwindigkeit eine absolute Obergrenze für das Tempo sein dürfte, mit dem sich irgendetwas in irgendeinem Inertialsystem bewegen kann.

Das Schrumpfen bewegter Objekte in ihrer Bewegungsrichtung wird *Lorentz-Fitzgerald-Kontraktion*[34] genannt. Lorentz und Fitzgerald stellten unabhängig voneinander die Hypothese auf, dass Objekte eine solche Verkürzung in Bewegungsrichtung erfahren, wenn sie sich gegen den „Äther" bewegen. Das einzige, worauf sie nicht gekommen sind, ist Einsteins Einsicht, dass diese Kontraktion an allen Objekten auftritt, die sich relativ zum verwendeten Bezugssystem bewegen. Und ihnen fehlten natürlich auch noch Einsteins Erkenntnisse zur Relativität (Bezugssystemabhängigkeit) der Gleichzeitigkeit und der entscheidenden Rolle, welche letztere dabei spielt, wenn man alles in einer konsistenten Theorie zusammenfügen möchte.

Die Verlangsamung von bewegten Uhren wird oft mit der unglücklichen Bezeichnung „Zeitdilatation" versehen. Unglücklich ist diese Ausdrucksweise deshalb, weil sie suggeriert, dass in irgendeiner Weise die Zeit „als solche" (was auch immer das sein mag) gedehnt würde, wenn eine Uhr langsamer tickt. Zwar hat die Vorstellung, dass die Zeit sich in einer bewegten Uhr ausdehnt, einen gewissen intuitiven Charme. Es ist aber wichtig, dass all dies hier nichts mit irgendeinem übergeordneten Konzept der Zeit zu tun hat. Es geht hier nur um eine ziemlich simple Relation zwischen zwei Sets von Uhren. Man geht zwar gemeinhin davon aus, es gebe so etwas wie eine Zeit, das sich mit Uhren messen lasse. Eine der großen Lektionen, die wir mit der Relativitätstheorie gelernt haben bzw. haben lernen müssen, ist jedoch, dass der Begriff der Zeit nichts anderes ist als eine praktische, aber möglicherweise irreführende Art, die Beziehungen zwischen verschiedenen Uhren in einem Wort zusammenzufassen. Wenn man ein Set von Uhren als ruhend, synchronisiert und im korrekten Takt gehend ansieht, dann wird ein zweites Set, das sich gegenüber dem ersten bewegt (und in seinem Eigensystem ruht sowie synchronisiert und im Takt ist), im Bezugssystem des ersten Sets asynchron sein und nachgehen, also langsamer als die Uhren des ersten Sets ticken. Wenn wir aber das zweite Set als ruhend ansehen, synchronisiert und im Takt, dann werden wir feststellen, dass die Uhren des ersten Sets nicht mehr synchronisiert sind und langsamer gehen. Kap. 9 wird dies im Detail diskutieren und illustrieren.

In beiden Fällen – beim Schrumpfen von bewegten Stöcken wie auch der Verlangsamung von bewegten Uhren – ist man versucht, den hier zusammengefassten Schlussfolgerungen eine gewisse Skepsis entgegenzubringen. Wie kann Alice behaupten, dass Bobs Uhren zu langsam gehen, während Bob behauptet, dass Alice' Uhren zu langsam sind, wenn beide dieselben Sets von Uhren vergleichen? Wenn Alice sagt, dass Bobs Uhren langsamer gehen als ihre, muss dann Bob nicht notwendigerweise sagen, Alice' Uhren seien zu *schnell*? Ähnlich verhält es sich mit in Richtung ihrer relativen Bewegung aufgereihten Stöcken. Wenn Alice behauptet, dass Bobs bewegte Stöcke geschrumpft sind im Vergleich zu ihren ruhenden Stöcken, sollte dann Bob nicht feststellen, dass Alice' bewegte Stöcke sich *gestreckt* haben im Vergleich zu seinen ruhenden Stöcken?

Dieser Versuchung zu erliegen bedeutet zu vergessen, dass Alice und Bob schon unterschiedlicher Ansicht darüber sind, ob zwei Ereignisse an unterschiedlichen Orten zur gleichen Zeit passieren, oder äquivalent dazu, ob zwei an verschiedenen Orten platzierte Uhren synchron ticken oder nicht. Wegen dieser fundamentalen Uneinigkeit können (und müssen) sie beide behaupten, dass der bzw. die jeweils andere die Taktraten der bewegten Uhren und die Längen der bewegten Stöcke *falsch* misst. Denn um die Länge eines *bewegten* Stocks zu messen, muss man die Position seiner beiden Enden *zur selben Zeit* ermitteln. Wenn Sie diese Positionen nicht gleichzeitig messen, wird sich der Stock zwischen den beiden Messungen bewegt haben, und Sie werden nicht die korrekte Länge erhalten. Aber hierfür müssen Sie beurteilen können, ob zwei räumlich separierte Ereignisse, genauer gesagt zwei Ereignisse an den beiden Enden des Stocks, gleichzeitig geschehen oder nicht. Ganz ähnlich müssen Sie zum Vergleich der Taktrate einer bewegten Uhr mit der Taktrate von ruhenden Uhren („geht die bewegte Uhr langsamer?") mindestens zweimal die Anzeige der bewegten Uhr ablesen und die Ergebnisse mit dem Zeigerstand (oder dem Display) von ruhenden Uhren vergleichen, die sich jeweils dort befinden, wo Sie die bewegte Uhr abgelesen haben. Aber da sich die bewegte Uhr *bewegt*, erfordert dies die Verwendung von (mindestens) zwei *synchronisierten* ruhenden Uhren, die an (mindestens) zwei *verschiedenen* Orten stehen.

Es widerspricht sich also nicht, wenn Alice und Bob beide sagen, dass die jeweils anderen Uhren zu langsam gehen und die Stöcke des jeweils anderen geschrumpft sind. Jeder kann beim anderen einen Fehler bei der Ermittlung von Zeitspannen und Längen nachweisen – nämlich das Fehlen von korrekt synchronisierten Uhren. Dies heißt jedoch nicht, dass es sich bei den Erscheinungen der „Zeitdilatation" und der „Längenkontraktion" bloß um Konventionen für die Beschreibung des Verhaltens von Uhren und Maßstäben handeln würde. Wie wir sehen werden, können diese Phänomene erstaunliche Konsequenzen haben, die sich in jedem beliebigen Bezugssystem beobachten lassen. Lediglich die *Erklärungen*, die man für diese Beobachtungen bekommt, können bei zwei verschiedenen Bezugssystemen erheblich voneinander abweichen.

Eines der einfachsten Beispiele für ein solches Verhalten, das schon Anfang der 1940er Jahre experimentell beobachtet wurde, hängt mit der Lebensdauer τ von subatomaren Teilchen zusammen. Diese Größe hat einen für jede Teilchenart charakteristischen Wert und gibt an, nach welcher Zeit die Hälfte der Teilchen aus einer Probe zerfallen sind, wenn sie sich in Ruhe befinden oder langsam bewegen. Eine Ansammlung von Teilchen einer Sorte ist also so etwas wie eine Uhr, insbesondere wenn man das statistische Verhalten einer sehr großen Anzahl von ihnen betrachtet. Der große Vorteil ist, dass sich diese Partikel ziemlich einfach auf eine Geschwindigkeit u bringen lassen, die der Lichtgeschwindigkeit sehr nahekommt. Erstaunlicherweise legen die meisten von ihnen dabei Strecken zurück, die viel größer sind als die typische Entfernung $u\tau$, die man ihnen zutrauen würde, wenn ihr Bewegungszustand keinen Einfluss auf ihre Lebensdauer haben würde. Der Grund dafür ist (jedenfalls aus Sicht des unbewegten Physikers auf seinem Laborstuhl), dass die „inneren Uhren" dieser Teilchen in ihrem Eigensystem viel langsamer ticken als die Laboruhr, wenn sie fast mit Lichtgeschwindigkeit unterwegs sind. Dies ist ein realer und leicht zu messender Effekt und spielt eine wesentliche Rolle für Entwurf und Betrieb von Teilchenbeschleunigern.

Dieser experimentelle Erfolg ist schön und gut, sagen Sie jetzt vielleicht, aber wie lässt sich dieses Verhalten in Einklang bringen mit der Tatsache, dass im Ruhesystem der Teilchen die Uhren mit einer ganz normalen Taktrate gehen und nur die Hälfte von ihnen auch nur die kurze Zeitspanne τ überlebt? Ganz einfach: Im Eigensystem der Teilchen rasen Labor, Laboruhr und Physiker mit der Geschwindigkeit u an den Teilchen vorbei. Alle Längen auf der Verbindungslinie zwischen Teilchen und Labor sind darum um den Schrumpffaktor s verkürzt, sodass sie in der Zeit τ ein viel größeres Wegstück zurücklegen können als in ihrem Eigensystem.

Somit stimmen Beobachter in beiden Bezugssystemen darin überein, dass die Hälfte der Partikel innerhalb ihrer Lebensdauer den erstaunlich weiten Weg $u\tau/s$ zurücklegen können, wobei der Schrumpf- bzw. Verlangsamungsfaktor s für Teilchen bzw. Labore, die sich fast mit Lichtgeschwindigkeit bewegen, sehr klein werden kann (und sein Kehrwert daher entsprechend groß). Im Laborsystem (das jetzt die Rolle des „Schienenbezugssystems" übernimmt) ist der Grund hierfür, dass die Teilchen die im Vergleich zur Ruhelebensdauer viel längere Zeit τ/s überleben. Im Ruhesystem der Teilchen (dem „Bezugssystem des Zugs") liegt der Grund in der um den Faktor s geschrumpften Länge des Labors, das an ihnen vorbeirast – während ihrer Ruhelebensdauer saust ein $1/s$-mal längeres Wegstück an ihnen vorbei, als dies der Fall ohne Längenkontraktion wäre. Sie sehen: Die Erklärungen variieren, die Realität bleibt die gleiche.

Die erste Beobachtung dieses Effekts gelang an sog. μ-Mesonen noch vor dem Zeitalter der mächtigen Teilchenbeschleuniger. μ-Mesonen entstehen bei Reaktionen zwischen Partikeln der kosmischen Strahlung und Molekülen der Hochatmosphäre, gut 30 km über dem Erdboden. In Ruhe haben sie eine Lebensdauer von etwa 2 Mikrosekunden (μs). Würde ihre innere Uhr unabhängig von ihrer Geschwindigkeit ticken, würde also selbst mit Lichtgeschwindigkeit die Hälfte von ihnen keine 600 m weit kommen. Tatsächlich erreicht aber fast die Hälfte der in der Hochatmosphäre produzierten μ-Mesonen den Erdboden und kann dort mit geeigneten Detektoren problemlos nachgewiesen werden. Dies liegt daran, dass ihre Geschwindigkeit so nahe an c liegt, dass der Verlangsamungsfaktor nur $s = 1/50$ beträgt. Die Mesonen leben also 50-mal so lange wie in ihrem Ruhesystem. In diesem beträgt ihre Lebensdauer natürlich nach wie vor bloß 2 μs, aber trotzdem schafft es die Hälfte von ihnen bis zum Erdboden, weil die Erde und damit die Atmosphäre so schnell auf sie zurast, dass die Entfernung zum Boden für die μ-Mesonen um den Faktor $1/s$, d. h. 50-mal kleiner und damit nur 600 m lang ist.

Beachten Sie, dass zwar Alice und Bob ganz andere Geschichten von den Ereignissen erzählen. Doch wenn immer sie sich beide auf Ereignisse beschränken, die zur selben Zeit *und* am selben Ort geschehen, kommen sie zu denselben Ergebnissen. Dies wird in Abb. 6.2 illustriert, einer

Bezugssystem der Schienen (Bob)   Bezugssystem des Zugs (Alice)

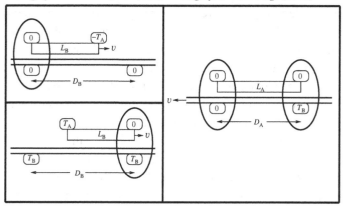

Abb. 6.2 Eine zweite Version von Abb. 6.1, die zeigen soll, dass Alice und Bob bei allen Ereignissen, die zur selben Zeit *und* am selben Ort geschehen, komplett übereinstimmen, trotz ihrer tiefgehenden Meinungsverschiedenheiten über andere Ereignisse. Dazu sind hier die folgenden Ereignisse eingekreist (oder besser: eingeovalt): *Die Uhr am linken Zugende und die linke Schienenuhr zeigen am selben Ort die Zeit 0 an* und *die Uhr am rechten Zugende zeigt 0 an und die rechte Schienenuhr zeigt am selben Ort T_B an*. Beide Ereignisse werden von Alice und Bob genau gleich beschrieben. Unterschiedlicher Meinung sind Alice und Bob dagegen darüber, ob die beiden Ereignisse *gleichzeitig* (Alice/Zug) oder *nicht gleichzeitig* (Bob/Schienen) sind. Noch viel mehr Meinungsverschiedenheiten bestehen bezüglich der Dinge, die währenddessen *irgendwo anders* passieren. Beachten Sie, dass „währenddessen" so viel wie „zur gleichen Zeit" bedeutet und damit ein potenziell gefährliches Wort ist

zweiten Version von Abb. 6.1, bei welcher diejenigen Ergebnisse hervorgehoben sind, bezüglich derer Alice und Bob einer Meinung sind. Dies ist eine ganz allgemeine

Feststellung und von größter Bedeutung: Alle „Raumzeit-Koinzidenzen", also Ereignisse, die gleichzeitig am selben Ort geschehen, werden in allen Bezugssystemen auf die gleiche Weise interpretiert. Meinungsverschiedenheiten treten immer nur dann auf, wenn es darum geht, solche Ereignisse „zusammenzutackern", um etwas komplexere Geschichten erzählen zu können, etwa wie die Situation zu einer gegebenen Zeit im ganzen Universum (oder größeren Teilen davon) aussieht. Die Unterschiede rühren daher, dass „zu einer gegebenen Zeit" in verschiedenen Bezugssystemen verschiedene Bedeutungen hat. Berücksichtigt man dies, entpuppen sich alle Meinungsverschiedenheiten als nichts als unterschiedliche Sichtweisen auf dieselben Phänomene.

Es gibt eine einfache Begründung dafür, warum der Verlangsamungsfaktor s für bewegte Uhren gleich dem Schrumpffaktor s für bewegte Stöcke sein muss, welche ohne die Dv/c^2-Regel für gleichzeitige Ereignisse auskommt. Wären nämlich der Verlangsamungsfaktor und der Schrumpffaktor verschieden, würden sich die (sehr schnell) bewegten μ-Mesonen anders verhalten, wenn man sie in ihrem Ruhesystem beschreibt (Strecke ist verkürzt), als wenn sie im Ruhesystem der Erde beschrieben würden (Lebensdauer verlängert). Man kann das auch noch etwas abstrakter formulieren:

Denken Sie sich einen Stock mit der Eigenlänge L (Abb. 6.3), an dem entlang sich eine Uhr mit der Geschwindigkeit v nach rechts bewegt. Die Uhr zeige 0 an, wenn sie sich am linken Ende des Stocks befindet und T, wenn sie das rechte Ende passiert. Links in Abb. 6.3 ist dies aus Sicht des Stock-Bezugssystems dargestellt, rechts aus Sicht des Bezugssystems der Uhr.

Bezugssystem des Stocks   Bezugssystem der Uhr

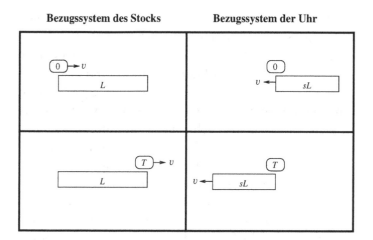

Abb. 6.3 Relative Bewegung eines Stocks und einer Uhr. *Links* sehen wir die Dinge, wie sie im Ruhesystem des Stocks beschrieben werden. Die (Eigen-)Länge des Stocks ist L. Die Uhr bewegt sich mit der Geschwindigkeit v vom linken Ende des Stocks zum rechten und zeigt dabei am linken Ende 0 und am rechten Ende T an. *Rechts* sehen wir die Situation im Ruhesystem der Uhr. Der Stock bewegt sich nach links mit der Geschwindigkeit v und hat die Länge sL, mit s als dem Schrumpffaktor für bewegte Stöcke. Die Uhr befindet sich in Ruhe und zeigt 0 an, wenn das linke Stockende vorbeifliegt, und T beim rechten Ende

Wenn s der Schrumpffaktor für bewegte Stöcke ist, dann hat ein mit der Geschwindigkeit v bewegter Stock mit Eigenlänge L im Bezugssystem der Uhr die Länge sL. Um mit seiner ganzen Länge von links nach rechts an der Uhr vorbeizuziehen, benötigt der Stock gerade die Zeit, in der er mit der Geschwindigkeit v seine ganze verkürzte Länge, also sL, zurücklegt: $T = sL/v$. Da die Uhr die Zeit in ihrem Bezugssystem korrekt anzeigt und auf 0 steht, wenn das linke

Stockende sie passiert, muss sie $T = sL/v$ anzeigen, wenn das rechte Stockende an ihr vorbeizieht.

Andererseits bewegt sich die Uhr im Stockbezugssystem vom linken zum rechten Ende des Stocks, und zwar in einer Zeit L/v (unverkürzte Eigenlänge L des Stocks geteilt durch Geschwindigkeit v der Uhr). Da die im Stocksystem bewegte Uhr langsamer geht, rückt ihre Anzeige während dieser Zeit nur um $T' = s'L/v$ vor (mit s' als dem Verlangsamungsfaktor für bewegte Uhren) – also zeigt sie diese Zeit an, wenn sie am rechten Stockende ankommt.

Die Uhr muss jedoch in beiden Bezugssystemen dieselbe Zeit anzeigen, wenn sie das rechte Stockende erreicht, denn nun geht es um Ereignisse, die zur selben Zeit am selben Ort geschehen. Es muss also $T = T'$ sein und folglich auch $s = s'$, d. h., der Verlangsamungsfaktor s' für bewegte Uhren ist der gleiche wie der Schrumpffaktor s für bewegte Stöcke.

Damit haben wir alle wesentlichen relativistischen Fakten über Uhren und Stöcke (oder feiner ausgedrückt: Maßstäbe) zusammengetragen.

Regel für synchronisierte Uhren

Wenn zwei Uhren in einem Bezugssystem in Ruhe, synchronisiert und einen Abstand D voneinander entfernt sind, dann geht in einem anderen Bezugssystem, in welchem sie sich mit der Geschwindigkeit v entlang ihrer Verbindungslinie bewegen, die vordere gegenüber der hinteren nach, und zwar um die Zeit

$$T = Dv/c^2. \tag{6.12}$$

Regel für das Schrumpfen von bewegten Stöcken und die Verlangsamung von bewegten Uhren

Der zu einer gegebenen Geschwindigkeit v gehörige Schrumpf- oder Verlangsamungsfaktor s ist gegeben durch

$$s = \sqrt{1 - v^2/c^2}. \qquad (6.13)$$

Beachten Sie hier eine mögliche Quelle der Verwirrung: Eine Uhr, die sich mit der Geschwindigkeit v bewegt, tickt um einen Faktor s langsamer, aber ob Sie jetzt mit dem Verlangsamungsfaktor multiplizieren oder durch ihn teilen müssen, hängt ganz von der Frage ab, die Sie beantworten möchten. Was Sie immer im Hinterkopf behalten sollten, ist, dass (a) bewegte Uhren *langsamer* gehen und (b) der Verlangsamungsfaktor s *kleiner* als 1 ist. Wenn Sie also wissen wollen, wie weit der Zeiger einer bewegten Uhr in einer Zeit T vorrückt, dann ist die Antwort, dass er (nur) um sT vorrückt, da die bewegte Uhr langsamer geht und „T mal s" eine Zahl ergibt, die kleiner als T ist. Wenn die Frage hingegen ist, wie viel Zeit (im unbewegten System) vergeht, bis der Zeiger einer bewegten Uhr anzeigt, dass T vergangen ist (oder wie lange es dauert, bis er um T vorgerückt ist), dann ist die Antwort T/s, denn eine langsamer tickende Uhr braucht länger für dieselbe Zeitspanne und „T geteilt durch eine Zahl s kleiner als 1" ergibt eine größere Zahl als T. Formeln auswendig zu lernen hilft hier nicht weiter, nachzudenken dagegen sehr. Ganz ähnlich verkürzt sich ein Stock, wenn er sich in Längsrichtung mit der Geschwindigkeit v bewegt, um einen Faktor s. Hat also der Stock die

Eigenlänge L, dann beträgt seine Länge bei der Geschwindigkeit v nur noch sL. Wenn andererseits der bewegte Stock die Länge L haben sollte, wäre seine Eigenlänge gleich L/s.

Vertiefung: Eine alternative Methode, um Uhren zu synchronisieren

Auf den restlichen Seiten dieses Kapitels stelle ich eine weitere Möglichkeit vor, an unterschiedlichen Orten befindliche Uhren zu synchronisieren, so wie ich es am Anfang von Kap. 5 angesprochen, aber nicht ausgeführt habe, da wir damals noch nicht wussten, welche Auswirkungen eine Bewegung auf die Taktrate von Uhren hat. Die aufreizend mühsame Rechnung führt am Ende wieder auf unsere gute alte $T = Dv/c^2$-Regel, die wir auf viel einfachere Weise bereits in Kap. 5 gefunden haben. Wie gehabt möchte ich Ihnen zwar empfehlen, zumindest einen Blick auf die Diskussion zu werfen, die ein weiteres Mal illustriert, wie konsistent das ganze Bild zusammenhängt. Es ist aber für die nächsten Kapitel nicht notwendig, alle mathematischen Umformungen im Detail nachzuvollziehen.

Nehmen wir an, Alice habe zwei identische ruhende Uhren am *selben* Ort aufgebaut, sodass sie diese problemlos „per Uhrenvergleich" synchronisieren kann. Nachdem sie beide Uhren auf 0 gestellt hat, setzt sie eine Uhr in gleichförmig-geradlinige Bewegung mit der Geschwindigkeit u. (Sie überprüft ohne Probleme und insbesondere ohne irgendwelche Uhren, dass die Geschwindigkeit wirklich u ist, indem sie diese Geschwindigkeit mit dem Tempo eines Photons vergleicht, so wie wir es in Kap. 4 beschrieben haben.) Die bewegte Uhr darf sich von der ersten entfernen, bis sie eine Zeit t anzeigt, woraufhin ihre Bewegung endet. Während die zweite Uhr unterwegs war, ging sie langsamer, sodass (in Alice' Bezugssystem) die Reise länger gedauert hat, und zwar eine Zeit

t/s_u mit dem Verlangsamungsfaktor $s_u = \sqrt{1 - (u/c)^2}$. Diese längere Zeitspanne entspricht der Zeit, die man auf der bei Alice verbliebenen Uhr für die Dauer der Reise abliest, denn sie befand sich ja in Ruhe und zeigt daher die korrekte Alice-System-Zeit. Um also die zweite Uhr nach der Reise wieder mit der ersten zu synchronisieren, muss man sie von t auf t/s_u vorstellen.

Mit dieser Prozedur erhält man zwei Uhren an unterschiedlichen Standorten, die in Alice' System synchronisiert sind. Die Distanz D zwischen den Uhren ist das Produkt aus der Geschwindigkeit u, mit welcher sich die zweite Uhr bewegt hat, und der Zeit t/s_u, die sie dafür gebraucht hat:

$$D = u \cdot t/s_u. \qquad (6.14)$$

Lassen Sie uns nun überlegen, wie Bob, der sich entgegen der Bewegungsrichtung der zweiten Uhr mit der Geschwindigkeit v bewegen möge, die Sache beschreiben würde.[35] Für Bob bewegt sich die erste, bei Alice verbleibende Uhr immer mit der Geschwindigkeit v, die zweite dagegen ist zwischenzeitlich mit der größeren Geschwindigkeit w unterwegs, für die wir mit dem relativistischen Additionstheorem für Geschwindigkeiten

$$w = \frac{u + v}{1 + \frac{u}{c} \cdot \frac{v}{c}} \qquad (6.15)$$

erhalten. Zwei Ereignisse, die zur *selben* Zeit am *selben* Ort geschehen, muss Bob genauso sehen wie Alice: „beide Uhren stehen auf 0, wenn Alice die zweite Uhr losschickt" und „die zweite Uhr stoppt[36], wenn sie t anzeigt". Da die Geschwindigkeit der zweiten Uhr zwischen Start und Stopp w betrug, kann Bob die zweite Uhr benutzen, um festzustellen, wie lange die beiden Uhren relativ zueinander in Bewegung waren: Er teilt t durch den Verlangsamungsfaktor s_w. Also haben sich die Uhren für Bob während einer Zeit t/s_w relativ zueinander bewegt.

Da sich die erste Uhr in Bobs Bezugssystem durchgängig mit der Geschwindigkeit v bewegt hat, geht sie um den Faktor s_v langsamer als Bobs „Eigenuhr". Demzufolge rückt der Zeiger der ersten Uhr während der Zeit t/s_w, in welcher sich die Uhren voneinander entfernt haben, von 0 auf $s_v(t/s_w)$ vor und zeigt genau diesen Wert an, wenn die zweite Uhr am Ziel ist und auf t/s_u vorgestellt wird (um in Alice' System wieder synchronisiert zu sein, wie Sie sich erinnern werden). Nach diesem Zeitpunkt bewegen sich für Bob wieder beide Uhren mit derselben Geschwindigkeit v und ticken deshalb mit derselben Taktrate. Also werden ab diesem Moment die von den beiden Uhren angezeigten Zeiten weiterhin um den konstanten Betrag

$$T = \left(\frac{s_v}{s_w} - \frac{1}{s_u} \right) \cdot t = \left(\frac{s_v s_u}{s_w} - 1 \right) \cdot \frac{D}{u} \qquad (6.16)$$

voneinander abweichen, wobei wir Gl. (6.14) benutzt haben, um t in Abhängigkeit von D auszudrücken.

Um jetzt von Gl. (6.16) wieder auf unsere $T = Dv/c^2$-Regel zu kommen, müssen wir nichts weiter tun als einige zugegebenermaßen etwas mühselige Äquivalenzumformungen auszuführen. Wenn w durch das Additionstheorem (6.15) gegeben ist, wird der Verlangsamungsfaktor s_w zu

$$s_w = \sqrt{1 - (w/c)^2} = \sqrt{1 - \left(\frac{\frac{u}{c} + \frac{v}{c}}{1 + \frac{u}{c} \cdot \frac{v}{c}} \right)^2}$$

$$= \frac{\sqrt{\left(1 + \frac{u}{c} \cdot \frac{v}{c}\right)^2 - \left(\frac{u}{c} + \frac{v}{c}\right)^2}}{1 + \frac{u}{c} \cdot \frac{v}{c}}$$

$$= \frac{\sqrt{\left(1 - \left(\frac{u}{c}\right)^2\right)\left(1 - \left(\frac{v}{c}\right)^2\right)}}{1 + \frac{u}{c} \cdot \frac{v}{c}} = \frac{s_u s_v}{1 + \frac{u}{c} \cdot \frac{v}{c}}. \qquad (6.17)$$

Folglich ist

$$s_u s_v / s_w = 1 + uv/c^2, \qquad (6.18)$$

und (6.16) ergibt in der Tat, dass die von der ersten Uhr angezeigte Zeit sich von der Anzeige der zweiten Uhr um

$$T = Dv/c^2 \qquad (6.19)$$

unterscheidet.

Bob wird also, unabhängig davon, mit welcher Geschwindigkeit u Alice die beiden Uhren in ihrem Bezugssystem voneinander entfernt, immer schließen, dass die vordere (zweite) Uhr gegenüber der hinteren (ersten) Uhr um Dv/c^2 nachgeht, gerade so, wie es die $T = Dv/c^2$-Regel verlangt. Die Regel hängt damit nicht davon ab, ob Alice Lichtpulse oder andere, langsamere Signale benutzt, um ihre Uhren zu synchronisieren.

Es gibt noch eine kleinere, aber elegante Verfeinerung für Alice' Prozedur. Das Vorgehen erfordert, dass die bewegte Uhr gestellt wird, nachdem sie einen Abstand D von der ruhenden Uhr erreicht hat, um den Effekt ihrer langsameren Taktrate während der Reise auszugleichen. Aber da der Verlangsamungsfaktor $s_u = \sqrt{1 - u^2/c^2}$ sehr nahe bei 1 liegt, wenn u klein gegenüber der Lichtgeschwindigkeit ist, könnte man sich vorstellen, die Uhren so langsam voneinander zu entfernen, dass sie für Alice nahezu perfekt synchronisiert bleiben, auch wenn die zweite Uhr nicht extra nachgestellt wird. Wenn die Uhren allerdings in einem vorgegebenen fixen Abstand D voneinander aufgestellt werden sollen, wird die dafür benötigte Zeit D/u sehr groß werden, da ja u sehr klein sein soll. Obwohl also die langsamere Taktrate der bewegten Uhr weniger ins Gewicht fällt, wenn u klein ist, hat sie dann mehr Zeit, sich auf die zweite Uhr auszuwirken, und es ist nicht gesagt, dass der Effekt nicht insgesamt doch eine nennenswerte Auswirkung hat. Eine genauere Analyse ergibt jedoch, dass die Nähe des Verlangsamungsfaktor zu 1 die längere Dauer der Reise mehr als wettmacht. Dies können wir folgendermaßen sehen:

Am Ende ihrer Reise wird Alice' zweite Uhr von $t = (D/u) \cdot s_u$ auf D/u umgestellt. Die Differenz T_0 zwischen diesen zwei Zeitangaben beträgt

$$T_0 = D \left(\frac{1 - \sqrt{1 - u^2/c^2}}{u} \right). \qquad (6.20)$$

Wenn u sehr klein ist, können wir die Abhängigkeit zwischen T_0 und u deutlicher machen, indem wir sowohl Zähler als auch Nenner von Gl. (6.20) mit $1 + \sqrt{1 - u^2/c^2}$ multiplizieren. Dies führt mit der dritten binomischen Formel, $(a - b)(a + b) = a^2 - b^2$, auf

$$T_0 = D \cdot \frac{u/c^2}{1 + \sqrt{1 - u^2/c^2}}. \qquad (6.21)$$

Ist u klein gegen die Lichtgeschwindigkeit, unterscheidet sich der Nenner in (6.21) praktisch nicht von $1 + 1 = 2$, und der Unterschied zwischen dem Zeigerstand der zweiten Uhr am Ende ihrer Reise und dem, was sie eigentlich anzeigen sollte, sollte sehr nahe bei

$$T_0 = \tfrac{1}{2} D u / c^2 \qquad (6.22)$$

liegen. Indem sie also die Geschwindigkeit u, mit welcher die Uhren voneinander getrennt werden, reduziert, verringert Alice die Abweichung T_0 um denselben Betrag. Wenn sie die Uhren langsam genug voneinander entfernt, kann sie also die Abweichung T_0 so klein werden lassen, wie sie nur wünscht. Ist die Abweichung erst einmal kleiner als der Ablesefehler der Uhren, braucht sie die zweite Uhr gar nicht mehr vorzustellen, wenn diese an Ort und Stelle angekommen ist.

Dieses Vorgehen nennt man Uhrensynchronisation durch langsamen Transport. Während dies in Alice' Bezugssystem hervorragend funktioniert, führt es, wie wir bereits gesehen haben, aus Sicht von Bobs Bezugssystem – unabhängig von der Geschwindigkeit, mit welcher Alice ihre zweite Uhr bewegt – dazu, dass sie ihre Synchronisation fast exakt gemäß der Dv/c^2-Regel verlieren. Ich sage hier „fast", da Bob die exakte Dv/c^2-Abweichung nur findet, wenn Alice ihre bewegte Uhr, wie eigentlich vorgeschrieben, um T_0 vorstellt. Da sie dies nun nicht mehr tut, weicht Bobs Beobachtung um gerade dieses T_0 von der Dv/c^2-Regel ab. Aber da T_0 von Alice so gewählt wurde, dass es kleiner als der Ablesefehler ihrer Uhr ist – und wir annehmen, dass sie eine sehr gute Uhr verwendet! –, kann Bob diese Abweichung ebenso vernachlässigen wie sie.

7

Der Blick auf
eine bewegte Uhr

Wir wissen nun, dass jede Uhr, die sich mit der Geschwindigkeit v gegenüber einem Inertialsystem bewegt, in diesem System langsamer geht als eine dort ruhende Uhr. Der Verlangsamungsfaktor beträgt

$$s = \sqrt{1 - v^2/c^2}. \tag{7.1}$$

Man könnte dies leicht für nicht mehr als einen kleinen Rechentrick halten – eine Schlussfolgerung, die nur auf ein paar intellektuellen Spielchen mit dem Begriff der Gleichzeitigkeit beruht. Wenn man tatsächlich auf eine bewegte Uhr *schauen* würde, könnte man dann tatsächlich *sehen*, dass sie langsamer geht?

Die Antwort hierauf ist, dass es darauf ankommt, ob sich die Uhr auf Sie zubewegt oder von ihnen weg. Kommt die Uhr auf Sie zu, sehen Sie in der Tat, dass sie langsamer geht, allerdings sogar erheblich stärker verlangsamt, als sie tatsächlich tickt. Wenn sich die Uhr dagegen von Ihnen entfernt, sehen Sie die Uhr sogar schneller gehen, als sie es in Ruhe täte!

© Springer-Verlag Berlin Heidelberg 2016
N.D. Mermin, *Es ist an der Zeit*, DOI 10.1007/978-3-662-47152-4_7

Diese Diskrepanz zwischen der Taktrate, mit der eine Uhr tickt, und dem Tempo, mit dem Sie beispielsweise ihren Zeiger vorrücken *sehen*, ist eine simple Konsequenz aus der Tatsache, dass Sie erst dann die Anzeige einer bestimmten Zeitangabe auf einer Uhr sehen, wenn Licht von der Uhr bis zu ihren Augen gelangt ist und dort die visuelle Information abgeliefert hat. Wenn wir uns mit diesem Thema intensiver beschäftigen wollen, ist es hilfreich, an eine Digitaluhr zu denken, welche die Zeit durch einen Lichtblitz in Form einer Zahl darstellt. Aber natürlich „sehen" Sie auch die Zeigerstellung einer Analoguhr nur deswegen, weil Photonen von den Zeigern reflektiert und in Ihr Auge gelenkt werden – und diesen Weg legen sie mit Lichtgeschwindigkeit, aber nicht schneller zurück.

Wenn sich die Uhr in Ihrem Bezugssystem nicht bewegt, spielt die Zeitspanne zwischen dem Moment, in dem die Uhr eine bestimmte Zeit anzeigt, und dem, in welchem das Licht mit dieser Information bei Ihren Augen ankommt, keine Rolle, da diese Verzögerung zu jeder Zeit gleich lange dauert. Obwohl also eine gewisse Zeit vergeht, bevor Sie den von der Uhr ausgesandten Lichtblitz sehen, kommen alle Lichtblitze mit derselben Taktrate bei Ihnen an, mit der sie auch ausgesandt werden, und Sie nehmen daher genau die Taktrate wahr, mit welcher die Uhr die Zeit anzeigt – die von Ihnen wahrgenommene Zeitanzeige geht bloß gegenüber der am Standort angezeigten Zeit etwas nach.

Wenn sich die Uhr hingegen von Ihnen fortbewegt, muss das Licht von jedem nachfolgenden Lichtblitz eine längere Strecke zurücklegen, um zu Ihnen zu gelangen. Daher läuft die von Ihnen gesehene Zeitanzeige langsamer, als die Uhr an ihrem Standort die Zeit anzeigt: Sie sehen die Uhr langsamer „ticken" als sie es in Ihrem Bezugssystem tatsächlich tut. Auf der anderen Seite hat das Licht von einer Uhr, die auf Sie zukommt, einen immer kürzeren Weg zu Ihnen zu laufen, also sehen Sie die Uhr schneller gehen, als sie es in Ihrem Bezugssystem tut. Und dieser Effekt ist sogar größer als die Verlangsamung der Zeit gegenüber dem Eigensystem der Uhr, sodass Sie die Uhr tatsächlich *schneller* laufen sehen und nicht langsamer.

Ein quantitatives Maß für diesen Effekt, den sog. *relativistischen Doppler-Effekt*, ist nicht schwer zu finden. Tatsächlich kann man dies sogar tun, ohne die Formel (7.1) für den Verlangsamungsfaktor s auch nur zu kennen. Darüber hinaus liefert die folgende Argumentation quasi als Beiprodukt eine von der Diskussion in Kap. 6 unabhängige Herleitung der Gleichung $s = \sqrt{1 - v^2/c^2}$. Und schließlich bekommen wir auch noch eine Herleitung des relativistischen Additionstheorems für Geschwindigkeiten, die unabhängig von derjenigen aus Kap. 4 ist. Und wir greifen dabei noch nicht einmal auf die $T = Dv/c^2$-Regeln für gleichzeitige Ereignisse oder synchronisierte Uhren aus Kap. 5 zurück! Wir hätten also die folgenden Überlegungen bereits direkt nach Kap. 3 anstellen können, als einen alternative Zugang zum gesamten Thema der Relativitätstheorie. Natürlich ist es rein logisch gesehen unnötig, mehrere unabhängige Argumente für Schlüsse zu geben, die wir bereits bewiesen haben. Im Fall der Relativitätstheorie, wo die meisten Schlüsse derart seltsam sind, ist es aber durchaus beruhigend, dass dieselben merkwürdigen Resultate sich aus ganz unterschiedlichen Gedankengängen ergeben.

Betrachten wir also eine Digitaluhr, die in ihrem Eigensystem alle T Sekunden eine neue Zahl aufblitzen lässt. Es seien $f_z T$ und $f_w T$ die Anzahlen der Sekunden, die in Ihrem Bezugssystem zwischen der Ankunft zweier Lichtblitze vergehen, wenn sich die Uhr auf Sie zu- (z) oder sich von Ihnen wegbewegt (w), jeweils mit der (betragsmäßigen) Geschwindigkeit v. Wir werden jetzt Werte für f_w und f_z sowie für die Verlangsamungs- bzw. Beschleunigungsfaktoren der Taktraten herleiten – der Taktrate, die Sie sehen, und der Taktrate, mit der in Ihrem Bezugssystem die Zeit am Standort der Uhr verstreicht. Im Folgenden nehme ich die Tatsache als gegeben, dass s kleiner als 1 ist, eine bewegte Uhr also langsamer geht. Wir wissen das natürlich schon, stehen aber kurz davor, es ein weiteres Mal herauszufinden. Würden wir die Argumentation an ein paar Stellen etwas anders formulieren, würde sie auch ohne diese Voraussetzung funktionieren.

Da die bewegte Uhr langsamer geht, blitzt sie nur alle T/s Sekunden auf. In dieser Zeit bewegt sie sich die Strecke $v \cdot (T/s)$ auf Sie zu (oder von Ihnen weg), sodass das Licht mit jedem weiteren Blitz die Zeit $v(T/s)/c$ weniger (oder mehr) braucht, um zu Ihnen zu gelangen. Demzufolge gilt für die Zeit (Sekundenzahl) zwischen der Ankunft aufeinanderfolgender Blitze, und damit für die Zeit zwischen den Momenten, in denen Sie zwei aufeinanderfolgende Blitze *sehen*,

$$f_w T = T/s + v(T/s)/c = (T/s)(1 + v/c), \qquad (7.2)$$

wenn sich die Uhr von Ihnen entfernt, und

$$f_z T = T/s - v(T/s)/c = (T/s)(1 - v/c), \qquad (7.3)$$

wenn sie sich auf Sie zubewegt. Daher sind

$$f_w = (1/s)(1 + v/c) \qquad (7.4)$$

und

$$f_z = (1/s)(1 - v/c). \qquad (7.5)$$

Da wir aus Kap. 6 bereits den Wert des Verlangsamungs-faktors s kennen, sind wir fertig: Wir haben f_w und f_z. Doch selbst wenn wir den Wert von s nicht kennen würden, sind wir nun in der Lage, ihn mit der folgenden hübschen Idee herauszufinden.

Nehmen Sie an, Alice und Bob befänden sich im *selben* Bezugssystem an verschiedenen Orten, und Bob halte eine Uhr hoch, zu der Alice hinüberschaut. Angenommen, Bobs Uhr blitzt in ihrem Eigensystem alle t Sekunden auf. Da sich Bobs Uhr genau wie er in Ruhe gegenüber Alice befindet, braucht jeder Lichtblitz gleich lang, um zu ihr zu kommen. Weil weiterhin Alice' Uhr mit derselben Taktrate geht wie Bobs, sieht somit auch Alice alle t Sekunden einen Licht-blitz, wie ihr ihre Armbanduhr bestätigt. Nun möge Carol mit der Geschwindigkeit v von Bob zu Alice fahren. Jedes-mal, wenn Carol eine neue Zahl auf Bobs Uhr aufblitzen sieht, verstärkt sie das Signal mit einem eigenen Lichtblitz. Sie könnte das bewerkstelligen, indem sie auf einer mitge-führten Uhr automatisch immer dann deren Taktrate nach-justiert, wenn sie eine neue Zahl auf Bobs Uhr sieht. Da sich Carol von Bob mit der Geschwindigkeit v *weg*bewegt, sieht sie alle $f_w t$ Sekunden einen Lichtblitz von Bobs Uhr. Sie stellt ihre eigene Uhr also so ein, dass diese alle T Sekun-den einen Lichtblitz aussendet, mit $T = f_w t$. Da sich Carol und ihre blitzende Uhr mit der Geschwindigkeit v auf Alice *zu*bewegen, *sieht* Alice Carols Lichtblitze alle $f_z T = f_z f_w t$ Sekunden. Da aber Carols Lichtblitze definitionsgemäß zusammen mit denen von Bob bei Alice ankommen und Alice alle t Sekunden einen Lichtblitz von Bob sieht, muss Alice auch Carols Lichtblitze alle t Sekunden sehen. Daher müssen sich die Effekte der Verlangsamung von Bobs Uhr in Carols System und der Beschleunigung von Carols Uhr in Alice' System exakt gegenseitig aufheben:

$$f_z f_w = 1. \tag{7.6}$$

Wenn wir Gl. (7.6) mit (7.4) und (7.5) kombinieren, lernen wir etwas sehr Interesssantes. Beachten Sie zunächst, dass (7.4) und (7.5) zusammen erfordern, dass gilt:

$$f_z f_w = (1/s)^2 (1 + v/c)(1 - v/c) = (1/s)^2 \left(1 - v^2/c^2\right). \tag{7.7}$$

Zusammen mit (7.6) führt das unmittelbar auf eine unabhängige Bestätigung der Gl. (7.1) für den Verlangsamungsfaktor s. Andererseits sagen uns die Gln. (7.4) und (7.5) auch, dass

$$\frac{f_z}{f_w} = \frac{1 - v/c}{1 + v/c} \tag{7.8}$$

ist. Aus Gl. (7.6) folgt $1/f_w = f_z$, zusammen haben wir dann sofort

$$f_z = \sqrt{\frac{1 - v/c}{1 + v/c}}, \tag{7.9}$$

und daher ist f_w ($= 1/f_z$) durch

$$f_w = \sqrt{\frac{1 + v/c}{1 - v/c}} \qquad (7.10)$$

gegeben. Wir haben damit f_z, f_w und s ohne ein einziges Resultat aus den Kapiteln 4, 5 und 6 hergeleitet!

Um es etwas konkreter zu machen, nehmen wir an, es sei $v = \frac{3}{5}c$, sodass der Verlangsamungsfaktor

$$\sqrt{1 - \left(\frac{3}{5}\right)^2} = \frac{4}{5} \qquad (7.11)$$

beträgt. Dies sagt uns, dass eine Uhr, die sich mit 60 % der Lichtgeschwindigkeit bewegt, alle $\frac{5}{4} = 1{,}25$ Sekunden einen Lichtblitz aussendet – ihre Taktrate beträgt nur noch $\frac{4}{5}$ = 80 % ihres normal Werts. Es ist aber

$$\sqrt{\frac{1 - \frac{3}{5}}{1 + \frac{3}{5}}} = \frac{1}{2}. \qquad (7.12)$$

Wenn sich daher die Uhr auf Sie zubewegt, sehen Sie alle 0,5 Sekunden einen Lichtblitz von ihr, Sie sehen die Uhr also mit einer *doppelt* so großen Taktrate wie im Ruhesystem „ticken". Entfernt sich die Uhr von Ihnen, sehen Sie nur alle 2 Sekunden einen Lichtblitz – d. h., Sie sehen die Uhr die Zeit mit *halbierter* Taktrate anzeigen. Wenn wir v auf $\frac{4}{5}c$

erhöhen, fällt der Verlangsamungsfaktor auf $\frac{3}{5}$. Gemäß (7.9)
und (7.10) betragen die Taktraten der von Ihnen *gesehenen*
Lichtblitze dann ein Drittel bzw. das Dreifache des Werts,
den die Taktrate im Eigensystem der Uhr annimmt.

Eine maßvolle Verallgemeinerung der Herleitung von
Gl. (7.6) liefert uns das relativistische Additionstheorem
für Geschwindigkeiten, aber ganz anders als in Kap. 4.
Nehmen Sie an, Bob und Charlie bewegten sich beide nach
rechts, weg von Alice, und zwar mit den Geschwindigkeiten
v bzw. w im Bezugssystem von Alice. Außerdem soll sich
Charlie in Bobs Bezugssystem mit der Geschwindigkeit u
nach rechts von Bob entfernen. Wenn Alice bei sich eine
Uhr hat, die einmal pro Sekunde aufblitzt, dann kommt
bei Charlie alle $\sqrt{\frac{1+w/c}{1-w/c}}$ Sekunden ein Blitz von ihr an,
während Bob ihre Uhr alle $\sqrt{\frac{1+v/c}{1-v/c}}$ Sekunden blitzen sieht.
Wenn also Bob die Blitze, die er von Alice' Uhr sieht, verstärkt, indem er seine Uhr immer so stellt, dass sie aufblitzt,
wenn er ein Signal von Alice sieht, dann empfängt Charlie
die Verstärkerblitze von Bob alle $\sqrt{\frac{1+u/c}{1-u/c}} \cdot \sqrt{\frac{1+v/c}{1-v/c}}$ Sekunden. Da dies die gleiche Taktrate sein muss, mit der Charlie
Alice' Lichtblitze direkt sieht, muss

$$\sqrt{\frac{1+w/c}{1-w/c}} = \sqrt{\frac{1+u/c}{1-u/c}} \cdot \sqrt{\frac{1+v/c}{1-v/c}} \qquad (7.13)$$

gelten. Aber (7.13) ist vollständig äquivalent zur multiplikativen Form des relativistischen Additionstheorems für Ge-

schwindigkeiten,

$$\frac{c-w}{c+w} = \frac{c-u}{c+u} \cdot \frac{c-v}{c+v}. \tag{7.14}$$

Ein ähnlicher, aber weniger bekannter (und weniger nützlicher) Effekt als der Doppler-Effekt lässt sich beobachten, wenn man auf einen fahrenden Zug schaut. Nehmen Sie an, sie stünden direkt an den Schienen und schauten auf einen herannahenden Zug der Eigenlänge L. Wenn der Zug sich mit der Geschwindigkeit v bewegt, reduziert sich seine Länge im Schienenbezugssystem auf $s_v L$. Doch er wird nicht so kurz aussehen. Licht vom hinteren Zugende (stellen Sie sich eine am letzten Wagen seitlich angebrachte Lampe vor, die nach vorne leuchtet) muss eine größere Entfernung zu Ihnen zurücklegen als Licht vom Vorderende, und daher wird zu jeder Zeit das Bild, das Sie vom Hinterende sehen, zu einem früheren Zeitpunkt ausgesandt worden sein als das Licht, das Sie zur gleichen Zeit vom Vorderende sehen. Mit einer ganz ähnlichen Argumentation wie beim relativistischen Doppler-Effekt finden Sie dann, dass dieser Effekt die Wirkung des Schrumpffaktors mehr als kompensiert und dass die Länge des herannahenden Zugs *so aussieht*, als sei sie tatsächlich *größer* als dessen Eigenlänge, nämlich um einen Faktor

$$\sqrt{\frac{1+v/c}{1-v/c}}. \tag{7.15}$$

Wenn Sie andererseits einem abfahrenden Zug hinterhersehen, muss Licht vom Vorderende des Zugs eine längere

Strecke zu Ihnen zurücklegen als das Licht vom Hinterende. In diesem Fall ist das zu einem bestimmten Zeitpunkt von Ihnen gesehene Bild vom Vorderende älter als das vom Hinterende und Sie *sehen* den Zug daher noch kürzer als er (in Ihrem Bezugssystem) durch die Längenkontraktion sowieso schon ist. Wieder mit denselben Argumenten kommen Sie auf eine wahrgenommene („gefühlte") Länge des davonfahrenden Zugs, die um den Faktor

$$\sqrt{\frac{1 - v/c}{1 + v/c}} \qquad (7.16)$$

kleiner ist als dessen Eigenlänge.

Zum Schluss dieses Kapitels habe ich noch ein kleines Rätsel für Sie: Die obige Argumentation führt auf den relativistischen Verlangsamungsfaktor aus Gl. (7.1) – nur mit ein paar einfachen Überlegungen zur Frage, wie schnell eine Uhr zu gehen scheint, wenn sie sich auf Sie zu- oder von Ihnen wegbewegt. Das Phänomen der relativistischen Verlangsamung hängt dagegen wesentlich von der Konstanz der Lichtgeschwindigkeit ab, von der nirgendwo in der ganzen Diskussion die Rede war. Was geht hier vor?

Des Rätsels Lösung ist, dass dieses Prinzip zwar nirgendwo explizit auftaucht, aber auf ziemlich subtile Weise doch noch in die Herleitung hineinschlüpft. Wir haben die Relationen (7.4) und (7.5) in demjenigen Bezugssystem abgeleitet, in welchem die Person, welche die Uhr abliest, in Ruhe ist. Als wir diese Relationen angewendet haben, um (7.6) zu bekommen, haben wir den Faktor f_w aus Carols Bezugssystem und den Faktor f_z aus Alice' Bezugssystem benutzt. Dass in beiden Faktoren ein und derselbe Wert für c erscheint, sowohl in Carols f_w als auch in Alice' f_z, ergibt nur dann einen Sinn, wenn die Geschwindigkeit c der Lichtblitze in beiden Bezugssystemen die gleiche ist.

8

Intervalle zwischen Ereignissen

Wir haben eine Reihe von Dingen kennengelernt, über die Leute in unterschiedlichen Inertialsystemen verschiedene Ansichten haben: die Taktrate einer Uhr, die Länge eines Stocks, die Gleichzeitigkeit zweier Ereignisse oder die Frage, ob zwei Uhren synchronisiert sind. Es gibt aber auch einige Punkte, bei denen Menschen in verschiedenen Bezugssystemen immer einer Meinung sein werden: In allen Systemen werden Raumzeit-Koinzidenzen – zwei Ereignisse, die zur selben Zeit *und* am selben Ort stattfinden – gleich beschrieben. Und natürlich verhalten sich Objekte, die sich mit der Lichtgeschwindigkeit c bewegen, in allen Bezugssystemen auf die gleiche Weise.

Es gibt noch weitere Punkte, in denen Leute in unterschiedlichen Bezugssystemen übereinstimmen. Die in allen Systemen konstante Lichtgeschwindigkeit ist nämlich nur ein Spezialfall für eine ganze Gruppe von Größen, die sich beim Wechsel des Bezugssystems nicht ändern. Solche Invarianten – Größen, über die jeder der gleichen Ansicht ist – sind für unser Verständnis der Welt wesentlich wichtiger als Größen, die in jedem System anders aussehen. Die Relativitätstheorie zeigt solche Größen auf, weswegen die

© Springer-Verlag Berlin Heidelberg 2016
N.D. Mermin, *Es ist an der Zeit*, DOI 10.1007/978-3-662-47152-4_8

Bezeichnung „Relativitätstheorie" eigentlich ausgesprochen
schlecht gewählt ist. Viel besser wäre „Invarianztheorie",
denn die wichtigste Botschaft der Theorie ist die Existenz
von Größen, die sich beim Wechsel des Bezugssystems nicht
ändern.

Einen Hinweis darauf, worum es sich bei diesen neuen
Invarianten handeln könnte, erhalten wir aus einer etwas
abstrakteren Formulierung des Prinzips von der Konstanz
der Lichtgeschwindigkeit. Betrachten wir zwei verschiedene
Ereignisse E_1 und E_2. Jedes von ihnen geschieht an einem
bestimmten Ort und zu einer bestimmten Zeit, allerdings
sind diese beiden Orte und Zeitpunkte in unterschiedlichen
Bezugssystemen möglicherweise verschieden. Seien nun D
und T die (räumliche)[37] Distanz bzw. die Zeitspanne zwischen den zwei Ereignissen im jeweils gewählten Bezugssystem.

Sind die zwei Ereignisse zufälligerweise beide Teil der Geschichte eines einzelnen Photons, das sich gleichförmig mit
der Geschwindigkeit c bewegt, dann ist $D/T = c$. Da das
Photon in allen Bezugssystemen die gleiche Geschwindigkeit hat, gilt auch in jedem beliebigen anderen Bezugssystem die Beziehung $D'/T' = c$ zwischen der Distanz D'
und der Zeitspanne T' zwischen E_1 und E_2, auch wenn D'
nicht gleich D und ebenso wenig T' gleich T sein muss. Wir
können dies zu einer alternativen Formulierung des Prinzips
von der Konstanz der Lichtgeschwindigkeit ausbauen:

Wenn für die Zeitspanne T und die Distanz D zwischen
zwei Ereignisse in einem Bezugssystem die Gleichung $D =
cT$ gilt, dann ist dies in jedem anderen Bezugssystem ge-
nauso. Oder anders ausgedrückt: Wenn die Zeitspanne zwischen zwei Ereignissen in Nanosekunden so groß ist wie die

Distanz zwischen ihnen in Fuß, dann ist das auch in jedem anderen Bezugssystem der Fall.

Manchmal ist es geschickt, T oder D als positiv bzw. negativ zu definieren, je nachdem, welche Konventionen über die zeitliche Abfolge von Ereignissen oder die räumliche Richtung der Verbindungslinie zweier Ereignisse gelten. Da die Quadrate zweier Größen, die sich nur in ihrem Vorzeichen unterscheiden, gleich sind, können wir alle diese Varianten in unsere alternative Formulierung der Konstanz der Lichtgeschwindigkeit einschließen, indem wir von den Quadraten von Distanz und Zeitspanne zwischen den Ereignissen sprechen: Wenn für die Zeitspanne T und die Distanz D zwischen zwei Ereignissen in einem Bezugssystem $(cT)^2 = D^2$ gilt, dann ist das auch in jedem anderen Bezugssystem der Fall. Äquivalent ist die folgende Aussage: Wenn Zeitspanne und Distanz zwischen einem Paar von Ereignissen die Gleichung

$$c^2 T^2 - D^2 = 0 \qquad (8.1)$$

in einem Bezugssystem erfüllen, gilt Gl. (8.1) auch in jedem anderen Bezugssystem.

Wenn Zeitspanne und Distanz zwischen zwei Ereignissen Gl. (8.1) erfüllen, sagt man, die Ereignisse seien *lichtartig* voneinander getrennt bzw. separiert. Diese Bezeichnung soll daran erinnern, dass ein einzelnes Photon an beiden Ereignissen teilnehmen kann – d. h., ein Photon kann beim früheren Ereignis produziert werden und am Ort des späteren Ereignisses in dem Moment ankommen, in dem dieses stattfindet. Zwei solche Ereignisse können durch ein Lichtsignal Informationen austauschen. Mit dieser Terminologie bekommen wir eine weitere Formulierung für die Konstanz der Lichtgeschwindigkeit: Wenn zwei Ereignisse in einem Bezugssystem lichtartig separiert sind, sind sie dies in allen Bezugssystemen.

So gesehen ist das Prinzip von der Konstanz der Lichtgeschwindigkeit lediglich ein Spezialfall einer viel allgemeineren Regel. Wir werden unten zeigen, dass für die Zeitspanne T und die Distanz D zwischen zwei *beliebigen* Ereignisse E_1 und E_2 die Größe $c^2 T^2 - D^2$ in allen Bezugssystemen gleich groß ist, auch wenn T und D allein in jedem Bezugssystem anders aussehen können. Dies nennt man die *Invarianz des Intervalls*[38] oder kurz *Intervallinvarianz*:

Für jedes Paar von Ereignissen, zwischen denen eine Zeitspanne T und eine Distanz D liegen, hängt der Wert der Größe $c^2 T^2 - D^2$ nicht von dem Bezugssystem ab, in welchem T und D angegeben werden.

Um zu sehen, warum das so ist, nehmen wir T und D als die (positiven) Beträge der Zeitspanne bzw. der Distanz zwischen den Ereignissen und betrachten zwei verschiedene Möglichkeiten, dass $c^2 T^2 - D^2$ von null verschieden ist: Entweder ist cT größer als D oder cT ist kleiner.

Nehmen wir zunächst an, dass cT größer als D ist. Dann ist D/T kleiner als die Lichtgeschwindigkeit c, sodass es ein Bezugssystem gibt, das sich vom früheren Ereignis zum späteren mit der Geschwindigkeit

$$v = D/T \qquad (8.2)$$

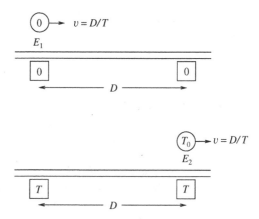

Abb. 8.1 Die Ereignisse E_1 und E_2 sind im Schienenbezugssystem durch die Distanz D und die Zeitspanne T voneinander getrennt. *Oben* zeigen die zwei Schienenuhren (*kleine Quadrate direkt unter den Schienen*) beide 0 an, unten die Zeit T. Eine dritte Uhr (*Kreis über den Schienen*) bewegt sich mit der Geschwindigkeit $v = D/T$ und kann daher sowohl am Ereignis E_1 (*oben*) als auch an E_2 (*unten*) teilnehmen

bewegt und in welchem beide Ereignisse am selben Ort geschehen. Sei T_0 die Zeitspanne zwischen den zwei Ereignissen in diesem speziellen Bezugssystem. Eine Uhr, die bei beiden Ereignisse präsent ist, ruht in diesem speziellen Bezugssystem, und die von ihr angezeigte Zeit wird sich daher zwischen den Ereignissen um T_0 vergrößern.

Abbildung 8.1 illustriert die Situation aus dem Blickwinkel des ursprünglichen Bezugssystems, in welchem die Ereignisse in Raum und Zeit durch D und T voneinander getrennt sind. Da sich die Uhr im ursprünglichen Bezugssystem mit der Geschwindigkeit v bewegt, verkürzt sich die Zeitspanne T_0, um die ihre Anzeige zwischen den Ereignissen vorrückt, von dem Wert T (der Zeitspanne zwischen den Ereignissen) auf nur noch

$$T_0 = sT = T\sqrt{1 - v^2/c^2}. \tag{8.3}$$

Wegen $v = D/T$ folgt aus (8.3)

$$T_0^2 = T^2 - D^2/c^2. \tag{8.4}$$

Wenn also für die Zeitspanne T und die Distanz D zwischen zwei Ereignissen $T > D/c$ ist, dann ist $T^2 - D^2/c^2$ unabhängig vom Bezugssystem, in welchem D und T gemessen werden, und entspricht dem Quadrat der Zeitspanne T_0 zwischen den Ereignissen in demjenigen Bezugssystem, in dem sie am selben Ort geschehen.

Der andere Fall, $cT < D$, ist etwas subtiler. Jetzt übersteigt D/T die Lichtgeschwindigkeit c, also ist es unmöglich, dass irgendetwas bei beiden Ereignissen zugegen ist, da es sich dafür überlichtschnell bewegen müsste. Aber dafür gibt es jetzt ein Bezugssystem, das sich langsamer als mit Lichtgeschwindigkeit bewegt und in welchem die zwei Ereignisse *zur selben Zeit* geschehen. Dies sieht man am besten folgendermaßen: Betrachten Sie zwei Uhren, die in dem Bezugssystem, in welchem die Ereignisse in Raum und Zeit durch D und T separiert sind, synchronisiert und in Ruhe sind. Jede dieser Uhren sei dabei bei einem der beiden Ereignisse präsent (Abb. 8.2). Wenn die Uhr beim früheren Ereignis 0 anzeigt, dann zeigt die Uhr beim späteren Ereignis T an. Da die Distanz zwischen den ruhenden Uhren D beträgt, können wir die beiden Uhren ebenso gut an den Enden eines ruhenden Stocks der Eigenlänge D befestigen.

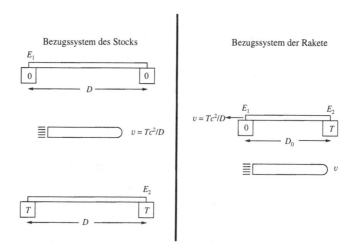

Abb. 8.2 *Links* sehen Sie zwei Ereignisse E_1 und E_2, die im Bezugssystem eines Stocks der Länge D an dessen beiden Enden stattfinden, sie sind durch eine Zeitspanne T und eine Distanz D separiert. *Oben links* findet E_1 zur Zeit 0 statt, *unten links* E_2 zur Zeit T. Alle Zeiten werden durch zwei Uhren (*kleine Quadrate*) an den beiden Enden des Stocks angezeigt, die Uhren sind im Bezugssystem des Stocks in Ruhe und synchronisiert. Eine Rakete (*längliches Objekt in der Mitte*) bewegt sich nach rechts mit der Geschwindigkeit $v = Tc^2/D = c(cT/D)$, die für $D > cT$ kleiner als c ist. Im Bezugssystem der Rakete (*rechte Hälfte* der Abbildung) bewegt sich der Stock mit den beiden an ihm befestigten Uhren mit der Geschwindigkeit v nach links. In dem Moment, in welchem die *linke* Uhr im Raketenbezugssystem 0 anzeigt, liest man auf der *rechten* Uhr $vD/c^2 = T$ ab, also sind die Ereignisse E_1 und E_2 in diesem Bezugssystem gleichzeitig. Die Distanz D_0 zwischen den Ereignissen ist im Raketenbezugssystem gleich der geschrumpften (kontrahierten) Länge sD des bewegten Stocks

In einem weiteren Bezugssystem, das sich mit der Geschwindigkeit v in Längsrichtung des Stocks vom früheren

Ereignis zum späteren bewegt, geht die Uhr beim früheren Ereignis gegenüber der Uhr beim späteren um eine Zeit
Dv/c^2 nach. Wenn wir also nun v so auswählen würden,
dass Dv/c^2 gerade gleich T ist, wären die zwei Ereignisse in
dem neuen Bezugssystem gleichzeitig. Dies erfordert, dass

$$v = c^2 T / D = \left(\frac{cT}{D}\right) c. \qquad (8.5)$$

Da D größer ist als cT, ist die hierfür erforderliche Geschwindigkeit v kleiner als c und es existiert daher tatsächlich ein Bezugssystem, in welchem die zwei Ereignisse
gleichzeitig sind – das Eigensystem der Rakete in Abb. 8.2.
    Im Raketenbezugssystem geschehen die beiden Ereignis-
se an den Enden eines Stocks mit Eigenlänge D, der sich mit
der Geschwindigkeit $v = c^2 T / D$ bewegt. Da die Ereignisse in diesem Bezugssystem gleichzeitig sind, bewegt sich der
Stock in der (nicht vorhandenen!) Zwischenzeit nicht. Die
Distanz D_0 zwischen den Ereignissen ist die geschrumpfte
(kontrahierte) Länge des bewegten Stocks:

$$D_0 = sD = D\sqrt{1 - v^2/c^2}. \qquad (8.6)$$

Die Geschwindigkeit v des Raketenbezugssystems ist durch
(8.5) gegeben, wir schließen darum aus Gl. (8.6), dass

$$D_0^2 = D^2 - c^2 T^2. \qquad (8.7)$$

*Wenn also für die Zeitspanne T und die Distanz D zwi-
schen zwei Ereignissen die Beziehung $D/c > T$ gilt, dann
ist die Größe $D^2 - c^2 T^2$ unabhängig vom Bezugssystem, in
welchem D und T bestimmt werden. Sie entspricht dem Quadrat der Distanz D_0, welche zwischen den beiden Ereignissen
in demjenigen Bezugssystem besteht, in dem sie zur selben Zeit
geschehen.*

Beachten Sie die erfreulichen Parallelen zwischen dieser kursiv gedruckten Schlussfolgerung und dem kursiven Ergebnis direkt nach Gl. (8.4). Wenn man Distanzen in Fuß und Zeiten in Nanosekunden angibt, also wenn $c = 1$ ist, gehen die zwei Aussagen ineinander über, wenn Raum und Zeit miteinander vertauscht werden.

Zusammenfassend können wir festhalten, dass für zwei (durch die Distanz D und die Zeitspanne T separierte) Ereignisse die Größe $c^2 T^2 - D^2$ unabhängig vom Bezugssystem ist, in welchem D und T gemessen werden. Es bietet sich an, die folgenden drei Fälle zu unterscheiden:

1. $c^2 T^2 - D^2 > 0$: Die Ereignisse sind *zeitartig separiert*, denn es gibt ein Bezugssystem, in welchem sie am selben Ort geschehen. In diesem Bezugssystem sind sie *nur* zeitlich voneinander getrennt und die Zeit T_0 zwischen ihnen ist durch $c^2 T_0^2 = c^2 T^2 - D^2$ gegeben.
2. $c^2 T^2 - D^2 < 0$: Die Ereignisse sind *raumartig separiert*, denn es gibt ein Bezugssystem, in welchem sie zur selben Zeit geschehen. In diesem Bezugssystem sind sie *nur* räumlich voneinander getrennt und die Distanz D_0 zwischen ihnen ist durch $D_0^2 = D^2 - c^2 T^2$ gegeben.
3. $c^2 T^2 - D^2 = 0$: Die Ereignisse sind *lichtartig separiert*, da ein einzelnes Photon bei beiden Ereignissen präsent sein kann.

Beachten Sie im ersten Fall Folgendes: Wenn man erst einmal *weiß* (bzw. verstanden hat), dass $c^2 T^2 - D^2$ unabhängig vom Bezugssystem ist, in dem D und T gemessen werden, ist die Tatsache, dass $c^2 T^2 - D^2$ durch $c^2 T_0^2$ gegeben ist, ganz selbstverständlich, da T_0 die Zeitspanne zwischen den

Ereignissen in demjenigen Bezugssystem ist, in welchem die Distanz D_0 zwischen ihnen verschwindet. Ebenso klar ist, dass es in diesem Fall kein Bezugssystem geben kann, in dem die beiden Ereignisse am selben Ort geschehen, denn in solch einem Bezugssystem wäre die Zeitspanne T gleich null und $c^2 T^2 - D^2$ könnte nicht positiv sein. In ähnlicher Weise ist im zweiten Fall – sofern $c^2 T^2 - D^2$ wirklich invariant ist – der Wert von $D^2 - c^2 T^2$ ganz offensichtlich in dem Bezugssystem, in dem die Ereignisse zur selben Zeit geschehen, gleich D_0^2, da dort die Zeitspanne T_0 zwischen ihnen verschwindet. Und in diesem Fall kann es ganz analog kein Bezugssystem geben, in dem die Ereignisse am selben Ort geschehen, denn in solch einem Bezugssystem wäre D null und $c^2 T^2 - D^2$ könnte nicht negativ sein.

Die Größe

$$ I = \sqrt{|c^2 T^2 - D^2|} $$

nennt man das *Intervall* zwischen den zwei Ereignissen. Dieses Wort habe ich extra ausgewählt, weil es neutral bleibt in der Frage, ob die Ereignisse in Raum, Zeit oder beidem voneinander separiert sind. Wenn $c^2 T^2 - D^2$ positiv ist, ist das Intervall I zwischen den Ereignissen[39] gerade die Zeitspanne zwischen den Ereignissen in demjenigen Bezugssystem, in dem sie am selben Ort geschehen. Wenn $c^2 T^2 - D^2$ negativ ist, ist das Intervall I zwischen den Ereignissen gerade die Distanz zwischen ihnen in dem Bezugssystem, in welchem sie zur selben Zeit geschehen.

Es besteht eine Analogie zwischen dieser Situation und der rein räumlichen Beschreibung von (geometrischen) Punkten in der Ebene, wie Abb. 8.3 illustriert. Nehmen wir zwei Punkte P_1 und P_2, wobei P_1 eine Strecke x *östlich*

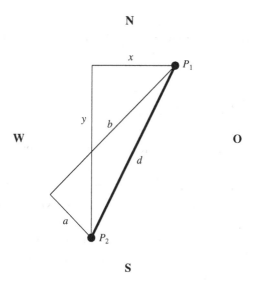

Abb. 8.3 Die Distanz *d* zwischen zwei Punkten P_1 und P_2 ist die Länge der *dicken schwarzen Linie*. Sie ist die Hypotenuse eines rechtwinkligen Dreiecks mit den Katheten *x* und *y* und ebenso die Hypotenuse eines weiteren rechtwinkligen Dreiecks mit den Katheten *a* und *b*. Die Strecken *x* und *y* sind die Distanzen zwischen P_1 und P_2 in Ost-West- bzw. Nord-Süd-Richtung; die Strecken *a* und *b* entsprechen den Nordwest-Südost- bzw. Nordost-Südwest-Distanzen zwischen denselben zwei Punkten

und eine Strecke *y nördlich* von P_2 liegt. Aus dem Satz von Pythagoras folgt dann, dass die direkte Distanz *d* zwischen den Punkten gegeben ist durch

$$d^2 = x^2 + y^2. \tag{8.8}$$

Wird andererseits P_1 durch die Angabe „eine Strecke *a nordwestlich* und eine Strecke *b nordöstlich* von P_2" beschrieben, haben wir wiederum mit Pythagoras' Hilfe für die direkte Distanz d zwischen the Punkten den Ausdruck

$$d^2 = a^2 + b^2. \tag{8.9}$$

Da aber die direkte Distanz zwischen den Punkten nichts damit zu tun hat, ob wir sie mit östlichen und nördlichen oder mit nordöstlichen und nordwestlichen Abständen ermitteln, schließen wir, dass $x^2 + y^2 = a^2 + b^2$ sein muss.

Die bemerkenswerte Entdeckung der Relativitätstheorie ist, dass eine ähnliche Beziehung für zu einem Intervall verknüpfte räumliche und zeitliche Abstände gilt. Der einzige Unterschied besteht darin, dass man hier die Quadrate voneinander subtrahiert, statt sie zu addieren, wenn man die invariante Größe $c^2 T^2 - D^2$ bekommen möchte. Die Tatsache, dass noch ein zusätzlicher Faktor c in der invarianten Größe erscheint, hat dagegen keine besondere Bedeutung. Wenn wir uns im obigen Beispiel dazu entschlossen hätten, nördliche und nordwestliche Abweichungen in der einen Längeneinheit (etwa Feet[40]) und östliche und nordöstliche Abweichungen in einer anderen (z. B. Yards) anzugeben, dann wäre ein ähnlicher Einheiten-Umrechnungsfaktor in der rein geometrischen Gl. (8.8) aufgetaucht: $d^2 = 9x^2 + y^2 = 9b^2 + a^2$. Der Faktor c verschwindet, sobald wir in „natürlichen Einheiten" für Raum und Zeit wie Fuß und Nanosekunde rechnen, er ist lediglich ein Umrechnungsfaktor, der erscheint, wenn wir ungeeignete Einheiten wie beispielsweise Kilometer und Stunde benutzen ($c \approx 1,08$ Milliarden km/h) anstelle von sinnvollen wie Fuß und Nanosekunde ($c = 1$ F/ns).

Es dauerte so lange, die Intervallinvarianz zu entdecken, weil die Lichtgeschwindigkeit c auf den von uns normalerweise benutzten Größenskalen einen so enorm großen Zahlenwert hat. Für alltägliche und irdische Abstände in Zeit und Raum ist T einfach zu klein bzw. D zu groß. Daher ist cT normalerweise immer so viel größer als D, dass sich $I^2 = c^2 T^2 - D^2$ praktisch nicht von $c^2 T^2$ unterscheiden lässt. Unter diesen Umständen reduziert sich die Intervallinvarianz auf die nichtrelativistische Feststellung, dass die Zeit zwischen zwei beliebigen Ereignissen in allen Bezugssystemen gleich groß ist, was exakt das ist, woran die Leute so lange Zeit geglaubt hatten. Nur wenn D so groß wird und/oder T so klein, dass D/T nicht länger winzig im Vergleich zu c ist, hat die Intervallinvarianz all die reichhaltigeren Implikationen, die wir mittlerweile kennengelernt haben.

Es gibt eine unterhaltsame Konsequenz aus der Invarianz des Intervalls: Betrachten Sie zwei Ereignisse in der Historie einer gleichförmig bewegten Uhr, die eine Zeitspanne T und eine Distanz D voneinander entfernt sind. Da die Distanz zwischen den zwei Ereignissen im Eigensystem der Uhr $D_0 = 0$ ist, erfüllt die Zeitspanne T_0, welche die Uhr zwischen den Ereignissen wegtickt, die Gleichung $T_0^2 = T^2 - D^2/c^2$, wie wir bereits bei Gl. (8.4) bemerkt haben. Dies können wir umschreiben in $T_0^2 + D^2/c^2 = T^2$ oder, wenn wir beide Seiten durch T^2 teilen, in

$$T_0^2/T^2 + D^2/c^2 T^2 = 1. \qquad (8.10)$$

Da die Uhr bei beiden Ereignissen präsent ist, ist D/T einfach die Geschwindigkeit v der Uhr in dem Bezugssystem, gegenüber dem sie sich bewegt; sie gibt an, um wie viele Fuß sich der Standort der Uhr pro Nanosekunde ändert. Andererseits besagt T_0/T, wie viele Nanosekunden die Uhr pro Nanosekunde Zeit des Bezugssystems, gegenüber dem sie sich bewegt, wegtickt. Somit haben wir (weiterhin in Fuß und Nanosekunden):

$$(T_0/T)^2 + v^2 = 1. \qquad (8.11)$$

Relation (8.11) sagt uns, dass die Summe aus dem Quadrat der Geschwindigkeit, mit welcher eine gleichförmig bewegte Uhr geht (in Nanosekunden angezeigte Zeit pro Nanosekunde Zeit) und dem Quadrat der Geschwindigkeit, mit welcher sich die Uhr durch den Raum bewegt (in Fuß pro Nanosekunde Zeit), gleich 1 ist.[41]

Nun bewegt sich eine ruhende Uhr durch die Zeit mit der Rate eine Nanosekunde pro Nanosekunde und überhaupt nicht durch den Raum. Wenn sich die Uhr jedoch bewegt, gibt es einen „Zielkonflikt": je schneller sie sich durch den Raum bewegt – d. h. je größer v ist –, desto langsamer bewegt sie sich durch die Zeit – d. h., desto kleiner wird T_0/T –, sodass die Summe der beiden Quadrate immer gleich 1 bleibt. Es ist so, als würde sich die Uhr immer mit Lichtgeschwindigkeit durch eine Verbindung von Raum und Zeit bewegen – durch die Raumzeit. Wenn die Uhr ruht, ist diese Bewegung rein zeitlich (mit einer Geschwindigkeit von einer Nanosekunde pro Nanosekunde). Aber damit sie sich auch durch den Raum bewegen kann, muss die Uhr einen Teil ihrer zeitlichen Geschwindigkeit opfern, damit ihre totale Raumzeit-Geschwindigkeit den Wert 1 behält, wie Gl. (8.11) es verlangt.

Die Analogie zur gewöhnlichen Geschwindigkeit auf einer Autobahn ist frappierend: Ein Auto, das nach Osten fährt und den Tempomat auf 80 km/h eingestellt hat, muss, um nach Nordosten abzubiegen, einen Teil seiner östlichen Geschwindigkeit v_O opfern, um Fahrt in nördliche Richtung aufzunehmen, d. h. eine Geschwindigkeit $v_N > 0$ zu bekommen, denn der Tempomat hält die Summe der Quadrate (bzw. deren Wurzel) konstant. Mit Pythagoras können wir das in der Form $v_O^2 + v_N^2 = \text{konstant} = 80^2 = 6400$ schreiben.

Es ist möglich, das Intervall zwischen zwei beliebigen Ereignissen mit *einer einzigen* Uhr zu messen, die nur bei einem der beiden Ereignisse zugegen ist. Nehmen Sie an, Alice sei bei Ereignis E_1 und Bob bei Ereignis E_2 anwesend. Weiterhin seien beide in der Lage zu beobachten (notfalls mit einem Teleskop), was um den jeweils anderen herum geschieht. Wenn Alice sich gleichförmig bewegt und dabei eine Uhr mit sich führt, können Sie und Bob das Intervall zwischen den zwei Ereignissen folgendermaßen messen:

(1) Alice notiert sich den Wert t_1, den ihre Uhr anzeigt, wenn bei ihr das Ereignis E_1 passiert.

(2) Alice notiert sich den Wert t_2, den ihre Uhr anzeigt, wenn sie (durch ihr Teleskop) sieht, dass das Ereignis E_2 bei Bob stattfindet.

(3) Bob notiert sich (mithilfe von seinem Teleskop) den Wert t_3, den Alice' Uhr anzeigt, wenn bei ihm das Ereignis E_2 geschieht. Das Quadrat des Intervalls zwischen E_1 und E_2 ist dann

$$I^2 = c^2 \left| (t_2 - t_1)(t_3 - t_1) \right|. \qquad (8.12)$$

Denken Sie ein bisschen darüber nach. Diese Aussage ist
auf jeden Fall für lichtartig separierte Ereignisse korrekt, da
dann ein Photon von einem Ereignis zum anderen fliegen
kann, sodass $t_3 = t_1$ oder $t_2 = t_1$ ist, je nachdem, ob
das Photon von E_1 nach E_2 fliegt oder umgekehrt. In beiden Fällen führt (8.12) auf $I = 0$. Die Aussage ist ebenso
korrekt, wenn Alice' Uhr sowohl bei E_1 als auch bei E_2
anwesend ist, wozu es kommen kann, wenn die Ereignisse
zeitartig separiert sind. Eine Möglichkeit, Gl. (8.12) allgemeiner zu bestätigen, bestünde dann darin zu zeigen, dass
wenn es ein Bezugssystem gibt, in welchem die Ereignisse
zur selben Zeit geschehen (die Ereignisse also raumartig separiert sind), Gl. (8.12) in diesem Bezugssystem tatsächlich
das Quadrat der Distanz zwischen ihnen ergibt. Und wenn
die Ereignisse zeitartig separiert sind (in einem Bezugssystem am selben Ort passieren), dann liefert uns die Gleichung in diesem Bezugssystem das Quadrat der Zeitspanne
zwischen ihnen. Jeder dieser Fälle enthält zwei Unterfälle:
Bei raumartig separierten Ereignissen kann sich Alice von
E_1 nach E_2 oder andersherum bewegen, bei zeitartig separierten Ereignissen kann E_1 vor oder nach E_2 geschehen. In
allen Fällen nutzt man die Tatsache aus, dass man Zeitdifferenzen bestimmen kann, indem man die auf Alice' Uhr
abgelesenen Zeiten durch den von ihrer Geschwindigkeit v
abhängigen Verlangsamungsfaktor s_v teilt.

Vielleicht mögen Sie einige dieser Fälle für sich ausar-
beiten. Ich werde meinen eigenen Beweis für Gl. (8.12) bis
Kap. 10 aufschieben, wo wir sie auf eine gleichzeitig wir-
kungsvollere und intuitivere Weise beweisen können, indem wir nämlich einfach ein paar Bilder zeichnen.

9

Raketenzüge

In diesem Kapitel wollen wir mit einem einfachen Gedankenexperiment untersuchen, wie aus der Uneinigkeit über die Frage, wessen Uhren denn nun synchronisiert sind, alle relativistischen Effekte hervorgehen, die wir mittlerweile kennengelernt haben: die Verlangsamung bewegter Uhren, das Schrumpfen von bewegten Stöcken, das relativistische Additionstheorem für Geschwindigkeiten, die Existenz einer invarianten Geschwindigkeit und die Intervallinvarianz.

Dabei werden wir zwei Bezugssysteme aus der Sicht eines dritten Systems untersuchen, in welchem sich die ersten beiden mit betragsmäßig gleicher Geschwindigkeit, aber in entgegengesetzte Richtungen bewegen. Dieses dritte System stellen wir uns als das Eigensystem einer Raumstation vor, die beiden anderen sollen die Eigensysteme von zwei Zügen sein, deren „Waggons" in Längsrichtung aufgereihte, identische Raketen sind: ein grauer Zug, der sich im System der Raumstation nach links bewegt, und ein weißer Zug, der im Bezugssystem der Raumstation nach rechts fliegt. Der Geschwindigkeitsbetrag ist, wie gesagt, jeweils der gleiche.

Abbildung 9.1 zeigt die Station als einen schwarzen Kreis mit den beiden Züge aus fortlaufend durchnummerierten Raketen zu vier verschiedenen Zeitpunkten, und zwar aus Sicht des Bezugssystems der Raumstation. Die Station be-

© Springer-Verlag Berlin Heidelberg 2016
N.D. Mermin, *Es ist an der Zeit*, DOI 10.1007/978-3-662-47152-4_9

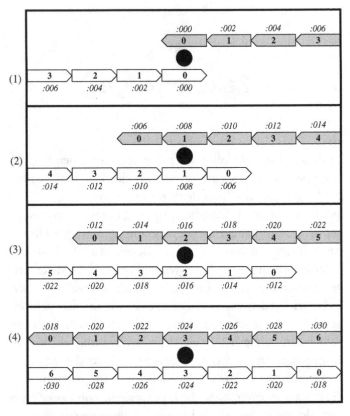

Abb. 9.1 Zwei Raketenzüge zu den vier verschiedenen Zeitpunkten (1) bis (4). Zahlen wie „:014" über oder unter einer Rakete sind die Displays von Uhren, die jeweils in der Mitte einer Rakete angebracht sind. In jedem Zug weichen die Synchronisationen zweier benachbarter Raketenuhren um :002 voneinander ab (sind um :002 gegeneinander verstellt). Von einer Skizze zur nächsten fliegt der graue Zug eine Raketenlänge nach links und der weiße eine Raketenlänge nach rechts. In dieser Zeit läuft die Anzeige jeder Uhr um :006 weiter. Der schwarze Kreis soll die Raumstation darstellen

findet sich in allen vier Skizzen an derselben Stelle, während
die Züge von einer Skizze zur nächsten jeweils um eine Raketenlänge weitergeflogen sind. Die drei kursiven Ziffern
nach einem Doppelpunkt (z. B. „*:006*") sollen jeweils die
Anzeige von Uhren darstellen, die in der Mitte der Raketen
direkt neben den Nummern angebracht sind.

Haben Sie bemerkt, dass die Uhren in beiden Raketenzü-
gen in allen vier Teilskizzen nicht synchronisiert sind? Wenn
Sie in beiden Zügen nach hinten gehen (d. h. gegen die jeweilige Flugrichtung), gehen die Uhren mehr und mehr vor,
und zwar von Rakete zu Rakete immer um jeweils zwei Zeiteinheiten („Ticks") mehr. Dies steht in Einklang mit dem
Standpunkt des Stationsbezugssystems, dass Uhren, die im
Bezugssystem eines Zugs synchronisiert sind, im Stationsbezugssystem nicht synchron ticken, vielmehr geht dort die jeweils vordere Uhr gegenüber einer weiter hinten platzierten
um $T = Du/c^2$ nach, wobei D die Distanz zwischen den
Uhren in ihrem Eigensystem ist und u die Geschwindigkeit
des Zugs im Stationsbezugssystem. Wenn wir als Längeneinheit die Eigenlänge einer Rakete festlegen, können wir
aus der Abbildung ablesen, dass die Geschwindigkeit u offenbar gerade so gewählt wurde, dass der Gangunterschied
zwischen zwei benachbarten Raketenuhren

$$u/c^2 = 2 \text{ Ticks pro Rakete} \qquad (9.1)$$

beträgt.

Sie können Abb. 9.1 auf zweierlei Art verstehen. Einerseits könnten Sie sich vorstellen, dass sich beide Züge mit
solch ungeheurer Geschwindigkeit bewegen, der „Tick" eine so winzige Zeiteinheit ist und die Uhren so ultrapräzise

gehen, dass der in der Abbildung dargestellte Gangunterschied tatsächlich der echte relativistische Effekt ist, d. h., wir haben u/c^2 Nanosekunden Gangunterschied pro Fuß Längendifferenz.

Alternativ, und etwas origineller, könnten Sie aber auch annehmen, dass die Raketen mit einer ganz gemächlichen Alltagsgeschwindigkeit von ein paar Metern pro Sekunde unterwegs sind und die Uhren ganz gewöhnliche Kaufhausuhren sind, deren Sekunden mit einer angemessenen, aber nicht übertriebenen Präzision ticken. Diese Uhren wären dann allerdings von einigen Spaßvögeln aus der Raumstation absichtlich gegeneinander verstellt worden, weil diese testen wollten, zu welchen Schlüssen die Passagiere der beiden Züge kommen würden, wenn sie, ohne es zu merken, unsynchronisierte Uhren benutzen. Ich stelle mir das so vor: Bevor die Züge starten, aber nachdem die Passagiere in ihren Raketen eingeschlossen worden sind, klebt die Besatzung der Raumstation bei jeder Rakete eine (von außen und innen ablesbare) Uhr ans Fenster – diese Uhren hat die Besatzung aber insgeheim gerade so verstellt, dass sie in den beiden Zügen von vorne nach hinten an jeder weiteren Rakete um zwei zusätzliche Ticks vorgehen. Weiterhin macht sich die Besatzung die Mühe, jegliche Kommunikation zwischen den Raketen eines Zugs zu unterbinden, um Uhrenvergleiche zwischen den Raketen auszuschließen. Schließlich wird den Passagieren per Borddurchsage fälschlich versichert, dass alle ihre Uhren sorgfältig synchronisiert worden sind. Folgen wir einmal spaßeshalber dieser relativistischen Verschwörungstheorie.

Sobald die Züge sich in Bewegung gesetzt haben, stehen den Insassen einer Rakete nur Informationen aus ihrer

Abb. 9.2 Ein Detail aus
der vierten Zeile von
Abb. 9.1: Die Raketen
„grau 1" und „weiß 5"
begegnen sich

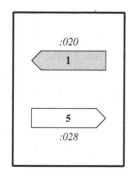

unmittelbaren Nachbarschaft zur Verfügung. Insbesondere
sehen sie, wenn sich ihnen gegenüber gerade eine Rakete des
anderen Zugs befindet[42], nur das Display der Uhr an der ihnen gegenüberliegenden Rakete und natürlich das Display
ihrer eigenen Uhr. Diese Situation ist in Abb. 9.2 vergrößert
dargestellt. Sie sehen, wie in Skizze (4) aus Abb. 9.1 die Passagiere in der grauen Rakete **1** und die in der weißen Rakete
5 jeweils ihre eigene und die gegenüberliegende Uhr ablesen
können.

Wenn wir uns diese Detailskizze näher ansehen, kommen
wir zu dem Schluss, dass die Passagiere in der weißen Rakete **5** denken müssen, dass zum „weißen" Zeitpunkt 28 Ticks
sich ihnen gegenüber die graue Rakete **1** befand, deren Uhr
die Zeit 20 Ticks anzeigte. Passagiere der grauen Rakete **1**
würden ganz äquivalent sagen, dass zur grauen Zeit 20 Ticks
sich ihnen gegenüber die weiße Rakete **5** befand, deren Uhr
die Zeit 28 Ticks anzeigte. Beachten Sie, dass der einzige
Unterschied zwischen diesen beiden Interpretationen von
Abb. 9.2 darin besteht, dass die Passagiere in jedem Zug davon ausgehen, dass *ihre* Uhr die korrekte Zeit anzeigt und

die Uhr im jeweils anderen Zug verstellt ist, also nicht die Zeit anzeigt, zu der die Begegnung der beiden Raketen stattgefunden hat.

Nachdem viele Raketen der beiden Züge aneinander vorbeigeflogen und eine Vielzahl von Informationen der beschriebenen Art zusammengetragen worden sind, dürfen die Raketenzüge wieder zur Raumstation zurückkehren. Die Passagiere aus beiden Zügen werden jeweils separat in zwei Konferenzräume gebeten (bzw. gesperrt) – einen für den grauen und einen für den weißen Zug –, damit sie ihre Notizen über die verschiedenen Uhrenstände miteinander vergleichen können. Zu welchen Schlüssen würden sie jeweils kommen, wenn sie immer noch von der irrigen Annahme ausgingen, dass alle die verschiedenen Uhren in ihrem Zug korrekt synchronisiert waren?

Die erste interessante Beobachtung machen sie, wenn sie jeweils Paare von Bildern untersuchen, in denen dieselbe Rakete zweimal vorkommt. Abbildung 9.3 zeigt z. B. zwei Detailbilder von der grauen Rakete **0** aus den Skizzen (2) und (3) von Abb. 9.1. Im weißen Konferenzraum könnte man dies folgendermaßen diskutieren:

Was man auf jeden Fall aus diesen zwei Bildern ersieht, ist die Geschwindigkeit der grauen Rakete **0**, denn im ersten Bild ist sie gegenüber der weißen Rakete **2** zur Zeit 10 Ticks und im zweiten gegenüber der weißen Rakete **4** zur Zeit 20 Ticks. Also brauchte die graue Rakete **0** 10 Ticks, um zwei Raketenlängen weiterzufliegen und hatte daher eine Geschwindigkeit von $\frac{1}{5}$ Rakete pro Tick.

Weiterhin können die weißen Passagiere schließen, dass zur weißen Zeit 10 Ticks die Uhr der grauen Rakete **0** 6 Ticks angezeigt hat, während sie zur weißen Zeit 20 Ticks

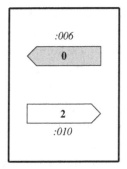 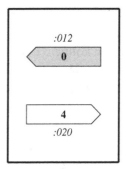

Abb. 9.3 Ein weiteres Detail: Die *weißen Raketen* 2 und 4 passieren „grau 0"

auf 12 Ticks stand. Darum vergingen während den 10 Ticks weißer Zeit, die zwischen den beiden Skizzen verstrichen sind, auf der grauen Uhr nur 6 Ticks. Also geht die graue Uhr um einen Faktor $\frac{3}{5}$ zu langsam.

Beachten Sie, dass die Gültigkeit dieser zwei Schlussfolgerungen entscheidend von der Annahme abhängt, die weiße Uhren seien synchronisiert, da die Passagiere aus dem weißen Zug die Anzeige von zwei *verschiedenen* weißen Uhren verwenden (eine in der weißen Rakete **2** und eine in der weißen Rakete **4**), um zu ermitteln, wann die Ereignisse in den beiden Skizzen stattgefunden haben. Sie können sich selbst davon überzeugen, dass jedes andere Bildpaar, in dem die graue Rakete jeweils dieselbe ist, im weißen Konferenzraum zu denselben Schlüssen führen würde: Die Geschwindigkeit dieser grauen Rakete beträgt $\frac{1}{5}$ Rakete pro Tick und ihre Uhr tickt nur $\frac{3}{5}$ so schnell wie die „echte" weiße Zeit.

Da Abb. 9.1 vollkommen symmetrisch bezüglich grau und weiß ist, zieht man im grauen Konferenzraum aus beliebigen Bildpaaren mit derselben weißen Rakete darin exakt dieselben Schlüsse bezüglich des weißen Zugs, wie Sie leicht nachprüfen können. Die grauen Passagiere kommen also zu dem Schluss, dass der weiße Zug sich mit der Geschwindigkeit $\frac{1}{5}$ Rakete pro Tick bewegte und all seine Uhren um einen Faktor $\frac{3}{5}$ zu langsam gingen. Dies offenbart auf ganz einfache und direkte Weise, wie die fehlende Übereinstimmung in der Frage, wessen Uhren korrekt synchronisiert sind, die Passagiere von beiden Zügen zu der festen Überzeugung bringt, die Uhren im jeweils anderen Zug gingen zu langsam. Wir dagegen denken zusammen mit der Besatzung der Raumstation (und in deren Bezugssystem!), dass die Uhren in beiden Zügen genau gleich gehen, aber dafür weder die einen noch die anderen korrekt synchronisiert sind.

Wir haben jetzt also schon die Geschwindigkeit der Züge, $v = \frac{1}{5}$ Rakete pro Tick, herausbekommen. Auch den Verlangsamungsfaktor $s = \frac{3}{5}$, den die Passagiere in ihrem Zug den Uhren im jeweils anderen zuschreiben, kennen wir bereits. In der freudigen Erwartung, dass diese lächerlich einfachen Skizzenpaare, die wir aus der lächerlich einfachen kompletten Abb. 9.1 herausgezoomt haben, uns auch zu allen übrigen relativistischen Effekten bringen werden, bemerken wir nun, dass ein s von $\frac{3}{5}$ bedeutet, dass $\frac{v}{c} = \frac{4}{5}$ ist, denn es ist ja $s = \sqrt{1 - v^2/c^2}$. Wenn also $v = \frac{1}{5}$ Rakete pro Tick ist, haben wir $\frac{v}{c} = \frac{4}{5} = \frac{1/5}{1/4}$, und wir sollten uns darauf gefasst machen, dass sich die Geschwindigkeit $\frac{1}{4}$ Rakete pro Tick als die invariante Geschwindigkeit in unserem Modell entpuppen wird – die Lichtgeschwindigkeit c.

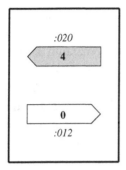 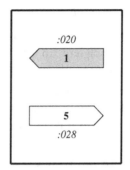

Abb. 9.4 Zwei Ereignisse zur „grauen" Zeit 20 Ticks

Die nächste interessante Beobachtung machen wir (bzw. die ehemaligen Passagiere in den Konferenzräumen), wenn wir beliebige Bildpaare betrachten, die Ereignisse darstellen, die gemäß den grauen bzw. weißen Uhren zur selben Zeit stattgefunden haben. Sehen Sie sich beispielsweise die beiden Bilder aus den Skizzen (3) und (4) von Abb. 9.1 an, die den grauen Zeitpunkt 20 Ticks darstellen und in Abb. 9.4 vergrößert abgebildet sind. Da diese Bilder dieselbe (graue) Zeit zeigen, schließen die grauen Passagiere sofort, dass die weißen Uhren nicht synchronisiert sind – zur grauen Zeit 20 Ticks zeigt die Uhr in der weißen Rakete **0** 12 Ticks an, die in der weißen Rakete **5** dagegen 28 Ticks. Die weißen Uhren liegen um 16 Ticks und fünf weiße Raketen auseinander, somit beträgt ihr Gangunterschied $\frac{16}{5} = 3{,}2$ Ticks pro Rakete.

Es sollte Sie nicht überraschen, dass dies nicht der Gangunterschied von exakt 2 Ticks pro Rakete ist, den man aus Abb. 9.1 abliest. Diese Abweichung war zu erwarten, denn Abb. 9.1 stellt die Dinge aus Sicht des Stationsbezugssystems dar, in welchem die grauen Uhren genauso falsch synchronisiert und ebenso unzuverlässig sind wie die weißen.

Die Passagiere im grauen Konferenzraum können aus Abb. 9.4 (bzw. Skizze (3) und (4) von Abb. 9.1) auch schließen, dass an ein und demselben grauen Zeitpunkt – 20 Ticks – fünf weiße Raketen (Rakete **4**, **3**, **2**, **1** und jeweils die Hälfte von Rakete **5** und Rakete **0**) zusammen genauso lang sind wie drei graue Raketen (Rakete **2**, **3** und jeweils die Hälfte von Rakete **4** und Rakete **1**), sodass die weißen Raketen um denselben Faktor $\frac{3}{5}$ geschrumpft sind, um den die weißen Uhren verlangsamt sind.

Jedes andere Paar von Skizzen, in dem die grauen Uhren jeweils dieselbe Zeit anzeigen, führt auf dieselben Schlüsse, und natürlich kommt man, nach Vertauschen von grau und weiß, im weißen Konferenzraum zu denselben Ergebnissen.

Beachten Sie, dass der Gangunterschied der Uhren von 3,2 Ticks pro Rakete gerade das ist, was man mit der $T = Dv/c^2$-Regel erhalten würde, wenn man für v und c die Werte einsetzt, die wir gefunden haben. Mit $v = \frac{1}{5}$ Rakete pro Tick und $c = \frac{1}{4}$ Rakete pro Tick wird v/c^2 zu

$$\frac{\frac{1}{5}}{\left(\frac{1}{4}\right)^2} = \frac{16}{5} = 3,2 \text{ Ticks pro Rakete,} \qquad (9.2)$$

wie wir es bereits aus Abb. 9.4 direkt abgelesen haben.

Diese Ergebnisse sind übrigens durchaus auch mit der Tatsache verträglich, dass für die Besatzung der Raumstation der Gangunterschied in *beiden* Zügen 2 Ticks pro Rakete beträgt (siehe Abb. 9.1). Wenn u der Betrag der Zuggeschwindigkeit im Stationsbezugssystem ist, sagt uns die Gleichung für den Gangunterschied von Uhren, dass

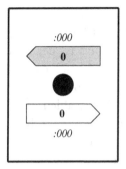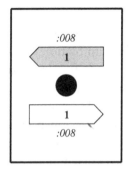

Abb. 9.5 Von beiden Zügen aus betrachtet hat die Station die Geschwindigkeit 8 Ticks pro Rakete

$u/c^2 = 2$ Ticks pro Rakete sein sollte. Ist die invariante Geschwindigkeit tatsächlich $c = \frac{1}{4}$ Raketen pro Tick, dann sollte u, die Zuggeschwindigkeit im Stationsbezugssystem, den Wert $\frac{1}{8}$ Rakete pro Tick haben, denn es ist $2 = \frac{1/8}{(1/4)^2}$. Wir bestätigen, dass dies wirklich der Fall ist, indem wir die Tatsache ausnutzen, dass die Geschwindigkeit eines Zugs im Stationsbezugssystem dieselbe ist wie die Geschwindigkeit der Station im Bezugssystem dieses Zugs. Aus den Skizzen (1) und (2) von Abb. 9.1 (herausgezoomt in Abb. 9.5) ersieht man sofort, dass für beide Züge die Station sich von Rakete **0** zu Rakete **1** in der Zeit 8 Ticks bewegt, sodass ihre Geschwindigkeit in der Tat $\frac{1}{8}$ Rakete pro Tick beträgt.

Wir können auch überprüfen, ob die verschiedenen Geschwindigkeiten, die wir herausgefunden haben, konsistent zum relativistischen Additionstheorem für Geschwindigkeiten sind,

$$v_{\text{wg}} = \frac{v_{\text{ws}} + v_{\text{sg}}}{1 + v_{\text{ws}}v_{\text{sg}}/c^2}, \tag{9.3}$$

wobei v_{wg} die Geschwindigkeit des weißen Zugs im Bezugssystem des grauen Zugs ist, v_{ws} die Geschwindigkeit des weißen Zugs im Stationsbezugssystem und v_{sg} der Geschwindigkeit der Station im Bezugssystem des grauen Zugs. Wir wissen, dass $v_{ws} = v_{sg} = \frac{1}{8}$ Rakete pro Tick und $c = \frac{1}{4}$ Rakete pro Tick sind. Wenn wir diese Zahlen in Gl. (9.3) einsetzen, bekommen wir in der Tat $v_{wg} = \frac{1}{5}$ Rakete pro Tick, somit werden auch weiterhin alle quantitativen relativistischen Gleichungen exakt erfüllt.

Ich möchte noch einmal betonen, wie wenig in die Konstruktion von Abb. 9.1 eingeflossen ist. Die Struktur von Skizze (1) ist extrem simpel. Die einzige Besonderheit dabei ist die Tatsache, dass die Uhren nicht alle dieselbe Zeit anzeigen. Die Art, in der sie gegeneinander verstellt sind, ist offenkundig. Die Regel, mit der man auf die nachfolgenden Teilbilder kommt, ist einfach, dass jeder Zug um eine Rakete in seine Bewegungsrichtung verschoben und jede Uhr an jedem Zug um 6 Ticks weitergestellt wird. Es ist wahrlich kein Hexenwerk, aus diesen Skizzen die Relativitätstheorie zu folgern. Sowie die unsynchronisierten Uhren an den Zügen angebracht sind, folgen alle anderen relativistischen Effekte ganz automatisch.

Das relativistische Additionstheorem für Geschwindigkeiten funktioniert für *alles*, was sich entlang der zwei Züge bewegt – nicht bloß die Station selbst. Denken Sie sich z. B. ein Objekt (ein dunkelgraues Oval), das in Skizze (2) von Abb. 9.1 zwischen der grauen Rakete **0** und der weißen Rakete **2** war und in Skizze (4) zwischen der grauen Rakete **5** und der weißen Rakete **1** steckt. Abbildung 9.6 zeigt die Situation im Detail. Gemäß dem grauen Zug hat sich das Objekt in 22 Ticks um fünf Raketen nach rechts bewegt,

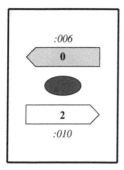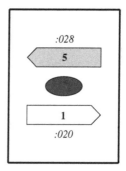

Abb. 9.6 Testen Sie das relativistische Additionstheorem!

gemäß dem weißen Zug in 10 Ticks um eine Rakete nach rechts. Somit haben wir $v_{\text{og}} = \frac{5}{22}$ Raketen pro Tick und $v_{\text{ow}} = \frac{1}{10}$ Rakete pro Tick („o" steht natürlich für das Objekt). Wir sollten dann

$$v_{\text{og}} = \frac{v_{\text{ow}} + v_{\text{wg}}}{1 + v_{\text{ow}}v_{\text{wg}}/c^2} \qquad (9.4)$$

haben. Einsetzen der Werte ergibt dann tatsächlich

$$v_{\text{og}} = \frac{\frac{1}{10} + \frac{1}{5}}{1 + \frac{1}{10} \cdot \frac{1}{5}/\left(\frac{1}{4}\right)^2} = \frac{5}{22} \text{ Raketen pro Tick.} \qquad (9.5)$$

Sie können sich selbst davon überzeugen, dass jedes andere Skizzenpaar aus Abb. 9.1, das zwei Momente aus der Historie ein und desselben Objekts zeigt, Werte für v_{ow} und v_{og} liefert, die konsistent mit dem relativistischen Additionstheorem für Geschwindigkeiten (9.4) sind sowie auch mit unseren früheren Ergebnissen $v_{\text{wg}} = \frac{1}{5}$ Rakete pro Tick und $c = \frac{1}{4}$ Rakete pro Tick.[43]

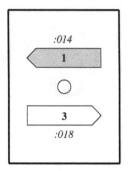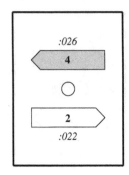

Abb. 9.7 Ein Objekt mit einer besonderen Geschwindigkeit

Es ist besonderes instruktiv, zwei Schnappschüsse aus der Historie von einem Objekt zu betrachten, das sich mit der besonderen Geschwindigkeit $\frac{1}{4}$ Rakete pro Tick bewegt. Abbildung 9.7 zeigt solch ein Paar, herausgezoomt aus Skizze (3) und (4) von Abb. 9.1. Ich habe als weißen Kreis ein Objekt hinzugefügt, das bei beiden Ereignissen nacheinander präsent ist. Gemäß dem grauen Zug hat sich das Objekt in der Zeit 12 Ticks um drei Raketen nach rechts bewegt, also ist seine Geschwindigkeit $\frac{1}{4}$ Rakete pro Tick. Und gemäß dem weißen Zug hat es sich während 4 Ticks eine Rakete nach rechts bewegt – also beträgt seine Geschwindigkeit auch dort $\frac{1}{4}$ Rakete pro Tick.

Solch ein Objekt hat die unterhaltsame Fähigkeit, die Gangunterschiede der Uhren in den zwei Zügen so auszunutzen, dass es sich entlang beider Züge in die gleiche Richtung und mit derselben Geschwindigkeit bewegen kann, nämlich $\frac{1}{4}$ Rakete pro Tick – vorausgesetzt natürlich, dass die Geschwindigkeit entlang eines gegebenen Zugs mit Uhren gemessen wird, die mit den Raketen des Zugs mitgeführt werden und als synchronisiert angenommen werden. Ich habe in Abb. 9.8 ein weiteres solches Objekt dargestellt, das sich in den Bezugssystemen beider Züge nach links bewegt. Sie sehen dabei diesmal wieder das ganze Bild aus Abb. 9.1, damit Sie überblicken können, auf welch elegante Weise es ihm gelingt, gerade so an den Passagieren in beiden Zügen (und der Besatzung der Station!) vorbeizuflanieren, dass alle ihm dieselbe Geschwindigkeit von $\frac{1}{4}$ Rakete pro Tick zuschreiben.

Abbildung 9.1 vermittelt uns auch einen weiteren Hinweis auf die großen Probleme, die mit einer überlichtschnellen Bewegung verbunden sind. Abbildung 9.9 zeigt zwei Schnappschüsse aus der Historie eines hypothetischen überlichtschnellen Objekts, herausgezoomt aus Skizze (3) und (4) von Abb. 9.1. Das ominöse Objekt ist als dunkelgraues Oval hinzugefügt. Gemäß dem grauen Zug hat es sich in 18 Ticks um sechs Raketen weiterbewegt, was eine Geschwindigkeit von $\frac{1}{3}$ Rakete pro Tick bedeutet, also in der Tat schneller ist als die invariante Geschwindigkeit $c = \frac{1}{4}$ Rakete pro Tick. Die Passagiere des weißen Zugs stimmen darin überein, dass sich das Objekt schneller als mit der invarianten Geschwindigkeit bewegt, da es sogar vier Raketen in nur 2 Ticks schafft, also eine Geschwindigkeit von 2 Raketen pro Tick erreicht.[44]

Abbildung 9.9 enthält allerdings einen beunruhigenden Aspekt. Gemäß dem grauen Zug zeigt das linke Bild einen Zeitpunkt, der 18 Ticks (*:012 – :030*) *vor* dem rechten liegt. Andererseits zeigt gemäß dem weißen Zug das linke Bild eine Situation 2 Ticks (*:020 – :018*) *nach* dem rechten. Die Passagiere der beiden Zügen sind also unterschiedlicher Ansicht darüber, in welcher zeitlichen Reihenfolge die bei-

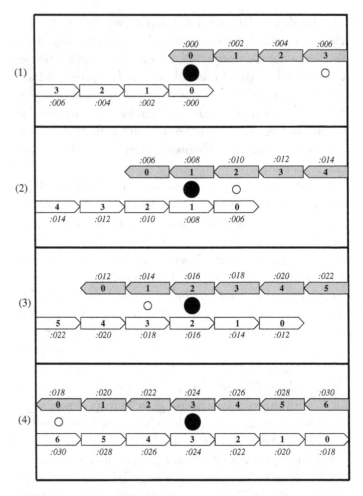

Abb. 9.8 Abbildung 9.1, ergänzt um ein Objekt (*kleiner weißer Kreis*), dessen Geschwindigkeit in beiden Zügen (und der Station) $\frac{1}{4}$ Rakete pro Tick beträgt

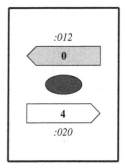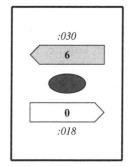

Abb. 9.9 Diese beiden Ereignisse würden, wenn es sie gäbe, in den beiden Systemen in umgekehrter zeitlicher Reihenfolge geschehen

den dargestellten Ereignisse stattgefunden haben! Diese Art Meinungsverschiedenheit ist auch in der Relativitätstheorie kaum zu tolerieren. Nehmen wir z. B. an, das Objekt wäre eine brennende Kerze. Die Bilder würden sofort zeigen, in welcher Richtung die Zeit gelaufen ist: je später das Bild, desto kürzer die Kerze und desto größer der Wachsfleck unter ihr. Ein solches Bildpaar würde aber sofort offenbaren, dass die Uhren in einem der beiden Züge die Zeit nicht korrekt (nämlich „falschrum") anzeigen.

Es stellt sich heraus, dass diese Situation ganz allgemeine Bedeutung hat. Wenn sich ein Objekt schneller als das Licht bewegt, dann gibt es immer zwei Bezugssysteme, in denen die zeitliche Abfolge für jedes beliebige Paar von Ereignissen in der Historie des Objekts unterschiedlich ist. Dies lässt sich am einfachsten mithilfe der Raumzeitdiagramme aus Kap. 10 demonstrieren, etwa mit Abb. 10.18. Wenn sich irgendetwas schneller als das Licht bewegen könnte, müsste durch seine innere Struktur grundsätzlich ausgeschlossen sein, dass man an ihm in irgendeiner Weise den Ablauf der Zeit ablesen könnte. Brennende Kerzen, schmelzende Eiswürfel, verrottende Bananen, sich entleerende Batterien, alternde Physiker und solche Dinge können auf jeden Fall nicht schneller als das Licht sein.

Eine andere anomale Eigenschaft von überlichtschneller Bewegung, auf die bereits am Ende von Kap. 5 hingewiesen wurde, lässt sich ebenfalls in Abb. 9.1 erkennen. Alles, was sich aus der Sicht des einen Zugs mit einer Geschwindigkeit von $\frac{5}{16}$ Raketen pro Tick bewegt (was wiederum mehr als $\frac{1}{4} = \frac{4}{16}$ Raketen pro Tick ist), wird sich aus der Sicht des anderen in allen Raketen an ein und demselben Zeitpunkt ereignen. Ich lade Sie ein, dies anhand der Abbildung explizit nachzuvollziehen.

Beachten Sie schließlich noch, dass man mit Abb. 9.1 auch die Invarianz des Intervalls zwischen zwei Ereignissen demonstrieren kann. Nehmen Sie zwei beliebige kleine Skizzen im Stil der letzten Seiten und berechnen Sie dafür

$$T^2 - D^2/c^2 = T^2 - (4D)^2 \qquad (9.6)$$

(die 4 kommt aus dem c^2, da c in unserem Modell ja $\frac{1}{4}$ Rakete pro Tick ist), wobei T für die Zahl der Ticks zwischen den Ereignissen in den zwei von Ihnen ausgewählten Skizzen stehen soll und D für die Zahl der Raketen(längen) zwischen diesen Ereignissen. Das Ergebnis wird nicht davon abhängen, in welchem Bezugssystem sie die Bestimmung von T und D vornehmen. Betrachten Sie z. B. Abb. 9.10, die ein Ereignis aus Skizze (2) und eines aus Skizze (4) in Abb. 9.1 zusammenbringt. Gemäß dem grauen Bezugssys-

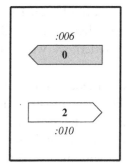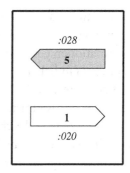

Abb. 9.10 Zur Invarianz des Intervalls

tem sind die zwei Ereignisse 22 Ticks und fünf Raketen voneinander entfernt, wir bekommen dann $22^2 - (4 \cdot 5)^2 = 22^2 - 20^2 = 84$. Gemäß dem weißen Bezugssystem trennen die zwei Ereignisse 10 Ticks und eine Rakete, und wir erhalten $10^2 - (4 \cdot 1)^2 = 10^2 - 4^2 = 84$. Dieses spezielle Ereignispaar ist zeitartig separiert, da $T^2 - D^2/c^2$ positiv ist, und in der Tat hätte ein Objekt, das bei beiden Ereignissen präsent ist, in beiden Bezugssystemen eine Geschwindigkeit unter $\frac{1}{4}$ Rakete pro Tick ($\frac{5}{22}$ Raketen pro Tick im grauen und $\frac{1}{10}$ Rakete pro Tick im weißen Bezugssystem). Mit beliebigen anderen Ereignispaaren aus Abb. 9.1 können Sie sich davon überzeugen, dass $T^2 - (4D)^2$ für die Zeitspannen und Distanzen zwischen den beiden Ereignissen eines Paars immer gleich herauskommt, egal ob Sie T und D von den weißen oder den grauen Raketen aus ablesen.

Ich habe all dies so beschrieben, als ob die Uhren an beiden Zügen von der Stationsbesatzung absichtlich verstellt (desynchronisiert) worden wären. Wenn es also tatsächlich so gewesen wäre und die Passagiere in beiden Zügen trotzdem davon ausgegangen wären, dass die Uhren in ihrem jeweiligen Zug synchronisiert waren, hätten sie alle Bilder und Informationen genau so interpretiert, wie wir es in diesem Kapitel getan haben.

Das Besondere an der Welt, in der leben, ist dies: Wenn die Besatzung der Raumstation beschlossen hätte, das Experiment mit Zügen durchzuführen, die sich mit einer Geschwindigkeit von u Fuß pro Nanosekunde bewegen ($u < 1$!), und sich außerdem dafür entschieden hätte, den Gangunterschied der Uhren auf exakt u Nanosekunden Anzeigedifferenz pro Fuß Raketenlänge einzustellen, dann hätten sie dafür einfach nur die Raketen in den beiden Zügen mit hochpräzisen Uhren ausstatten, die Züge in Bewegung setzen und dann die Passagiere dazu auffordern müssen, ihre Uhren (relativistisch korrekt) zu synchronisieren. Die Natur selbst hätte für die unterschiedlichen Interpretationen des Experiments durch die Stationsbesatzung und die Passagiere im grauen und im weißen Zug gesorgt.

10

Raumzeitgeometrie

In diesem Buch haben wir Ereignisse – Dinge, die an einem
bestimmten Ort zu einer bestimmten Zeit passieren – in
einer Reihe von verschiedenen Abbildungen untersucht, in
denen solche Ereignisse entlang eines schnurgeraden Schienenstrangs oder einer ebenso geraden Kette von Raketen
stattfanden. Beispiele für solch ein Ereignis sind das Ablesen von Uhren an einander gegenüberstehenden Raketen
oder ein Signal, das am Ende eines Zugs eintrifft und dort
das Anbringen einer Markierung an den Schienen auslöst.
In den Abbildungen werden diese Ereignisse durch Symbole oder Flächen dargestellt, die klein sind verglichen mit
der gesamten Abbildung. Wenn in den Abbildungen zwei
solche Symbole durch einen horizontalen Abstand voneinander getrennt waren, dann bedeutete dies in der Regel,
dass die zugehörigen Ereignisse in einem geeigneten Bezugssystem räumlich separiert sind, und ein vertikaler Abstand
zwischen den Symbolen deutete auf eine zeitliche Separati-
on der Ereignisse hin.

In diesem Kapitel werden wir eine etwas abstraktere Verallgemeinerung solcher Abbildungen entwickeln, mit der
man dann noch wesentlich mehr anfangen kann. In diesen neuen Abbildungen schrumpfen die Flächen, welche
die einzelnen Ereignisse symbolisieren, auf bloße mathe-

© Springer-Verlag Berlin Heidelberg 2016
N.D. Mermin, *Es ist an der Zeit*, DOI 10.1007/978-3-662-47152-4_10

matische bzw. geometrische Punkte zusammen. Indem wir diese grafische Darstellungsform der Geschehnisse ein bisschen allgemeiner und systematischer erkunden, können wir zu einem tieferen – ich würde sogar sagen, dem tiefsten – Verständnis dessen gelangen, was uns die Relativitätstheorie über die Natur von Raum und Zeit zu sagen hat. Diese Abbildungen, die wir jetzt konstruieren werden, heißen *Raumzeitdiagramme* oder *Minkowski-Diagramme*, nach Hermann Minkowski, der sie im Jahr 1908 erfunden hat, gerade einmal drei Jahre nach Einsteins erster Veröffentlichung zur Relativitätstheorie.

Der Einfachheit halber werden wir uns weiterhin nur mit einer räumlichen Dimension begnügen – alle behandelten Ereignisse finden entlang einer einzigen geraden Linie (oder Schienenstrecke) statt. Die zwei anderen Dimensionen – horizontale und vertikale Abstände von der Strecke – hinzuzunehmen, kann manchmal weitere Erkenntnisse bringen, macht es aber unmöglich, das ganze Bild einschließlich der Zeit auf einem Blatt Papier[45] darzustellen. Viele wichtige Phänomene, und insbesondere alle bisher von uns untersuchten, betreffen tatsächlich nur relative Bewegungen in einer einzigen räumlichen Dimension.

Zu Beginn greifen wir uns ein Bezugssystem heraus (das von Alice) und stellen einige einfache Regeln auf, nach denen Alice Ereignisse durch Punkte auf einem Blatt (d. h. in einer mathematischen Ebene) darstellen kann. Bevor Bob auftritt, wird sich alles Folgende auf Alice' Bezugssystem beziehen. Wenn ich also bis dahin über Ereignisse rede, die am selben Ort oder zur selben Zeit stattfinden, werde ich immer „für Alice am selben Ort" bzw. „für Alice zur selben Zeit" meinen.

Alice stellt also ein Ereignis durch einen einzelnen Punkt in ihrem Diagramm dar. Zwei oder mehr Ereignisse, die am selben Ort *und* zur selben Zeit geschehen, also Raumzeit-Koinzidenzen, werden durch ein und denselben Punkt dargestellt, somit symbolisiert ein einzelner Punkt entweder ein einzelnes Ereignis oder mehrere koinzidente Ereignisse. Voneinander verschiedene Punkte im Diagramm entsprechen Ereignissen, die entweder an verschiedenen Orten, zu verschiedenen Zeiten oder sowohl an verschiedenen Orten als auch zu verschiedenen Zeiten geschehen.

Alice stellt Ereignisse, die am selben Ort, aber nicht zur selben Zeit stattfinden, durch Punkte auf einer geraden Linie dar (Abb. 10.1). Wir wollen eine solche Linie eine „Gerade konstanter Lokalität" oder, etwas kürzer, eine *Äquilokale*[46] nennen. Alice ist natürlich frei, solche eine Äquilokale in irgendeine beliebige Richtung zu zeichnen, da eine solche Festlegung nichts anderes bedeutet, als dass sie das Blatt, auf welchem sie ihr Diagramm zeichnet, in eine ihr genehme Richtung dreht.

Beachten Sie, dass zwei beliebige Äquilokalen parallel sein müssen, wenn der Ort, an dem Ereignisse auf der einen Äquilokale geschehen, verschieden ist von dem Ort der Ereignisse auf der anderen Äquilokale. Wären sie nämlich nicht parallel, müssten sie sich als Geraden irgendwo schneiden. Ihr Schnittpunkt entspräche dann einem einzelnen Ereignis, das an zwei verschiedenen Orten stattfindet. Aber ein Ereignis ist definitionsgemäß etwas, das an einem einzigen Ort (und nur zu einer einzigen Zeit) geschieht, sodass ein solcher Schnittpunkt sinnlos wäre. Voneinander verschiedene Äquilokalen müssen parallel sein.

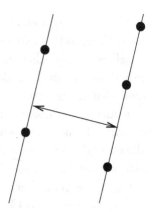

Abb. 10.1   Zwei Äquilokalen in Alice' Bezugssystem. Die *beiden kleinen schwarzen Kreise* auf der *linken* Äquilokale stellen zwei Ereignisse dar, die für Alice am selben Ort (aber zu verschiedenen Zeiten) geschehen; die *drei kleinen schwarzen Kreise* auf der *rechten* Äquilokale stellen drei andere Ereignisse dar, die für Alice alle drei zu verschiedenen Zeiten am selben Ort (der aber ein anderer als der Ort der *linken Linie* ist) stattfinden. Der senkrechte Abstand zwischen den zwei Äquilokalen im Diagramm (*Linie mit zwei Pfeilen*) ist proportional zur tatsächlichen Distanz, die in Alice' Bezugssystem zwischen den zwei von den Äquilokalen repräsentierten Orten liegt. Solch ein Diagramm wird durch einen Skalenfaktor λ charakterisiert, der angibt, wie viele – beispielsweise – Zentimeter auf dem Papier zwischen zwei Äquilokalen liegen, wenn die von ihnen repräsentierten Orte im Raum einen Fuß voneinander entfernt liegen

Nach den üblichen Konventionen von Kartografen (genauer gesagt von Leuten, die Karten von Gegenden machen, die sehr klein gegenüber dem Radius der Erde sind), zeichnet Alice den (senkrechten) Abstand zwischen zwei voneinander verschiedenen Äquilokalen proportional zur tatsächlichen Distanz zwischen den Positionen der Ereignisse, für die sie stehen: Je größer der Abstand zwischen Äquilokalen auf dem Papier[47] ist, desto weiter entfernt sind die zwei Orte.

Den quantitativen Zusammenhang zwischen Distanzen im Raum und Distanzen im Diagramm beschreibt der Skalenfaktor λ. Multiplikation mit λ konvertiert die tatsächliche räumliche Distanz zwischen zwei Ereignissen in den Abstand der zugehörigen Äquilokalen auf dem Papier, auf denen die Ereignisse im Diagramm dargestellt werden. Wenn z. B. zwei Äquilokalen auf dem Papier einen Zentimeter auseinanderliegen und für Ereignisse stehen, die jeweils an zwei einen Kilometer voneinander entfernten Orten geschehen, dann wäre λ 1 cm/km, in Zahlen 1/100.000. Wollen wir Alice' Skalenfaktor von den Skalenfaktoren anderer Leute unterscheiden (und es wird sehr wichtig sein, dass wir dazu in der Lage sind), verwenden wir dafür einen tiefgestellten Index, nennen ihn also beispielsweise λ_A.

Diese Regeln sind für Sie, wie ich hoffe, langweilige Allgemeinplätze. Es wird auch nicht viel aufregender mit den nächsten paar Regeln, die lediglich für Zeitpunkte nachholen, was wir soeben über Orte im Raum gesagt haben. Alice positioniert Ereignisse in ihrem Diagramm derart, dass Ereignisse, die zur selben Zeit (aber nicht notwendigerweise am selben Ort) stattfinden, in ihrem Diagramm durch Punkte auf einer einzigen geraden Linie repräsentiert werden (Abb. 10.2). Solch eine Linie können wir „Gerade konstanter Zeit" oder kürzer *Äquitemporale*[48] nennen. Alice hat alle Freiheit der Welt, eine solche Äquitemporale so zu drehen, dass sie mit ihren Äquilokalen irgendeinen ansprechenden, von null verschiedenen Winkel bildet. Welchen Winkel sie dafür auswählt, spielt nur insofern eine Rolle, als damit festlegt wird, wie sehr sie beim Zeichnen ihr Blatt

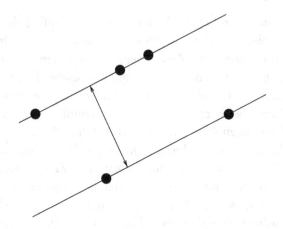

Abb. 10.2 Zwei Äquitemporalen in Alice' Bezugssystem. Die *beiden kleinen schwarzen Kreise* auf der unteren stellen zwei Ereignisse dar, die für Alice zur selben Zeit, aber an verschiedenen Orten stattfinden; die *drei kleinen schwarzen Kreise* auf der oberen repräsentieren drei andere Ereignisse, die an verschiedenen Orten zu einer jeweils gleichen Zeit (aber nicht gleichzeitig mit den Ereignissen auf der *unteren Linie*) geschehen. Der senkrechte Abstand zwischen zwei solchen Äquitemporalen im Diagramm (wiederum als *Linie mit zwei Pfeilspitzen* angedeutet) ist proportional zu der Zeitspanne, die in Alice' Bezugssystem zwischen den beiden Zeitpunkten liegt, welche die Äquitemporalen repräsentieren. Auch solch ein Diagramm wird durch einen Skalenfaktor λ charakterisiert, der angibt, wie viele – beispielsweise – Zentimeter auf dem Papier zwischen zwei Äquitemporalen liegen, wenn zwischen den von ihnen repräsentierten Zeitpunkten eine Nanosekunde vergeht

dehnen oder stauchen muss (das Blatt stellen wir uns – aber nur hierfür – aus Gummi vor). Wenn Sie sich an die Abbildungen aus den bisherigen Kapiteln erinnern, sind Sie möglicherweise versucht, Alice' Äquitemporalen durchweg horizontal zu zeichnen, doch widerstehen Sie dieser Versuchung! Das wäre eine viel zu einschränkende Festlegung, wie wir bald sehen werden.

Wie Äquilokalen müssen zwei verschiedene Äquitemporalen parallel sein, denn da sie Geraden sind, müssten sie sich andernfalls irgendwo schneiden und ihr Schnittpunkt entspräche einem einzelnen Ereignis, das zu zwei verschiedenen Zeiten stattfindet. Aber ein Ereignis ist immer noch als etwas definiert, das nur zu einem Zeitpunkt (und an einem einzigen Ort) geschehen kann. Mit derselben Prozedur wie bei den Äquilokalen lässt Alice den (senkrechten) Abstand, den zwei unterschiedliche Äquitemporalen auf dem Papier haben, proportional zur tatsächlichen Zeitspanne zwischen den Zeiten der beiden Ereignisse (in ihrem Bezugssystem!) sein.

Nun haben wir also Äquilokalen, deren Punkte für Ereignisse stehen, die alle am selben Ort passieren, und Äquitemporalen, deren Punkte Ereignisse repräsentieren, die alle zur gleichen Zeit geschehen. Beachten Sie, dass jede Äquitemporale jede Äquilokale in einem und nur in einem Punkt schneiden kann. Dieser Punkt repräsentiert alle diejenigen Ereignisse, die exakt zu *dieser* Zeit und an *diesem* Ort stattfinden. Folglich muss die gemeinsame Richtung aller Äquitemporalen von Alice, welche sie sonst frei wählen kann, eine andere als die gemeinsame Richtung ihrer Äquilokalen sein. Äquitemporalen und Äquilokalen müssen sich in einem von null verschiedenen Winkel θ schneiden. Sollten Sie an dieser Stelle versucht sein, θ gleich 90° zu setzen, widerstehen Sie auch dieser Versuchung! Es wäre immer noch eine viel zu weitgehende Einschränkung.

An diesem Punkt macht sich zum ersten Mal die fundamentale Bedeutung der Lichtgeschwindigkeit in der

Struktur von Alice' Diagrammen bemerkbar, wenn auch nur auf eine sehr elementare Weise. Es stellt sich als äußerst geschickt heraus, wenn Alice in ihrem Diagramm den Abstand zwischen zwei Äquitemporalen, die eine Nanosekunde auseinanderliegende Ereignisse darstellen, exakt so groß wählt wie den zwischen zwei Äquilokalen, die einen Fuß voneinander entfernte Ereignisse darstellen.[49] Dies bedeutet, dass der Skalenfaktor λ für Äquilokalen in Diagramm-Zentimeter pro Fuß denselben Zahlenwert hat wie der λ-Skalenfaktor für Äquitemporalen in Diagramm-Zentimeter pro Nanosekunde.

Aus dieser Skalierung folgt, dass ein anderer praktischer Skalenfaktor, nämlich der Abstand μ, der entlang einer Äquilokale einer Zeitspanne von einer Nanosekunde zwischen zwei Ereignissen entspricht, exakt genauso groß ist wie der Abstand auf einer Äquitemporale, der zwei Ereignissen in einer Distanz von einem Fuß entspricht (Abb. 10.3). Dies ist eine Konsequenz aus der elementargeometrischen Tatsache, dass wenn ein Paar paralleler Geraden ein anderes Paar paralleler Geraden schneidet und dabei beide Geradenpaare jeweils denselben Abstand voneinander haben – in diesem Fall ist dieser Abstand gerade λ –, das aus den vier Schnittpunkten gebildete Parallelogramm gleichseitig ist. Diese gemeinsame Seitenlänge ist in unserem Fall gleich μ.

Ein gleichseitiges Parallelogramm ist eine Raute (oder ein Rhombus). Die Verbindungslinien zweier gegenüberliegender Ecken – also die Diagonalen – halbieren die Winkel in diesen Ecken und stehen zudem senkrecht (orthogonal) aufeinander. Diese elementargeometrischen Eigenschaften einer Raute werden sich im Folgenden als sehr bedeutsam erweisen.

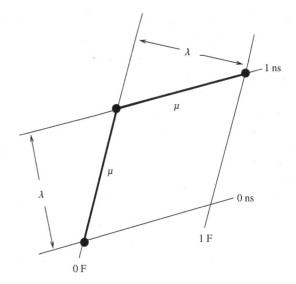

Abb. 10.3 Die Skalenfaktoren λ und μ. Die beiden flach ansteigenden parallelen Geraden sind Äquitemporalen; Ereignisse, die Punkten auf der oberen Äquitemporale entsprechen, geschehen eine Nanosekunde nach Ereignissen, die Punkten auf der unteren Äquitemporale entsprechen. Die beiden steiler ansteigenden Geraden sind Äquilokalen; Ereignisse, die *Punkten* auf der *linken* Äquilokale entsprechen, passieren einen Fuß von Ereignissen entfernt, die *Punkten* auf der *rechten* Äquilokale entsprechen. Der Skalenfaktor λ ist der Abstand, der im Diagramm die beiden Äquilokalen bzw. Äquitemporalen voneinander trennt. Der Skalenfaktor μ ist im Diagramm der (als *dicke Linie* gezeichnete) Abstand zwischen *zwei kleinen schwarzen Kreisen* auf den Äquilokalen bzw. Äquitemporalen, welcher einer Distanz von einem Fuß bzw. einer Zeitspanne von einer Nanosekunde zwischen zwei Ereignissen entspricht

Beachten Sie, dass der Skalenfaktor μ größer als der Skalenfaktor λ ist, solange Alice meine Warnung beherzigt, ihre

Äquitemporalen nicht senkrecht auf ihren Äquilokalen stehen zu lassen. In diesem speziellen Fall wäre $\mu = \lambda$. Beide Skalenfaktoren sind nützlich. Manchmal ist es am einfachsten, die Zeitspanne (oder die Distanz) zwischen Ereignissen aus dem Abstand der Äquitemporalen (oder Äquilokalen), auf denen sie liegen, abzulesen – dann ist λ der relevante Skalenfaktor. Häufiger allerdings will man die Zeitspanne (oder die Distanz) zwischen Ereignissen am selben Ort (oder zur selben Zeit) aus ihrem Abstand auf der entsprechenden Äquilokale (oder Äquitemporale) ableiten – in diesem Fall ist μ der passende Skalenfaktor. Wir werden eine Raute wie die in Abb. 10.3, deren Seiten Abschnitte auf um einen Fuß oder eine Nanosekunde voneinander separierten Äquilokalen bzw. Äquitemporalen sind, eine *Einheitsraute* nennen.

Eine besonders wichtige Zusammenstellung von Ereignissen ist für ein hinreichend kleines Objekt[50] die Menge *aller* Ereignisse, bei welchen das Objekt zugegen ist. Die Gesamtheit all dieser Ereignisse wird durch eine kontinuierliche Linie im Diagramm dargestellt. Diese Linie, welche die gesamte Historie des Objekts beschreibt, wird seine *Weltlinie* oder *Raumzeit-Trajektorie* genannt. Beispielsweise ist die Weltlinie eines Objekts, das in Alice' Bezugssystem während seiner gesamten Historie ruht, die seinem Aufenthaltsort entsprechende Äquilokale. Ein Objekt, das sich in Alice' Bezugssystem gleichförmig bewegt, wird durch eine Gerade repräsentiert, welche zu keiner Äquilokale parallel ist, da es sich zu verschiedenen Zeiten an verschiedenen Orten befindet. Ein hin- und herschwingendes Pendel – als Beispiel für ein ungleichförmig bewegtes Objekt – erscheint im Diagramm als eine Schlangenlinie.

Unterschiedliche Objekte, die sich gleichförmig mit derselben Geschwindigkeit bewegen, werden durch parallele Linien dargestellt. Dies liegt daran, dass sie für Alice in derselben Zeit gleiche Strecken in derselben Richtung zurücklegen. Oder, anders formuliert: Wären ihre Raumzeit-Trajektorien nicht parallel, würden sie sich irgendwo in einem Punkt treffen. Dieser Treffpunkt würde dann für ein Ereignis stehen, an dem die Objekte zur selben Zeit am selben Ort wären. Da aber ja ihre Geschwindigkeiten gleich groß sein sollen, müssten sie sich zu *allen* Zeiten am selben Ort befinden und ihre Trajektorien wären identisch. Die Trajektorien von Objekten, die sich mit demselben Geschwindigkeitsbetrag in entgegengesetzte Richtungen bewegen, sind natürlich nicht parallel. Zwei solche Objekte können nur in einem einzigen Moment am gleichen Ort sein. Eine besonders wichtige Weltlinie ist die Raumzeit-Trajektorie eines Photons oder irgendeines anderen Objekts, das sich mit der Geschwindigkeit 1 Fuß pro Nanosekunde bewegt. Aufgrund unserer sinnvollen Wahl des Skalenfaktors weisen Photonen-Trajektorien einige einfache geometrische Eigenschaften auf.

Zwei beliebige Ereignisse auf einer Photonen-Trajektorie müssen im Raum so viele Fuß voneinander entfernt sein wie in der Zeit Nanosekunden zwischen ihnen liegen. Wegen der Relation, die wir für den räumlichen und den zeitlichen Skalenfaktor aufgestellt haben, müssen die beiden Äquilokalen, die durch diese Ereignisse gehen, im Diagramm den gleichen Abstand voneinander haben wie die beiden Äquitemporalen, welche durch diese Ereignisse verlaufen. Demzufolge ist die Photonen-Trajektorie die Diagonale der aus den beiden Paaren von gleich langen Äquilokalen- und

Äquitemporalenabschnitten gebildeten Raute, weswegen die Winkel an den beiden Eckpunkten, durch welche die Trajektorie verläuft, von ihr halbiert werden. Sie sehen dies in Abb. 10.4, die eine extrem wichtige Eigenschaft von Alice' Diagrammen demonstriert:

Der Winkel zwischen der Äquilokale und der Trajektorie eines Photons muss gleich dem Winkel zwischen dieser Trajektorie und der Äquitemporale sein. Oder anders ausgedrückt: Die beiden Photonen-Trajektorien durch den Schnittpunkt einer Äquilokale und einer Äquitemporale halbieren die vier Winkel, die von diesen Geraden an diesem Punkt gebildet werden. Da diese Regel unabhängig von der Bewegungsrichtung der Photonen gilt, haben wir hiermit eine zweite wichtige Eigenschaft gefunden (Abb. 10.5):

Die Trajektorien von zwei Photonen, die sich in entgegensetzte Richtungen bewegen, stehen im Diagramm *senkrecht* aufeinander. Dies lässt sich auch direkt aus Abb. 10.4 ablesen, wenn man beachtet, dass die andere (nicht eingezeichnete) Diagonale der Raute ebenfalls eine Photonen-Trajektorie ist – und zwar für ein Photon, das sich in die entgegengesetzte Richtung bewegt – und dass die Diagonalen einer Raute immer senkrecht aufeinander stehen (orthogonal sind).

Obwohl also Alice den Winkel θ zwischen ihren Äquitemporalen und ihren Äquilokalen frei wählen kann, erfordert unsere Skalierung, dass bestimmte Winkel fixiert sein müssen: *Die Weltlinien von in entgegengesetzte Richtungen fliegenden Photonen müssen immer senkrecht aufeinander stehen.* Diese Orthogonalität ist eine direkte Konsequenz der von uns gewählten Relation zwischen den räumlich und zeitlichen λ-Skalenfaktoren.

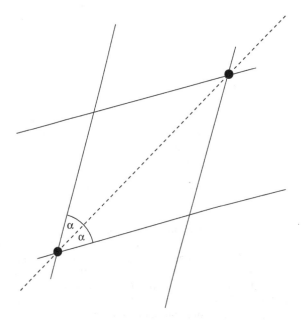

Abb. 10.4 Die *gestrichelte Linie* stellt die Raumzeit-Trajektorie eines Photons dar. Die *kleinen schwarzen Kreise* repräsentieren zwei Ereignisse in der Historie dieses Photons. Durch beide Kreise gehen je eine steil ansteigende Äquilokale und eine flach ansteigende Äquitemporale. Da sich das Photon jede Nanosekunde einen Fuß weiterbewegt, ist der Abstand zwischen den Äquilokalen der gleiche wie der zwischen den Äquitemporalen. Das von den *vier Linien* gebildete Parallelogramm ist daher eine Raute und die *gestrichelte* Photonen-Trajektorie eine ihrer beiden Diagonalen. Aus der Symmetrie einer Raute folgt dann, dass die beiden mit α bezeichneten Winkel gleich groß sind

Alice kann ihr Zeichenpapier so drehen, dass die Trajektorien von zwei entgegengesetzt fliegenden Photonen symmetrisch zur vertikalen Richtung stehen, also um 45°

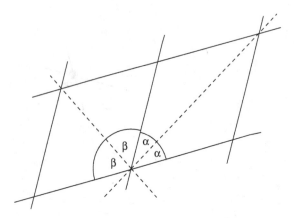

Abb. 10.5 Dies ist noch einmal Abb. 10.4, aber ohne die kleinen schwarzen Kreise und dafür ergänzt um die Raumzeit-Trajektorie eines zweiten Photons, das in die entgegengesetzte Richtung fliegt. Da die neue *gestrichelte Linie* ebenfalls eine Photonen-Trajektorie ist, halbiert auch sie die Winkel zwischen Äquitemporalen und Äquilokalen. Wegen $2\alpha + 2\beta = 180°$ beträgt der Winkel $\alpha + \beta$ zwischen den zwei Photonenlinien 90°

nach rechts bzw. links geneigt, wobei die Zeit der Ereignisse auf jeder Photonen-Trajektorie nach oben hin zunimmt. Da Alice' Äquitemporalen denselben Winkel mit den Photonen-Trajektorien bilden wie ihre Äquilokalen, werden ihre Äquilokalen mit der Vertikale denselben Winkel bilden wie ihre Äquitemporalen mit der Horizontale. Es besteht die Konvention, Raumzeitdiagramme immer in dieser Weise auszurichten, sodass vertikale und horizontale Richtung die rechten Winkel zwischen zwei Familien von Photonen-Trajektorien halbieren und die im Diagramm weiter oben gelegenen Äquitemporalen für Ereignisse stehen, die zu späteren Zeitpunkten geschehen. Mit dieser Konvention für

die Orientierung eines Diagramms sind Äquilokalen immer
„vertikaler" (haben eine größere Steigung) als die Äquitemporalen, oder, anders ausgedrückt, der Winkel zwischen der
Vertikale und den Äquilokalen und der Winkel zwischen
der Horizontale und den Äquitemporalen ist jeweils immer
kleiner als 45°.

Damit haben wir die Struktur und Orientierung des Systems von Äquilokalen und Äquitemporalen vollständig festgelegt, welches Alice benutzt, um Ereignisse in Raum und
Zeit anzugeben, mit Ausnahme von zwei Wahlmöglichkei-
ten, die ihr immer noch offenstehen:

1. Sie ist frei, den Skalenfaktor λ auszuwählen – d. h. den
   Abstand auf dem Papier zwischen zwei Äquilokalen, die
   einen Fuß voneinander entfernte Orte repräsentieren
   (was ebenso der Abstand ist, den zwei Äquitemporalen
   von eine Nanosekunde auseinanderliegenden Ereignissen auf dem Papier haben).

2. Sie kann den Winkel θ zwischen ihren Äquitemporalen
   und ihren Äquilokalen frei wählen oder, ganz äquivalent,
   den Winkel $\frac{1}{2}\theta$, den Äquitemporalen und Äquilokalen
   jeweils mit den Photonen-Trajektorien bilden. (Wenn
   sie sowohl für λ als auch für θ einen Wert ausgewählt
   hat, ist damit der alternative Skalenfaktor μ festgelegt.)

Für welche Skalierung Alice sich entscheidet, hängt natürlich davon ab, wie groß ihr Zeichenpapier ist und welche
raumzeitliche Ausdehnung die Kollektion von Ereignissen
hat, welche sie in ihrem Diagramm darstellen will. Ihre
Winkelwahl hängt davon ab, was sie (oder wir) mit ihrem
Diagramm anfangen will (bzw. wollen). Wenn sie es nur

für ihre eigenen private Zwecke benutzen möchte, dann ist $\theta = 90°$ eine ansprechende Möglichkeit, denn dann sind ihre Äquilokalen vertikal, ihre Äquitemporalen horizontal, und ihre zwei Skalenfaktoren λ und μ sind gleich groß. Wenn sie (oder wir) ihre raumzeitliche Beschreibung von Ereignissen vergleichen will mit derjenigen von anderen Beobachtern, die andere Bezugssysteme verwenden (hier fällt einem sofort Bob ein), dann ergibt $\theta = 90°$ nicht unbedingt das klarste Bild. Um zu sehen, warum das so ist, müssen wir uns überlegen, was Leute, welche die Ereignisse in anderen Bezugssystemen beschreiben, mit Alice' Diagrammen anfangen können.

Bob, der sich gleichförmig auf den schon ziemlich eingefahrenen alten Gleisen mit einer Geschwindigkeit v relativ zu Alice bewegt, möchte dieselben Ereignisse beschreiben, die sie auf den letzten Seiten in ihrem Bezugssystem dargestellt hat, doch er bevorzugt verständlicherweise ein Bezugssystem, in welchem er derjenige ist, der sich in Ruhe befindet. Nehmen wir an, Bob bekommt Alice' Diagramm zu Gesicht, angefüllt mit Punkten, die für isolierte Ereignisse stehen und Linien, welche Raumzeit-Trajektorien repräsentieren, jedoch ohne irgendeine von ihren Äquitemporalen und Äquilokalen, mit deren Hilfe sie die Ereignisse in Raum und Zeit dingfest machen kann. Statt sein eigenes unabhängiges Diagramm zur Beschreibung all dieser Ereignisse zu zeichnen, kann Bob genau dieselbe Kollektion von Punkten und Trajektorien nehmen, die Alice in ihrem Diagramm benutzt hat. Er wird allerdings in einer anderen raumzeitlichen Sprache reden, denn er wird mit Alice' Vorstellungen von „derselbe Ort" und „dieselbe Zeit" nichts anfangen können. Darum kann er Alice' Äquilokalen und Äquitem-

poralen nicht übernehmen. Es ist nicht allzu schwer herauszufinden, was er tun muss, um seine eigenen Äquilokalen
und Äquitemporalen in Alice' Diagramm einzuzeichnen.

Wenn Bobs Bezugssystem sich mit der Geschwindigkeit
v relativ zu Alice bewegt, dann müssen seine Äquilokalen
parallel zu der Raumzeit-Trajektorie von etwas sein, das
Alice als „bewegt mit Geschwindigkeit v" beschreiben würde. Somit sind Bobs Äquilokalen parallele Geraden, die
Alice' Äquilokalen in einem gewissen Winkel schneiden (also nicht parallel zu ihnen sind). Je schneller Bob sich relativ
zu Alice bewegt, desto mehr neigen sich seine Äquilokalen weg von Alice' Äquilokalen. Wählt man zwei beliebige
Punkte auf einer Äquilokale von Bob, dann definieren Alice'
Äquitemporalen und Äquilokalen durch diese zwei Punkte
ein Parallelogramm, dessen Seitenverhältnis (oder Höhen-
verhältnis, d. h. das Verhältnis der senkrechten Abstände
zwischen den Seiten) gerade die Geschwindigkeit v seines
Bezugssystems relativ zu dem ihren in Fuß pro Nanosekunde ist (Abb. 10.6).

Wir können auch die Orientierung von Bobs Äquitemporalen bestimmen. Dies ist übrigens die erste Stelle, an
der Relativität ins Spiel kommt. Bisher haben wir weder
vom Relativitätsprinzip noch von der Konstanz der Lichtgeschwindigkeit irgendwelchen Gebrauch gemacht, außer
dass wir die besondere Rolle der Lichtgeschwindigkeit c mit
unserer Wahl der Relation zwischen Alice' räumlichem und
und zeitlichem Skalenfaktor antizipiert haben. Nun aber
müssen wir, um die Orientierung von Bobs Äquitemporalen
zu ermitteln, dem Diagramm einen Satz Ereignisse hinzufügen, mit dem nach dem in Kap. 5 entwickelten Verfahren die Gleichzeitigkeit von Ereignissen festgestellt werden

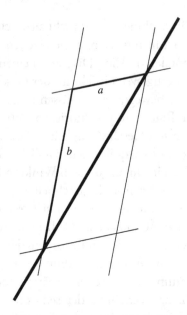

Abb. 10.6 Die *dicke schwarze Linie* ist die Raumzeit-Trajektorie von einem in Bobs Bezugssystem ruhenden Objekt, also für Bob eine Äquilokale. Die *dünnen Linien* sind die Äquitemporalen und Äquilokalen von Alice, welche durch zwei Ereignisse auf der *dicken schwarzen* Trajektorie gehen. Das auf diese Weise gebildete Parallelogramm hat (auf dem Papier) die Seitenlängen *a* und *b*. Bobs Geschwindigkeit relativ zu Alice ist $v = a/b$, da sich in Alice' Bezugssystem die raumzeitliche Position des Objekts um die Zeit b/μ_A und die Distanz a/μ_A ändert

kann, welche an den zwei Enden eines Zugs stattfinden, der in Bobs Bezugssystem stationär ist. Dabei werden wir nicht auf unsere Überlegungen aus Kap. 5 zurückgreifen, sondern dieselben quantitativen Schlussfolgerungen direkt aus dem Diagramm selbst ableiten – und damit zeigen, wie leistungsfähig dieser geometrische Ansatz ist.

Da sich der Zug in Bobs Bezugssystem nicht bewegt, werden sein linkes Ende, sein rechtes Ende und sein Mittelpunkt alle in Alice' Diagramm durch Punkte auf parallelen Äquilokalen von Bob repräsentiert. Da Alice mit Bob darin übereinstimmt, welcher Punkt sich in der Mitte des Zugs befindet, haben diese drei Parallelen in Alice' Diagramm jeweils den gleichen Abstand. Nun werden zwei Photonen in der Mitte des Zugs gleichzeitig in entgegengesetzte Richtungen emittiert und fliegen mit derselben Geschwindigkeit auf die Enden des Zugs zu. Da der Zug in Bobs Bezugssystem ruht und beide Photonen in seinem Bezugssystem betragsmäßig dieselbe Geschwindigkeit haben (nämlich 1 Fuß pro Nanosekunde – genau hier kommt die Invarianz der Lichtgeschwindigkeit ins Spiel), erreichen die Photonen für Bob die zwei Enden des Zugs zur selben Zeit. Wenn wir also für die beiden nach vorne und hinten fliegenden Photonen ein Paar von 45°-Photonenlinien in das Diagramm einzeichnen, die bei einem Punkt auf der Trajektorie der Zugmitte ihren Ausgang nehmen, dann repräsentieren die Schnittpunkte der zwei Photonenlinien mit den Äquilokalen der zwei Enden gleichzeitige Ereignisse in Bobs Bezugssystem. Demzufolge müssen sie auf einer seiner Äquitemporalen liegen. All dies sehen Sie im ersten Teil von Abb. 10.7.

Daraus lässt sich dann leicht folgern, dass Bobs Äquitemporalen in Alice' Diagramm den gleichen Winkel mit den Photonen-Trajektorien bilden wie seine Äquilokalen, gerade so, wie dies auch bei Alice' Äquitemporalen und Äquilokalen der Fall ist. Dies sieht man am einfachsten, wenn man die Photonen mithilfe von Spiegeln von den Zugenden zurück zur Mitte schickt. Die resultierenden vier Abschnitte von Photonen-Trajektorien (zu sehen in Teil (2)

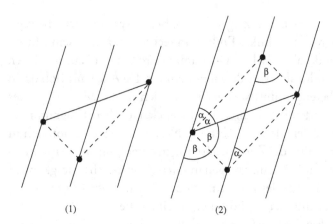

(1)   (2)

Abb. 10.7 Dieses Diagramm wurde von Alice gezeichnet. (1) Die
drei Parallelen im gleichen Abstand entsprechen den zwei Enden und der Mitte des in Bobs Bezugssystem ruhenden Zugs. Sie
bestimmen die Richtung, welche Bobs Äquilokalen in Alice' Diagramm haben müssen. Der unterste der *drei kleinen schwarzen
Kreise* steht für die Emission von zwei auf die Zugenden gerichteten Photonen in der Mitte des Zugs. Die *gestrichelten Linien*
sind die Raumzeit-Trajektorien der beiden Photonen. Die anderen
zwei kleinen schwarzen Kreise entsprechen der Ankunft je eines
Photons an einem Zugende. Da sich beide Photonen mit derselben Geschwindigkeit in Bobs Bezugssystem bewegen und der Zug
in Bobs Bezugssystem stationär ist, kommen die Photonen an den
Enden des Zugs in Bobs Bezugssystem zur selben Zeit an – d. h.,
die Gerade durch die beiden oberen kleinen schwarzen Kreise ist
für Bob eine Äquitemporale. (2) Wenn die Photonen von Spiegeln
an den Zugenden zur Mitte des Zugs zurückreflektiert werden,
treffen sie dort gleichzeitig ein. Dieses Ereignis wird durch den
obersten kleinen schwarzen Kreis repräsentiert. Die vier Photonenlinien bilden ein Rechteck. Aus der Symmetrie des Rechtecks
folgt sofort, dass in diesem Rechteck die zwei mit α markierten
Winkel gleich groß sind und ebenso die beiden mit β bezeichneten. Die beiden markierten Winkel außerhalb des Rechtecks
sind als Stufenwinkel ebenfalls gleich α bzw. β. Aus diesem Grund
halbieren beide Photonen-Trajektorien die Winkel zwischen Bobs
Äquitemporalen und Äquilokalen an dem *linken kleinen schwarzen Kreis*

von Abb. 10.7) bilden die vier Seiten eines Rechtecks. Offensichtlich sind alle Winkel mit gleicher Bezeichnung α bzw. β jeweils gleich groß. Darum halbieren in der Tat die zwei Photonen-Trajektorien im linken kleinen schwarzen Kreis die Winkel zwischen Bobs Äquilokalen und Äquitemporalen.

Diese Schlussfolgerung ist identisch mit der Regel, die wir für die Orientierung von Alice' Äquilokalen und Äquitemporalen relativ zu den Photonen-Trajektorien gefunden haben. Darüber hinaus müssen – wegen der gleichen Geschwindigkeit der beiden Photonen in Bobs Bezugssystem von einem Fuß pro Nanosekunde – zwei Äquilokalen von Bob, die Orten entsprechen, welche in Bobs System einen Fuß voneinander entfernt sind, in Alice' Diagramm den gleichen Abstand haben wie zwei von Bobs Äquitemporalen für Zeiten, die in Bobs System eine Nanosekunde auseinanderliegen. Die Regeln, die wir für die Orientierung von Alice' Äquitemporalen und Äquilokalen aufgestellt haben, und die Relation zwischen deren Skalenfaktoren haben somit Regeln zur Folge, an die sich Bob halten muss, wenn er in seinem System Äquilokalen und Äquitemporalen benutzen will, um Ereignisse darzustellen, welche bei Alice durch die Punkte in ihrem Diagramm repräsentiert werden. Es sei hervorgehoben, dass diese Regeln für Bob genau die gleiche Form haben wie für Alice. Es ist darum unmöglich festzustellen, wer von den beiden sein Diagramm zuerst gezeichnet hat und wer anschließend seine bzw. ihre eigenen Äquitemporalen und Äquilokalen in das jeweils andere Diagramm eingezeichnet hat. Diese wundervolle Symmetrie ist erforderlich, damit das Relativitätsprinzip gelten kann. Zu sehen, wie es hier zutage tritt, führt uns die

Konsistenz von Relativitätsprinzip und Unabhängigkeit der Lichtgeschwindigkeit vom gewählten Bezugssystem direkt vor Augen.

Als eine unmittelbare Konsequenz aus der Tatsache, dass Bobs und Alice' Äquitemporalen und Äquilokalen jeweils symmetrisch zu den 45°-Photonen-Geraden liegen, ergibt sich die $T = Dv/c^2$-Regel für gleichzeitige Ereignisse, und zwar in der Form $T = Dv$, welche sie annimmt, wenn man Zeiten in Nanosekunden und Distanzen in Fuß misst (Abb. 10.8).

Alice und Bob (und Carol und Dick und Eve . . .) können also alle für raumzeitliche Ereignisse dieselben Punkte in dasselbe Diagramm einzeichnen, sie müssen lediglich ihre jeweils eigenen Familien von Äquilokalen und Äquitemporalen hinzufügen. In jedem Bezugssystem sind die zugehörigen Äquilokalen und Äquitemporalen symmetrisch zu den beiden senkrecht aufeinander stehenden Photonen-Trajektorien angeordnet. Oder anders formuliert: In jedem beliebigen Bezugssystem sind die Winkelhalbierenden der Winkel an den Schnittpunkten zwischen Äquitemporalen und Äquilokalen Photonen-Trajektorien.

Es bleibt jetzt noch die Frage nach der Beziehung zwischen den λ-Skalenfaktoren aus verschiedenen Bezugssystemen – λ ist ja auf dem Papier der Abstand zwischen zwei Äquilokalen von einen Fuß voneinander entfernten Ereignissen bzw. zwischen zwei Äquitemporalen von eine Nanosekunde auseinanderliegenden Ereignissen. Man kann allerdings auch schon eine Menge aus sorgfältig gezeichneten Raumzeitdiagrammen lernen, wenn man die quantitative Beziehung zwischen den Skalenfaktoren noch gar nicht

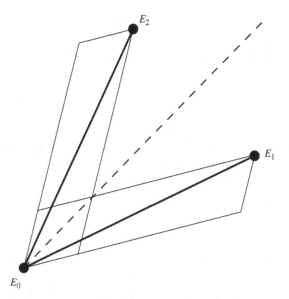

Abb. 10.8 Für Bob ist die *dicke schwarze Linie* zwischen den Ereignissen E_1 und E_0 eine Äquitemporale, die zwischen E_2 und E_0 eine Äquilokale. Die beiden langgestreckten Parallelogramme mit dem gemeinsamen Punkt E_0 bestehen aus Abschnitten von Alice' Äquitemporalen und Äquilokalen. Die gesamte Abbildung ist symmetrisch bezüglich Spiegelung an der *gestrichelten* Photonenlinie. Wenn Bob sich in Alice' Bezugssystem mit der Geschwindigkeit v bewegt, ist – da E_2 und E_0 für Bob am selben Ort stattfinden – für Alice ihre Distanz d in Fuß das Produkt aus v und der Zeitspanne t in Nanosekunden: $d = vt$. Das Verhältnis von d zu t ist gerade das Verhältnis aus kurzer und langer Seite des Parallelogramms mit E_2 und E_0. Wegen der Spiegelsymmetrie bezüglich der *gestrichelten* Photonenlinie ist v ebenso das Verhältnis aus kurzer und langer Seite des Parallelogramms mit E_1 und E_0. Aber das Seitenverhältnis dieses Parallelogramms entspricht dem Verhältnis aus der Zeit T (in Nanosekunden), die für Alice zwischen den zwei für Bob gleichzeitigen Ereignissen E_1 und E_0 vergeht, und der Distanz D (in Fuß), die für Alice zwischen E_1 und E_0 liegt. Somit ist $T = vD$

kennt, deswegen werde ich fürs Erste einfach nur sagen, wie
die Regel aussieht:

Für die Skalenfaktoren von unterschiedlichen Bezugssystemen gilt die Regel, dass *Einheitsrauten für alle Beobachter dieselbe Fläche haben*. Die Fläche eines Parallelogramms
(und erst recht die einer Raute) ist das Produkt aus Höhe
und Grundseite bzw. Basis. Da aber die Höhe einer Einheitsraute der Skalenfaktor λ ist und die zugehörige Grundseite der Skalenfaktor μ (Abb. 10.9), können wir die geometrische Regel für die Skalenfaktoren von Alice und Bob
als die folgende einfache Gleichung formulieren:

$$\lambda_A \mu_A = \lambda_B \mu_B. \tag{10.1}$$

Die Gleichung ergibt sich sofort aus der folgenden Bedingung: Wenn Alice und Bob sich mit konstanter Geschwindigkeit voneinander entfernen, müssen sie beide die jeweils
andere Uhr genauso schnell gehen *sehen*, wie ihre eigenen
Uhren ticken. Wir werden hiervon erst später in diesem Kapitel Gebrauch machen, weswegen ich für die Herleitung
auf die Vertiefung „Der geometrische Zusammenhang von
Skalenfaktoren und invariantem Intervall" verweisen möchte. Zuvor werden wir uns eine Reihe von Beispielen für die
Nützlichkeit von Raumzeitdiagrammen ansehen, bei denen
die explizite Form der Beziehung zwischen Alice' und Bobs
Skalenfaktoren nicht benötigt wird.

Abbildung 10.10 zeigt in so einem Diagramm, wie zwei
gegeneinander bewegte Stöcke in ihrem Eigensystem län-
ger sein können als im Bezugssystem des jeweils anderen
Stocks. Die zwei vertikalen Linien stehen für die Raumzeit-
Trajektorien von linkem und rechtem Ende eines Stocks.
Äquilokalen im Eigensystem dieses Stocks sind vertikal (der

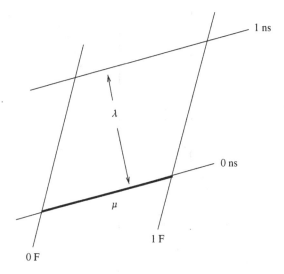

Abb. 10.9   Die Einheitsraute in (irgend)einem Bezugssystem. Die mit „0 ns" und „1 ns" *markierten Linien* stellen Ereignisse dar, die irgendwo eine Nanosekunde nacheinander stattfinden, und die Linien „0 F" und „1 F" Ereignisse, die irgendwann einen Fuß voneinander entfernt geschehen. Die als *Doppelpfeil* eingezeichnete Höhe der Raute ist der Abstand zwischen den zwei Äquitemporalen und entspricht dem λ-Skalenfaktor. Die als dicke Linie gezeichnete Seite ist die zugehörige Grundseite und gleich dem μ-Skalenfaktor. Darum berechnet sich die Fläche der Raute getreu dem Merksatz „Grundseite mal Höhe" als das Produkt λ · μ

Stock ändert in diesem Bezugssystem seine Position nicht), also müssen Äquitemporalen im Eigensystem des Stocks horizontal sein. Ein horizontaler Schnitt der Abbildung stellt die Dinge in einem speziellen Moment im Bezugssystem dieses Stocks dar.

Die zwei parallelen, leicht nach rechts geneigten Linien stehen für Raumzeit-Trajektorien des linken und rechten

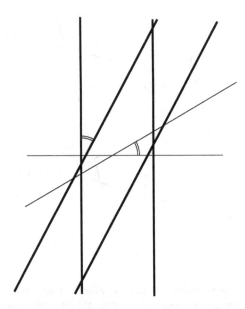

Abb. 10.10 Die *zwei vertikalen Linien* sind das linke und rechte Ende eines Stocks, die *zwei parallelen schrägen Linien* das linke und rechte Ende eines zweiten Stocks, der sich nach rechts am ersten Stock vorbeibewegt. Die *horizontale Linie* ist eine Äquitemporale im Eigensystem des ersten Stocks (in welchem dieser also in Ruhe ist). Die *einzelne dünne, schwächer ansteigende Linie* schließlich ist eine Äquitemporale in dem Bezugssystem, in welchem der zweite Stock ruht. Der Winkel zwischen ihr und der Horizontale ist genauso groß wie der Winkel zwischen der *Vertikale* und den *beiden parallelen geneigten Linien*, die den Enden des zweiten Stocks entsprechen

Endes eines zweiten Stocks. Sie sind Äquilokalen im Eigensystem dieses zweiten Stocks. Äquitemporalen im Eigensystem des zweiten Stocks bilden mit der Horizontale den gleichen Winkel wie dessen Äquilokalen mit der Vertikale. Ein Schnitt der Abbildung mit solch einer geneigten Äquitemporale zeigt die Lage zu einem bestimmten Moment im Bezugssystems des zweiten Stocks.

Die horizontale Linie in Abb. 10.10 ist eine Äquitemporale im Bezugssystem des ersten Stocks. Folgen Sie dieser Linie von links nach rechts, so treffen Sie erst auf das linke Ende des ersten Stocks, dann auf das linke Ende des zweiten, dann auf das rechte Ende des zweiten und schließlich auf das rechte Ende des ersten Stocks. Somit reichen im Eigensystem des ersten Stocks dessen zwei Enden über die zwei Enden des zweiten Stocks hinaus: Der zweite Stock ist in diesem System zu diesem Zeitpunkt kürzer als der erste.

Andererseits ist die dünne, weniger stark geneigte Linie eine Äquitemporale im Bezugssystem des zweiten Stocks. Folgen Sie dieser Linie von unten links nach oben rechts, treffen Sie zuerst auf das linke Ende des zweiten Stocks, dann auf das linke Ende des ersten, dann auf das rechte Ende des ersten und schließlich auf das rechte Ende des zweiten Stocks. Somit reichen im Eigensystem des zweiten Stocks dessen zwei Enden über die zwei Enden des ersten Stocks hinaus: Der erste Stock ist in diesem System zu diesem Zeitpunkt kürzer als der zweite.

Was die Abbildung deutlich macht, ist die Tatsache, dass die Längen von zwei relativ zueinander bewegten Stöcken davon abhängen, wie man die Gleichzeitigkeit von Ereignissen an verschiedenen Orten auffasst. Die verschiedenen Bestandteile eines Stocks (seine zwei Enden, sein Mittelpunkt, ein Punkt zwei Drittel zum vorderen Ende hin usw.) befinden sich an verschiedenen Orten. Welche Teile der Raumzeit-Trajektorien von jedem Teil eines Stocks man zu einem gegebenen Zeitpunkt zusammennimmt, um sie als *den Stock* zu bezeichnen, hängt davon ab, welche Ereignisse in der Historie dieser räumlich separierten Teile des Stocks man als gleichzeitig auffasst.

Die Gesamtheit aller Raumzeit-Trajektorien aller Bestandteile von beiden Stöcken ist unabhängig von solch einer individuellen Auffassung. Willkürlich und vom gewählten Bezugssystem abhängig ist nur die Art, in der man sich entschließt, diese Trajektorien mit einer Äquitemporale zu schneiden, um daraus den *Stock-zu-einem-Zeitpunkt-in-diesem-System* zu bilden.

Beachten Sie, dass es ein drittes Bezugssystem gibt (das sich relativ zum ersten Stock nach rechts bewegt, aber langsamer als der zweite), in welchem beide Stöcke die gleiche Länge haben. Dieses Bezugssystem ist dasjenige, dessen Äquitemporalen parallel zu der Linie verlaufen, welche den Schnittpunkt der Trajektorien der linken Stockenden mit dem Schnittpunkt der Trajektorien der rechten Stockenden verbindet.

Auf ganz ähnliche Weise zeigt das nächste Diagramm in Abb. 10.11, wie zwei relativ zueinander bewegte Uhren in ihrem Eigensystem schneller als im System der jeweils anderen gehen können. Die übereinander platzierten nummerierten Kreise sollen sieben Zeitpunkte in der Historie der einen Uhr sowie die auf ihr in diesem Momenten angezeigte Zeit darstellen. Die sechs schräg gegeneinander versetzten Kreise stehen entsprechend für sechs Momente aus der Historie der anderen Uhr, die sich gegenüber der ersten nach rechts bewegt, und geben die von der Uhr in diesen Momenten angezeigten Zeiten an. Beide Uhren zeigen die Zeit 0 am selben Ort an, weswegen dieses Ereignis von ein und demselben Kreis repräsentiert wird. Niemand wird – egal in welchem Bezugssystem – bestreiten, dass beide Uhren zur

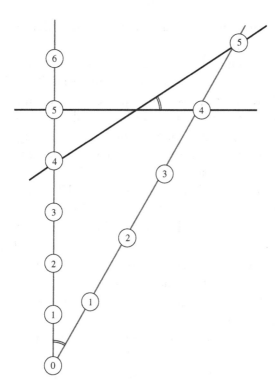

Abb. 10.11 Einige Momente in den Historien von zwei gleichförmig bewegten Uhren. Jeder Zeitpunkt wird als ein *Kreis* mit der dann aktuellen Anzeige der jeweiligen Uhr dargestellt. Beide Uhren zeigen 0 am selben Ort und zur selben Zeit an, weswegen diese zwei Ereignisse durch denselben Kreis repräsentiert werden. Die von der ersten Uhr angezeigten Werte 1–6 liegen in gleichen Abständen auf einer vertikalen Linie; die Anzeigewerte 1–5 der zweiten Uhr auf einer nach *rechts oben geneigten Linie*. Die *dicke horizontale Linie* ist eine Äquitemporale im Bezugssystem der ersten Uhr, die *dicke geneigte Linie* eine Äquitemporale im System der zweiten Uhr. Die Neigung dieser dicken Linie gegen die *Horizontale* ist gleich dem Winkel zwischen der *dünnen geneigten Linie* und der *Vertikale*

selben Zeit 0 anzeigen, da sie dies zur selben Zeit *und* am selben Ort tun.

Äquilokalen im Eigensystem der ersten Uhr sind vertikal (da die Linie, welche die sieben Zeitpunkte aus ihrer Historie verbindet, vertikal ist), also müssen die Äquitemporalen im Eigensystem der ersten Uhr horizontal sein. Da die Ereignisse „zweite Uhr zeigt 4 an" und „erste Uhr zeigt 5 an" auf derselben horizontalen Linie liegen, sind diese zwei Zeitanzeigen im Eigensystem der ersten Uhr zur selben Zeit zu lesen. Und weil die Anzeige 0 auf beiden Uhren gleichzeitig erscheint, beträgt – im Eigensystem der ersten Uhr – die Taktrate der zweiten Uhr nur $\frac{4}{5}$ der Taktrate der ersten.

Äquilokalen im Eigensystem der zweiten Uhr sind parallel zu der Linie, welche die sechs Zeitangaben der zweiten Uhr verbindet. Daher bilden die Äquitemporalen im Eigensystem der zweiten Uhr denselben Winkel mit der Horizontale wie die „Historien-Linie" der zweiten Uhr mit der Vertikale. Eine solche Äquitemporale verbindet beispielsweise das Ereignis „erste Uhr zeigt 4 an" mit dem Ereignis „zweite Uhr zeigt 5 an". Und weil beide Uhren zur selben Zeit 0 anzeigen, geht die erste Uhr im Eigensystem der zweiten nur $\frac{4}{5}$-mal so schnell wie die zweite.

Abbildung 10.11 zeigt explizit, dass der Vergleich der Taktraten von zwei gegeneinander bewegten Uhren entscheidend davon abhängt, wie man die Gleichzeitigkeit von Ereignissen bestimmt, die an verschiedenen Orten passieren. Da dies in jedem Bezugssystem anders erfolgt (in jedem System unterteilen die Äquitemporalen die Raumzeit anders), ist es kein Widerspruch, dass jedes Bezugssystem darauf besteht, dass die Uhren in den anderen Systemen langsamer als die jeweils eigene Uhr ticken.

Wenn wir die Diskussion bei Abb. 10.11 beenden würden, wäre die Frage, welche Uhr denn nun *in Wirklichkeit* langsamer geht, eine bloße Ansichtssache ohne reale Bedeutung, je nachdem, wessen Standpunkt über die Gleichzeitigkeit von Ereignissen man gerade einnimmt. Stellen Sie sich aber einmal vor, die zweite Uhr würde plötzlich umdrehen und zur ersten zurückkehren. Dann schlüge die Stunde der Wahrheit, wenn wir bei ihrer Ankunft die Uhren am selben Ort zur selben Zeit miteinander vergleichen können: Würde eine Uhr dann mehr verstrichene Zeit anzeigen als die andere?

Wenn wir jetzt dieser Frage nachgehen, müssen wir uns bewusst sein, dass durch die Richtungsumkehr der zweiten Uhr die Symmetrie zwischen den zwei Uhren gebrochen wird. Die erste Uhr bleibt während ihrer gesamten Historie in ein und demselben Inertialsystem in Ruhe. Die zweite Uhr dagegen wechselt in dem Moment, in dem sie umkehrt, von einem Inertialsystem, das sich (im System der ersten Uhr) gleichförmig nach rechts bewegt, in ein anderes, das sich (im System der ersten Uhr) gleichförmig nach links bewegt. Es gibt kein Inertialsystem, in dem die zweite Uhr während ihrer kompletten Historie in Ruhe sein könnte, und die gigantische Abbremsung und Wiederbeschleunigung am Wendepunkt würde für jeden Mitreisenden dieser Uhr mehr als deutlich zu spüren sein.

Was also geschieht auf der Reise „Hin und wieder zurück" mit der zweiten Uhr? Im Bezugssystem der ersten Uhr (in dem die Äquitemporalen horizontal verlaufen) ist die Situation ganz einfach (Abb. 10.12): Die bewegte zweite Uhr tickt während ihrer gesamten Reise langsamer als die erste und ist deswegen am Ende ihrer Reise nur um acht Zeitein-

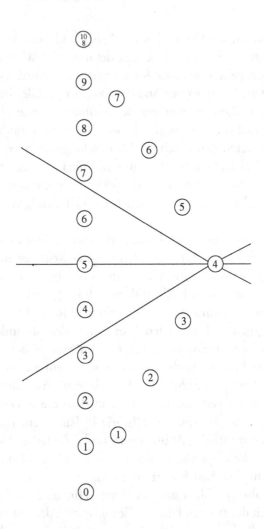

heiten vorgerückt, vier auf dem Hinweg und vier auf dem Rückweg. Währenddessen zeigt die erste Uhr beim Wiedersehen schon die Zeit 10 an, also ist die bewegte Uhr insgesamt langsamer gegangen als die ruhende.

◀ **Abb. 10.12**   Zwei identische Uhren. Die erste wird zu elf verschiedenen Zeitpunkten gezeigt, wobei ihre Anzeige von 0 bis 10 läuft. Die zweite Uhr entfernt sich erst gleichförmig von der ersten, wobei ihre Anzeige von 0 bis 4 geht, anschließend kehrt sie mit betragsmäßig gleicher Geschwindigkeit zur ersten zurück, während ihre Anzeige von 4 bis 8 weiterläuft. Ganz unten und ganz oben in der Abbildung befinden sich beide Uhren zur selben Zeit am selben Ort und werden durch den gleichen Kreis repräsentiert. Die erste Uhr ruht die ganze Zeit im gleichen Inertialsystem. Ihre Äquilokalen sind in diesem System vertikal, ihre Äquitemporalen demzufolge horizontal (z. B. die Gerade durch „erste Uhr zeigt 5 an" und „zweite Uhr zeigt 4 an"). Die schräg nach rechts oben verlaufende Linie ist eine Äquitemporale im Bezugssystem, in dem die zweite Uhr auf dem Hinweg ruht, die *nach links oben verlaufende Linie* eine Äquitemporale in dem davon verschiedenen Bezugssystem, in dem sie auf ihrem Rückweg ruht

Vom Standpunkt der zweiten Uhr aus betrachtet ist die Lage etwas verzwickter, da wir es jetzt mit zwei verschiedenen Inertialsystemen zu tun haben. Im Bezugssystem, das sich mit der zweiten Uhr von der ersten entfernt, geht die erste Uhr langsamer als die zweite und läuft in der Zeit, in der die zweite 0 bis 4 anzeigt, nur von 0 bis 3,2. Dies können wir aus Abb. 10.12 mithilfe der unteren schrägen Äquitemporale ablesen. Analog läuft die erste Uhr im Bezugssystem, das die zweite Uhr auf dem Rückweg begleitet, ebenfalls verlangsamt und läuft lediglich 3,2 Zeiteinheiten weiter, nämlich von 6,8 bis 10, während die zweite Uhr die Zeitpunkte 4 bis 8 anzeigt, wie man mithilfe der oberen schrägen Äquitemporale in der Abbildung sieht.

Die unbestreitbare Tatsache, dass die erste Uhr beim Wiedersehen auf 10, die zweite aber bloß auf 8 steht, ist aus Sicht der zweiten Uhr aber gar nicht so merkwürdig, wie es auf den ersten Blick scheint – obwohl die erste Uhr für sie tatsächlich sowohl auf dem Hinweg als auch auf dem Rückweg langsamer geht. Die fehlende Spanne von 3,6 Einheiten „Erste-Uhr-Zeit" (es ist $3,6 = 10 - 2 \cdot 3,2$) versteckt sich in einer sprunghaften Änderung der Auffassung, die ein Begleiter der zweiten Uhr von dem haben muss, *was die erste Uhr „jetzt" anzeigt*, und zwar in dem Moment, wenn die zweite Uhr das Bezugssystem wechselt. Wie man in Abb. 10.12 sieht, zeigt beim Ereignis des Richtungswechsels, also wenn die zweite Uhr 4 anzeigt, die weit entfernte erste Uhr *jetzt* 3,2 an – gemäß dem Verständnis von Gleichzeitigkeit im Bezugssystem des Hinwegs. Im Bezugssystem des Rückwegs dagegen steht die erste Uhr *jetzt*, also dann, wenn die zweite 4 anzeigt, schon auf 6,8! Diese vom Wechsel des Bezugssystems erzwungene Umstellung der Auffassung davon, was die erste Uhr *jetzt* macht, erklärt die scheinbar verlorene Zeit auf der ersten Uhr vom Standpunkt der zweiten aus. Diese Umstellung erinnert ein wenig an das Umstellen der Armbanduhr, wenn man im Flugzeug eine neue Zeitzone erreicht, ist aber natürlich ein wesentlich subtilerer Effekt.

Die wesentliche, aber unangenehm künstliche Rolle, welche die unterschiedlichen Begriffe von Gleichzeitigkeit in Abb. 10.12 spielen, verschwindet, wenn wir nicht mehr danach fragen, was Mitreisende der beiden Uhren über den aktuellen Stand der jeweils anderen Uhr *sagen*, sondern danach, was sie wirklich *sehen*. Abbildung 10.13 zeigt noch einmal die Uhren aus Abb. 10.12, doch diesmal ohne die zu den drei Bezugssystemen gehörigen Äquitemporalen, aber dafür mit den Trajektorien (gestrichelte Linien) von Photonen, welche von den Uhren ausgesandt werden, wenn sich die Zahl im Display einer der Uhren verändert. Da der Verlangsamungsfaktor für die bewegten Uhren $\frac{4}{5}$ ist, beträgt die relative Geschwindigkeit der Uhren $v = \frac{3}{5}c$, und der Doppler-Faktor $\sqrt{\frac{1+v/c}{1-v/c}}$ (Kap. 7) hat den Wert 2. Beobachter, die einer sich mit $\frac{3}{5}$ der Lichtgeschwindigkeit entfernenden Uhr hinterhersehen (oder sich mit diesem Tempo von ihr entfernen), sehen die Uhr halb so schnell ticken wie ihre Eigensystem-Armbanduhr. Beobachter, auf welche eine Uhr mit $\frac{3}{5}$ der Lichtgeschwindigkeit zukommt (oder die sich ihr mit diesem Tempo nähern), sehen sie doppelt so schnell ticken. Beachten Sie, dass die Faktoren 2 und $\frac{1}{2}$, die wir mit der Doppler-Formel berechnet haben, sich ganz automatisch aus der Geometrie von Abb. 10.13 ergeben.

Die Lichtpulse, die von der zweiten Uhr emittiert werden, wenn ihr Display auf 1, 2, 3 bzw. 4 wechselt, erreichen die erste Uhr, wenn diese 2, 4, 6 und 8 anzeigt. Die Lichtpulse, die von der zweiten Uhr ausgehen, wenn sie 5, 6, 7 und 8 anzeigt, erreichen die erste Uhr, wenn auf dieser 8,5, 9, 9,5 und 10 zu lesen ist. Also sehen die Beobachter bei der ersten Uhr die zweite Uhr während 80 % ihrer Zeit mit der halben Taktrate und während der restlichen 20 % mit verdoppelter Taktrate ticken (jeweils verglichen mit der Taktrate im Eigensystem der zweiten Uhr). Die viel längere Zeit, während der man die zweite Uhr von der ersten aus verlangsamt sieht, überwiegt die kurze Zeit, in der sie beschleunigt geht, und der Nettoeffekt ist, dass die zweite Uhr beim Wiedersehen insgesamt weniger verstrichene Zeit anzeigt als die erste. Andersherum betrachtet: Emittiert die erste Uhr einen Lichtpuls, wenn ihre Anzeige auf 1 bzw. auf 2 wechselt, erreicht dieser Puls einen Beobachter bei der zweiten Uhr, wenn diese 2 bzw. 4 anzeigt. Die Zeitsignale

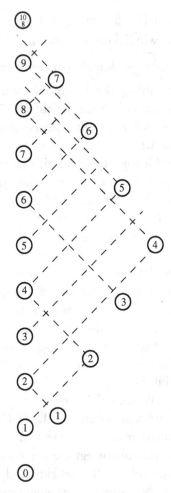

Abb. 10.13 Noch einmal die Uhren aus Abb. 10.12, aber ohne Äquitemporalen und dafür mit Photonen-Trajektorien, die andeuten, was die eine Uhr die andere Uhr „tun sieht": Von jeder Uhr geht, wenn ihr Display eine neue Zahl anzeigt, ein Lichtblitz aus, den jemand bei der anderen Uhr dann sieht, wenn die entsprechende Photonen-Trajektorie die Trajektorie seiner Uhr schneidet

3, 4, 5, 6, 7, 8, 9 und 10 der ersten Uhr erreichen die zweite Uhr, wenn diese auf 4,5, 5, 5,5, 6, 6,5, 7, 7,5 und 8 steht. Also sehen die Beobachter bei der zweiten Uhr die erste Uhr während der ersten Hälfte ihrer Reise mit halber Taktrate ticken und während der zweiten Hälfte mit doppelter Taktrate. Da der Beobachter bei der zweiten Uhr die erste Uhr während der halben Reisezeit mit doppelter Taktrate ticken sieht, muss die erste Uhr nach dieser Hälfte schon genauso viel verstrichene Zeit anzeigen wie die zweite während der gesamten Reise. Während der verbleibenden zweiten Hälfte der Reise sieht der Beobachter bei der zweiten Uhr die erste Uhr mit halbierter Taktrate ticken, also muss die erste Uhr am Ende noch zusätzlich 25 % der Zeit aus der ersten Hälfte anzeigen – und genau dies ist der Fall.

Die Tatsache, dass zwei identische Uhren, die sich anfänglich am selben Ort befinden und dieselbe Zeit anzeigen, unterschiedliche Zeiten anzeigen können, wenn sie sich zwischendurch voneinander entfernen und dann wieder zusammenkommen, nennt man manchmal das *Uhrenparadoxon* oder, noch häufiger, das *Zwillingsparadoxon*. Wäre die Bewegung der einen Uhr in dieser Zeit ein Spiegelbild der Bewegung der anderen, wäre dies in der Tat paradox, denn es gäbe keine Möglichkeit zu entscheiden, welche Uhr sich während der Reise mehr bewegt hat. Doch in Wirklichkeit ist dieses Phänomen gar kein Paradoxon, da die Uhren sich asymmetrisch bewegen, wie gerade eben ausführlich dargelegt: Eine Uhr bewegt sich zu allen Zeiten gleichförmig, während die anderen einen abrupten Geschwindigkeitswechsel erleidet, wenn ihr Eigensystem vom „auslaufenden" zum „einlaufenden" Inertialsystem wechselt.

Der Ausdruck „Zwillingsparadoxon" bezieht sich auf die dramatische Version dieser Geschichte, bei der die zwei „Uhren" eineiige Zwillinge sind. Wenn der eine Zwilling mit einer Superrakete, die $\frac{3}{5}$ der Lichtgeschwindigkeit schafft, einen Stern in drei Lichtjahren Entfernung besucht, dauert der Trip hin und zurück im Bezugssystem der Erde $2 \cdot 5 = 10$ Jahre. Aber wegen des Verlangsamungsfaktors von $\sqrt{1 - \left(\frac{3}{5}\right)^2} = \frac{4}{5}$ altert der Zwilling in der Rakete nur um vier Jahre während der Hinreise und um weitere vier Jahre auf dem Rückweg. Wenn sie nach Hause zurückkommt, wird sie damit zwei Jahre jünger sein als ihre zu Hause gebliebene Schwester, die volle zehn Jahre älter geworden ist. Dies ist keine vertraute Situation, weil noch niemals jemand so schnell so weit (und zurück) gereist ist, aber nicht paradox. Wir werden eine unterhaltsame Ergänzung zum Uhrenparadoxon behandeln, wenn wir in Kap. 12 einen kurzen Blick auf die Allgemeine Relativitätstheorie werfen.

Als Variation eines anderen scheinbaren Paradoxons, der wechselseitigen Längenkontraktion, betrachten wir eine Situation, in der Alice auf das vordere Tor einer langen, schmalen Scheune zurennt, deren Längsachse in ihrer Laufrichtung liegt. Sie trägt bei sich einen langen Pfahl, der horizontal in Richtung auf das Scheunentor zeigt. Die Eigenlänge des Pfahls ist größer als die Eigenlänge der Scheune, sodass der Pfahl, wenn er im Scheunenbezugssystem ruht, nicht in die Scheune hineinpasst. Weil Alice jedoch so schnell rennt, schrumpft der Pfahl im Scheunensystem so stark, dass er kürzer als die Scheune wird und bequem hineinpasst. In Alice' Bezugssystem dagegen behält der Pfahl seine Eigenlänge und es ist die auf Alice zurasende

Scheune, welche eine Längenkontraktion erleidet, sodass es noch unmöglicher[51] wird, dass der Pfahl der Länge nach in die Scheune hineinpasst.

Was geht hier vor? Um zu vermeiden, dass der Pfahl in die Rückwand der Scheune kracht, und weil wir uns keine Gedanken über die mit der Notbremsung eines nahezu mit Lichtgeschwindigkeit bewegten Pfahls verbundenen Komplikationen machen wollen, nehmen wir an, dass die Scheune einen Notausgang auf der Rückseite besitzt, durch den der Pfahl wieder hinaus kann, ohne seine gleichförmige Geschwindigkeit ändern zu müssen. Gibt es eine Zeit, zu welcher der Pfahl komplett in der Scheune steckt oder gibt es sie nicht?

Beachten Sie das Auftreten des entscheidenden Wörtchens „Zeit" in dieser Frage! Die Auflösung des Paradoxons, dass ein bewegter Pfahl „gleichzeitig" in eine Scheune hineinzupassen und vorne und hinten hinauszuragen scheint, hängt natürlich von der Wahl des verwendeten Bezugssystems und dessen Idee von Gleichzeitigkeit ab. Denn „der Pfahl ist in der Scheune" bedeutet in Wirklichkeit „alle Teile des Pfahls befinden sich zur selben Zeit zwischen dem vorderen und dem hinteren Tor der Scheune". Da sich verschiedene Teile des Pfahls notwendigerweise an verschiedenen Orten aufhalten, und da verschiedene Bezugssysteme unterschiedliche Vorstellungen davon haben, ob Ereignisse an verschiedenen Orten gleichzeitig sind oder nicht, kann es in der Tat legitime Meinungsverschiedenheiten in der Frage geben, ob es Zeitpunkte gibt, an denen der jeweilige Ort aller verschiedenen Teile des Pfahls sich zwischen den beiden Scheunentoren befindet oder nicht.

Das Raumzeitdiagramm in Abb. 10.14 macht klar, was hier wirklich vor sich geht. Nehmen wir an, dass beide Scheunentore geschlossen sind, außer wenn sich der Pfahl gerade zwischen den Torpfosten aufhält. Die zwei vertikalen Linien stellen die beiden Tore dar. Ist ein Tor geschlossen, ist dessen Linie durchgezogen, andernfalls ist sie punktiert. Die Punkte, aus denen der sich bewegende Pfahl besteht, liegen alle innerhalb der grau schattierten Fläche, die links von der Raumzeit-Trajektorie der linken Pfahlspitze und rechts von der Trajektorie der rechten Pfahlspitze begrenzt wird.

Äquitemporalen im Bezugssystem der Scheune verlaufen horizontal, zwei davon sind in Abb. 10.14 eingezeichnet. Die untere horizontale Äquitemporale entspricht dem Moment, in dem die hintere Pfahlspitze in der Scheune verschwindet. Man sieht, dass zu diesem Zeitpunkt die vordere Pfahlspitze noch nicht das andere Tor erreicht hat, der Pfahl also ab jetzt komplett in der Scheune ist. Die obere horizontale Äquitemporale entspricht dem Moment, in welchem die vordere Pfahlspitze das andere Scheunentor erreicht. Zu diesem Zeitpunkt befindet sich die hintere Pfahlspitze bereits mitten in der Scheune. Zu allen Scheunenbezugssystem-Zeiten dazwischen hält sich der Pfahl komplett innerhalb der Scheune auf und beide Scheunentore sind geschlossen.

Die Äquitemporalen im Bezugssystem des Pfahls sind jedoch nicht horizontal, sondern nach rechts oben geneigt, auch von diesen sind zwei im Diagramm eingezeichnet. Die untere schräge Äquitemporale entspricht dem Moment, in dem die vordere Pfahlspitze aus der Scheune herauskommt. Man sieht, dass zu diesem Zeitpunkt die hintere Pfahlspit-

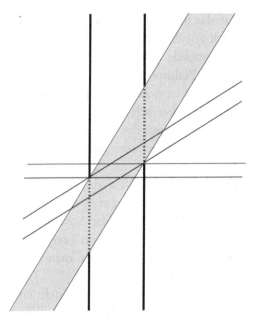

Abb. 10.14 Das Pfahl-in-der-Scheune-Paradoxon: Die *dicken vertikalen Linien* sind die Raumzeit-Trajektorien von linkem und rechtem Scheunentor, welche *durchgezogen* sind, solange die Tore geschlossen bleiben, und *punktiert*, wenn diese offen stehen. Die *schrägen Linien*, welche die *grau schattierte Fläche* begrenzen, sind die Raumzeit-Trajektorien von linker und rechter Pfahlspitze. *Punkte innerhalb des grauen Gebiets* stehen für Punkte zwischen den Spitzen des Pfahls. Die *zwei horizontalen Linien* sind Äquitemporalen im Scheunenbezugssystem. Man erkennt, dass es im Scheunenbezugssystem eine Zeitspanne gibt, während der sich der Pfahl komplett innerhalb der Scheune aufhält und beide Tore geschlossen sind (nämlich der von diesen beiden Linien aus der grauen Fläche herausgeschnittene Bereich). Die beiden flach ansteigenden grauen Parallelen sind Äquitemporalen im Pfahlbezugssystem. An ihnen liest man ab, dass es im Pfahlbezugssystem einen Zeitraum gibt, während dessen der Pfahl auf beiden Seiten durch die geöffneten Tore aus der Scheune herausschaut (von den grauen Parallelen aus der grauen Fläche herausgeschnittener Bereich)

ze noch nicht das hintere Tor erreicht hat, sondern noch ein gutes Stück aus der Scheune herausschaut. Die obere schräge Äquitemporale entspricht dem Moment, in welchem die hintere Pfahlspitze endlich auch in die Scheune hereinkommt. Zu diesem Zeitpunkt hat die vordere Pfahlspitze die Scheune aber schon längst verlassen und der Pfahl schaut nun vorne aus der Scheune heraus. Zu keiner Pfahlbezugssystem-Zeit befindet sich der Pfahl komplett innerhalb der Scheune.

Das Pfahl-in-der-Scheune-Paradoxon lehrt uns eine wichtige Lektion: Selbst in einem so unschuldigen Sätzchen wie „Der Pfahl steckt in der Scheune" kann eine Aussage über die Gleichzeitigkeit von Ereignissen an verschiedenen Orten versteckt sein, wenn man ihn auf einen sich bewegenden Pfahl bezieht.

Raumzeitdiagramme erleichtern es auch enorm, die Absonderlichkeiten von überlichtschneller Bewegung zu untersuchen. Abbildung 10.15 zeigt die Trajektorie (dicke durchgezogene Linie) eines Objekts, das sich zunächst langsamer, dann für eine Weile schneller und dann wieder langsamer als das Licht bewegt. Sie sehen, dass die Trajektorie im mittleren Streckenabschnitt in der Tat um mehr als den 45°-Winkel der Photonen-Trajektorien gegen die Vertikale geneigt ist, während die beiden anderen Abschnitte um weniger als 45° gegen die Vertikale geneigt sind.

Auf der linken Seite von Abb. 10.15 sind zusätzlich einige von Alice' Äquitemporalen eingezeichnet, welche die obige Beschreibung bestätigen. Die Äquitemporalen sind gemäß ihrer zeitlichen Abfolge nummeriert. Von Zeitpunkt 1 bis Zeitpunkt 4 bewegt sich das Objekt langsamer als das Licht,

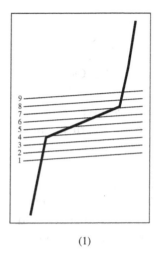 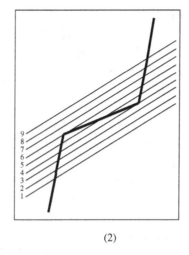

(1)   (2)

Abb. 10.15 Die *dicke durchgezogene Linie* mit den zwei Knicken ist die Trajektorie eines Objekts. Der mittlere Abschnitt ist um mehr als 45° gegen die Vertikale geneigt, was bedeutet, dass sich das Objekt dort schneller als das Licht bewegt. In (1) sehen Sie Äquitemporalen von Alice' Bezugssystem, in (2) Äquitemporalen von Bob

im Zeitraum 4–7 schneller und während 7–9 wieder langsamer.

Rechts in Abb. 10.15 sieht man die Äquitemporalen von Bob, der sich mit größerer Geschwindigkeit nach rechts bewegt als Alice, aber natürlich nicht schneller als das Licht (was Sie daran erkennen können, dass seine Äquitemporalen gegen die Horizontale um weniger als 45° geneigt sind). Bob erzählt uns eine interessantere Geschichte als Alice: Während der Zeit 1–3 bewegt sich Bob zufolge wie bei Alice in der linken Hälfte des Bilds ein Objekt langsamer als das Licht. Doch zum Zeitpunkt 4 erscheinen in der rechten

Bildhälfte aus dem Nichts zwei weitere Objekte! Eines von ihnen bewegt sich schneller als das Licht nach links, während sich das zweite unterlichtschnell nach rechts bewegt. Zwischen den Zeiten 4 und 6 sind alle drei Objekte unterwegs, doch zur Zeit 6 trifft das überlichtschnelle Objekt auf das unterlichtschnelle Objekt auf der linken Seite und beide verschwinden, woraufhin das rechte unterlichtschnelle Objekte seinen Weg in der Zeit 7–9 friedlich und alleine fortsetzt.

So seltsam das klingen mag, im Prinzip ist nichts daran auszusetzen, wenn man unterschiedlicher Meinung ist, wie viele Objekte zu einer gegebenen Zeit vorhanden sind, denn „zu einer gegebenen Zeit" hat in verschiedenen Bezugssystemen unterschiedliche Bedeutungen, wie die Diagramme ganz deutlich zeigen. Deutlich beunruhigender ist jedoch, dass Alice und Bob unterschiedlicher Meinung über die zeitliche Abfolge der Ereignisse in der Historie des überlichtschnellen Objekts sind: Alice sagt, dass es in der linken Bildhälfte entsteht, wenn das dortige unterlichtschnelle Objekt einen gigantischen Beschleunigungsschub erfährt, und dann in der rechten Bildhälfte verschwindet, wenn es abrupt auf Unterlichtgeschwindigkeit heruntergebremst wird. Bob hingegen sagt, das überlichtschnelle Objekt entstehe auf der rechten Seite zusammen mit einem weiteren, unterlichtschnellen Objekt, bevor es dann zusammen mit dem unterlichtschnellen Objekt aus der linken Bildhälfte plötzlich verschwindet.

Wir sind einer ähnlichen Situation schon in Kap. 9 begegnet (Abb. 9.9). Mit unserem Diagramm können wir erkennen, dass in solchen Fällen das folgende Problem unvermeidlich ist: Wenn sich ein Objekt schneller als das Licht bewegt, gibt es zwangsläufig Bezugssysteme, welche bezüglich der zeitlichen Abfolge der Ereignisse in dessen Historie unterschiedlicher Ansicht sind, je nachdem, ob ihre Äquitemporalen flacher oder steiler verlaufen als die Raumzeit-Trajektorie des Objekts. (Nur bei einem überlichtschnellen Objekt kann es Bezugssysteme geben, deren Äquitemporalen steiler verlaufen als dessen Trajektorie.) Wie in Kap. 9 angemerkt, sind die aus solchen Meinungsverschiedenheiten erwachsenden Schwierigkeiten überwältigend, wenn man dem Objekt ansehen kann, in welcher Richtung seine „Lebenszeit" vergeht, etwa weil es altert, verrottet oder abbrennt.

Abbildung 10.16 zeigt gleich das nächste Problem mit Objekten, die sich schneller als das Licht bewegen. Die dünne durchgezogene Linie auf der linken Seite der Abbildung ist die Raumzeit-Trajektorie von Alice, die kleinen schwarzen Kreise 1 und 2 sind zwei Ereignisse in ihrer Historie. Ereignis 1 geschieht vor Ereignis 2. Wenn Ereignis 2 stattfindet, sendet Alice ein überlichtschnelles Signal zu Bob (dem weißen Kreis auf der rechten Seite), der sich mit beträchtlicher Geschwindigkeit von ihr entfernt, gerade noch etwas langsamer als das Licht. Daher kann ihr überlichtschnelles Signal (obere dicke schwarze Linie) den davonrasenden Bob noch einholen. Die dünne durchgezogene Linie, die von Bob aus nach links unten zeigt, ist seine Äquitemporale für den Zeitpunkt, zu dem ihn Alice' Signal erreicht. Beachten Sie, dass diese Linie (etwas) flacher verläuft als die gestrichelte Photonen-Trajektorie, die von Bob im selben Moment ausgeht, sodass es sich bei ihr also in der Tat um eine erlaubte Äquitemporale handelt. Die Abbildung demonstriert, dass in Bobs Bezugssystem das Ereignis 1 noch

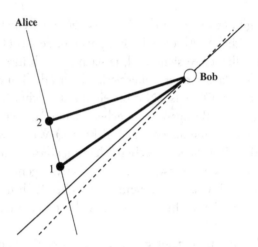

Abb. 10.16 Die *dünne nach links oben geneigte Linie* ist die Raumzeit-Trajektorie von Alice, die *zwei kleinen schwarzen Kreise* sind Ereignisse, die sie miterlebt. Wenn Ereignis 2 stattfindet, sendet Alice eine überlichtschnelle Botschaft (*obere dicke schwarze Linie*) an Bob (*weißer Kreis rechts*). Wenn Bob Alice' Botschaft erhält, sendet er sie umgehend mit einem weiteren überlichtschnellen Signal an sie zurück (*untere dicke schwarze Linie*). Dieses Signal erreicht Alice, wenn für sie Ereignis 1 geschieht, obwohl Ereignis 1 in allen Bezugssystemen vor Ereignis 2 passiert. Die *gestrichelte Linie* durch Bobs Kreis ist eine Photonen-Trajektorie, was zeigt, dass die *flache durchgezogene Linie* in der Tat eine zulässige Äquitemporale in Bobs Bezugssystem ist

gar nicht stattgefunden hat, wenn Bob Alice' Nachricht von Ereignis 2 erhält, da 1 oberhalb von Bobs dünner durchgezogener „Nachricht erhalten"-Äquitemporale liegt.[52] Wenn nun aber Bob ebenfalls überlichtschnelle Signale versenden kann – und warum sollte ausgerechnet er das nicht dürfen? –, kann er eine Botschaft zurück zu Alice auf den Weg bringen (untere dicke schwarze Linie), die gerade zur Zeit von Ereignis 1 bei ihr ankommt.

Auf diese Weise kann Alice (mit Bobs Hilfe) eine Botschaft an ihr früheres Selbst senden. Nehmen Sie an, Ereignis 2 sei das Ende eines Wettrennens und Ereignis 1 die letzte Gelegenheit, eine Wette auf dessen Ausgang beim Buchmacher abzugeben. Wenn der Sieger feststeht, schickt Alice unverzüglich dessen Namen per Überlicht-SMS an Bob, der ihn mit einer weiteren Überlicht-SMS zurück zu Alice im Büro des Buchmachers sendet. Sie gibt die Wette ab und kann sich am Ende des Rennens über den Gewinn freuen. (Natürlich erscheint in Alice' Bezugssystem der Name des Siegers auf magische Weise aus dem Nichts und rast unverzüglich überlichtschnell in Richtung Bob davon. Aber sie weiß, dass der Grund dafür ist, dass sie nach dem Rennen den Namen mit einem überlichtschnellen Signal an Bob gesendet haben wird.)

Eine wirklich seltsame Transaktion. Botschaften in die Vergangenheit zu senden, damit der Empfänger den Lauf von Ereignissen abändert, die bereits stattgefunden haben, ist zwar Tagesgeschäft in der Science-Fiction-Literatur, doch schwer vereinbar mit einer kohärenten Beschreibung der realen Welt. Die Gefahr, dass Botschaften in die Vergangenheit verschickt werden könnten, ist eines der stärksten Argumente gegen überlichtschnelle Bewegungen. Damit solche Bewegungen möglich bleiben, Nachrichten in die Vergangenheit aber ausgeschlossen sind, muss man eine weitere Schutzklausel anfügen: Wenn sich etwas schneller als das Licht bewegt, darf es nicht absichtlich losgeschickt worden sein. Es muss einfach zufällig aus dem Nichts entstehen oder unkontrollierbar an allen Beobachtern vorbeihuschen, kurz, es darf sich nicht zur Signalübertragung nutzen lassen.

Ob zwei Ereignisse raumartig, zeitartig oder lichtartig separiert sind (Kap. 8), lässt sich ganz einfach aus ihrer Darstellung in einem Raumzeitdiagramm ablesen. Abbildung 10.17 zeigt ein Ereignis E zusammen mit den Trajektorien von zwei in entgegengesetzte Richtungen laufenden Photonen, die beide bei E anwesend sind. Punkte in den beiden als „raumartig" bezeichneten Bereichen stehen für Ereignisse, die von E raumartig separiert sind, denn die Verbindungslinie zwischen E und irgendeinem Punkt in diesen Gebieten ist flacher als die Photonen-Trajektorie (also mehr zur Horizontale als zur Vertikale geneigt). Daher kann diese Verbindungslinie eine Äquitemporale in einem geeigneten Bezugssystem sein. In diesem Bezugssystem findet das Ereignis gleichzeitig mit E statt. Punkte in den als „zeitartig" bezeichneten Bereichen gehören zu Ereignissen, die von E zeitartig separiert sind, denn die Verbindungslinie zwischen E und irgendeinem Punkt in diesen Gebieten ist steiler als die Photonen-Trajektorie (also mehr zur Vertikale als zur Horizontale geneigt). Sie kann daher eine Äquilokale in einem geeigneten Bezugssystem sein. In diesem Bezugssystem passiert das Ereignis am selben Ort wie E. Die Photonen-Trajektorien, welche diese Bereiche voneinander abgrenzen, enthalten Ereignisse, die von E lichtartig separiert sind.

Die zwei zeitartig von E separierten Bereiche lassen sich weiter in die „Zukunft" und die „Vergangenheit" von E unterteilen, denn alle Bezugssysteme sind sich in der zeitlichen Abfolge von zeitartig separierten Ereignissen einig. Im Gegensatz dazu kann ein raumartig von E separiertes Ereignis

Abb. 10.17 Der *kleine schwarze Kreis* ist ein Ereignis *E*, die zwei *gestrichelten Linien* sind Trajektorien von Photonen, die bei *E* anwesend sind und sich in entgegengesetzte Richtungen bewegen. Die Photonen-Trajektorien teilen das Diagramm in vier Bereiche auf. Zwei davon enthalten von *E* raumartig separierte Ereignisse (*links* und *rechts*), die anderen beiden von *E* zeitartig separierte Ereignisse (*oben* und *unten*)

nicht eindeutig der Zukunft oder der Vergangenheit von *E* zugeordnet werden, da verschiedene Bezugssysteme unterschiedlicher Meinung darüber sind, ob solch ein Ereignis vor oder nach *E* stattgefunden hat (Abb. 10.18).

Abbildung 10.19 zeigt den vielleicht einfachsten Weg, um einzusehen, warum das Intervall zwischen zwei Ereignissen nicht von dem Bezugssystem abhängt, in welchem die Zeitspanne *T* und die Distanz *D* zwischen den Ereignissen bestimmt werden.

Die Abbildung wurde von Carol gezeichnet, in deren Bezugssystem Bob und Alice sich mit gleicher Geschwindigkeit, aber in entgegengesetzte Richtungen bewegen, Bob

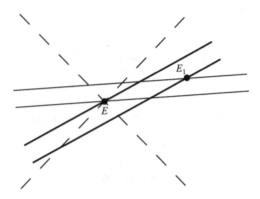

Abb. 10.18 Das Ereignis E aus Abb. 10.17 und ein zweites Ereignis E_1, das von E raumartig separiert ist. Die zwei *parallelen dickeren durchgezogenen Linien* sind Äquitemporalen in einem Bezugssystem, in dem E_1 vor E stattfindet, da die Äquitemporale, die E_1 enthält, im Diagramm unter derjenigen mit E liegt. Dagegen stellen die beiden *dünneren parallelen durchgezogenen Linien* Äquitemporalen in einem Bezugssystem dar, in dem E_1 nach E stattfindet, denn die E_1 enthaltende Äquitemporale von diesem Bezugssystem liegt im Diagramm weiter oben als die für E

nach links und Alice nach rechts. Dass in Carols Bezugssystem Alice und Bob (betragsmäßig) gleich schnell sind, hat drei wichtige Konsequenzen: (a) Beide λ-Skalenfaktoren (und ebenso beide μ-Skalenfaktoren) müssen aus Symmetriegründen in Carols Diagramm gleich groß sein. (b) Bobs Äquilokalen müssen denselben Winkel zur Vertikale bilden wie Alice' Äquitemporalen zur Horizontale, weswegen Bobs Äquilokalen auf Alice' Äquitemporalen senkrecht stehen müssen. (c) Aus demselben Grund stehen Bobs Äquitemporalen senkrecht auf Alice' Äquilokalen.

Betrachten Sie vor diesem Hintergrund die weißen Kreise in Abb. 10.19, welche die Ereignisse E_1 und E_2 darstellen

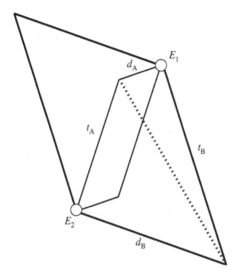

Abb. 10.19 Die zwei *weißen Kreise* sind die Ereignisse E_1 und E_2. Das *große Parallelogramm* (*dicke Linien*) besteht aus Abschnitten von Bobs Äquitemporalen und Äquilokalen mit den Längen t_B bzw. d_B. Die Seiten des *kleinen Parallelogramms* (*dünne Linien*) sind Abschnitte von Alice' Äquitemporalen und Äquilokalen mit den Längen t_A bzw. d_A. Das Diagramm wurde von Carol gezeichnet, in deren Bezugssystem Bob und Alice gleiche, aber entgegengesetzt gerichtete Geschwindigkeiten haben. Beachten Sie die zwei *rechtwinkligen Dreiecke*, deren gemeinsame Hypotenuse die *gepunkteten Linie* ist und für deren Katheten $t_A^2 + d_B^2 = t_B^2 + d_A^2$ gilt

sollen. Das große Parallelogramm (dicke Linien) besteht aus Abschnitten von Bobs Äquitemporalen und Äquilokalen mit den Längen t_B bzw. d_B; die Seiten des kleinen Parallelogramms (dünne Linien) sind Abschnitte von Alice' Äquitemporalen und Äquilokalen mit den Längen t_A bzw. d_A. Wegen der gerade festgestellten Orthogonalität gibt es in der Abbildung zwei rechtwinklige Dreiecke mit der gepunkteten Linie als gemeinsamer Hypotenuse. Das linke Dreieck hat die Kathetenlängen t_A und d_B, das rechte die Kathetenlängen t_B und d_A. Da sie die gleiche Hypotenuse besitzen, folgern wir mit Pythagoras $t_A^2 + d_B^2 = t_B^2 + d_A^2$, oder

$$t_A^2 - d_A^2 = t_B^2 - d_B^2. \tag{10.2}$$

Nun hängen die Abstände im Diagramm mit den Zeitspannen und Distanzen zwischen den beiden Ereignissen E_1 und E_2 über die Beziehungen $t_A = \mu_A T_A$, $d_A = \mu_A D_A$, $t_B = \mu_B T_B$ und $d_B = \mu_B D_B$ zusammen. Aber wegen $\mu_A = \mu_B$ folgt aus Gl. (10.2)

$$T_A^2 - D_A^2 = T_B^2 - D_B^2, \tag{10.3}$$

was nichts anderes besagt, als dass das Intervall zwischen den Ereignissen unabhängig davon ist, ob es mit Alice' oder mit Bobs Zeitspannen und Distanzen berechnet wird.

Vertiefung: Der geometrische Zusammenhang von Skalenfaktoren und invariantem Intervall

Wir beschließen dieses Kapitel mit einem Experiment, welches klärt, wie die Skalenfaktoren λ_A oder μ_A von Alice mit Bobs Skalenfaktoren λ_B und μ_B zusammenhängen. Im Raumzeitdiagramm des Experiments hat diese Relation eine einfache geometrische Bedeutung, die uns auf eine ebenso einfache geometrische Interpretation des invarianten Intervalls führt. Außerdem können wir damit geometrisch zeigen, wie man das Intervall zwischen zwei Ereignissen mit nur einer

Uhr messen kann, wie wir dies am Ende von Kap. 8 beschrieben, aber nicht bewiesen haben.

Die Verbindung zwischen den Skalenfaktoren von Alice' und Bobs Äquilokalen (oder Äquitemporalen) folgt direkt aus dem Diagramm, das zeigt, was Alice und Bob sehen, wenn sie auf die jeweils andere Uhr schauen. Wir wollen daran zeigen, dass der Äquilokalenabschnitt, der in Alice' Bezugssystem zwischen zwei Ereignissen liegt, die eine Zeitspanne T nacheinander stattfinden, mit dem Äquilokalenabschnitt, der für Bob Ereignisse mit derselben Zeitdifferenz T verbindet, gemäß der folgenden Regel zusammenhängt:

Die aus Photonen-Trajektorien gebildeten Rechtecke, deren Diagonalen diese beide Äquilokalenabschnitte bilden, haben den gleichen Flächeninhalt.

Was dies bedeutet, illustriert Abb. 10.20. Die linke Hälfte der Abbildung zeigt zwei Momente, in denen eine in Alice' Bezugssystem ruhende Uhr 0 bzw. T anzeigt. Diese zwei Ereignisse aus der Historie der Uhr liegen auf einer Äquilokalen von Alice in einem Abstand, welcher einer Distanz $\mu_A T$ entspricht. Die zwei von dem Ereignis „Uhr zeigt 0 an" ausgehenden Photonen-Trajektorien bilden zusammen mit den beiden sich bei „Uhr zeigt T an" treffenden Photonen-Trajektorien ein sog. *Lichtrechteck*, dessen Diagonale die Verbindungslinie zwischen „Uhr zeigt 0 an" und „Uhr zeigt T an" ist (die ihrerseits ein Abschnitt der entsprechenden Äquilokale von Alice ist). Die rechte Hälfte der Abbildung zeigt dieselbe Konstruktion für eine Uhr, die in Bobs Bezugssystem ruht. Die Länge $\mu_B T$ von Bobs Äquilokalenabschnitt zwischen diesen zwei Momenten aus der Historie seiner Uhr ist größer als die Länge $\mu_A T$ des korrespondierenden Äquilokalenabschnitts von Alice, doch die Flächen der beiden sie umgebenden Lichtrechtecke sind exakt gleich groß.

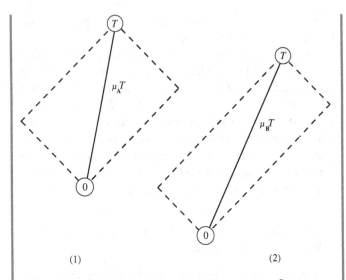

(1)   (2)

Abb. 10.20   (1) Die *durchgezogene Linie* ist eine Äquilokale
in Alice' Bezugssystem, welche zwei Ereignisse separiert, die
in Alice' Bezugssystem eine Zeitspanne T nacheinander stattfinden. Man kann sie auch als die Raumzeit-Trajektorie einer
in Alice' Bezugssystem ruhenden Uhr auffassen, die beim ersten Ereignis 0 anzeigt und beim zweiten T. (2) Dasselbe Bild
wie in (1), aber für zwei andere Ereignisse in der Historie einer anderen Uhr, welche in Bobs System ruht. Beachten Sie,
dass die Verbindungslinie zwischen den Ereignissen „Anzeige
0" und „Anzeige T" von Bobs Uhr die Länge $\mu_B T$ hat, welche größer ist als die korrespondierende Länge $\mu_A T$ in Alice'
System – d. h., Alice und Bob verwenden verschiedene μ-
Skalenfaktoren, um Zeitspannen in Streckenlängen auf ihren
Äquilokalen umzurechnen. Das Verhältnis ihrer Skalenfaktoren ist gerade das Verhältnis zwischen diesen zwei Längen.
Obwohl die Skalenfaktoren verschieden sind, sind die *Flächen*
der zwei aus Photonen-Trajektorien gebildeten Lichtrechtecke gleich groß, wie in Abb. 10.21 nachgewiesen wird

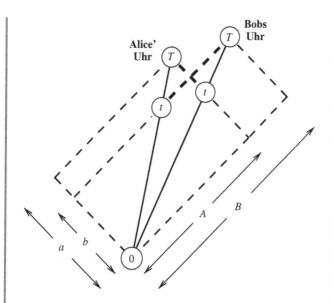

Abb. 10.21 Die beiden Bilder aus Abb. 10.20, diesmal so parallelverschoben, dass die beiden Ereignisse „Zeitanzeige 0" von Alice und Bob koinzidieren. In dem Moment, wenn Alice' (Bobs) Uhr T anzeigt, sieht Alice (Bob) zu Bobs (Alice') Uhr hinüber und sieht die Anzeige t (*dickere gestrichelte Linien*; $t < T$)

Um zu sehen, warum dies so ist, betrachten wir den etwas leichter zu behandelnden Fall, dass die zwei Uhren sich am selben Ort befinden, wenn sie 0 anzeigen. Abbildung 10.21 illustriert diese Situation; sie entsteht, wenn die rechte Hälfte von Abb. 10.20 so in die linke Hälfte parallelverschoben wird, dass die „Zeitanzeige 0"-Ereignisse am selben Ort liegen (koinzidieren). Außerdem wurden noch zwei weitere Ereignisse und ein paar Beschriftungen ergänzt. Alice sieht, unterwegs mit ihrer Uhr, in dem Moment (ihrer Zeit) zu Bobs Uhr hinüber, in dem ihre Uhr T anzeigt. Bob, der mit seiner Uhr

unterwegs ist, sieht seinerseits in dem Moment zu Alice' Uhr
herüber, wenn seine Uhr T anzeigt. Beide sehen die jeweils
andere Uhr die gleiche frühere Zeit $t < T$ anzeigen, da
die Beziehungen zwischen Alice, Bob und ihren Uhren komplett symmetrisch sind: Beide sehen zur jeweils anderen Uhr,
nachdem dieselbe Zeit T auf ihren eigenen Uhren vergangen
ist; für beide bewegt sich die andere Uhr mit derselben Geschwindigkeit von ihnen fort; und für beide (und sowieso alle
Beobachter wo auch immer) beträgt die Geschwindigkeit des
von der anderen Uhr eintreffenden Lichts einen Fuß pro Nanosekunde.

Ein kurzer Blick auf Abb. 10.21 enthüllt, dass das Verhältnis b/a aus den kurzen Seiten der Lichtrechtecke von Bob und
Alice genauso groß ist wie das Verhältnis $\mu_A t/\mu_A T = t/T$[53].
Und das Verhältnis A/B aus den langen Lichtrechteckseiten
ist genauso groß wie das Verhältnis $\mu_B t/\mu_B T = t/T$. Also ist

$$A/B = t/T = b/a \qquad (10.4)$$

und daher

$$Bb = Aa. \qquad (10.5)$$

Die linke Seite von Gl. (10.5) ist aber die Fläche von Bobs
Lichtrechteck und die rechte Seite die von Alice' Lichtrechteck – was zu beweisen war.

Die Gleichheit der Lichtrechteckflächen impliziert die
Gleichheit der Skalenfaktorprodukte $\lambda\mu$ aus Gl. (10.1), denn
vier Kopien von jeweils einem der zwei identischen Dreiecke,
aus denen das Rechteck in Abb. 10.22(1) besteht, kann man
zu einer Raute zusammenfügen, deren Seiten die Länge μT
haben und einen Abstand λT voneinander entfernt sind; λT
ist also die Höhe dieser Raute, siehe Abb. 10.22(2). Die Raute
hat demzufolge die Fläche $\lambda\mu T^2$, sodass die Fläche des Lichtrechtecks $\frac{1}{2}\lambda\mu T^2$ beträgt, wobei wir λ_A und μ_A für Alice'

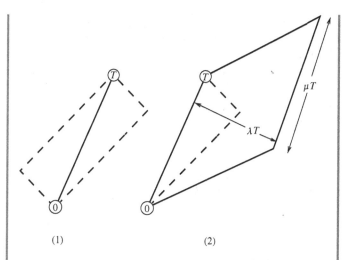

(1)   (2)

Abb. 10.22 Die Fläche der beiden Lichtrechtecke in Abb. 10.20, von denen eines *links* (1) noch einmal dargestellt ist, ist halb so groß wie die Fläche der Raute auf der *rechten Seite* (2). Die Raute entsteht nämlich aus vier Dreiecken, die man erhält, wenn man das *linke Rechteck* entlang seiner Diagonalen halbiert. Die Fläche der Raute ist das Produkt aus ihrer Seitenlänge μT und der Höhe (bzw. dem senkrechten Abstand) λT ihrer Seiten, die Fläche des Lichtrechtecks auf der *linken Seite* ist demzufolge $\frac{1}{2}\lambda\mu T^2$

Rechteck benutzen und λ_B und μ_B für Bobs. Da Alice' und Bobs Rechteck die gleiche Fläche haben, ist $\lambda_A\mu_A = \lambda_B\mu_B$, was beweist, dass das Produkt $\lambda\mu$ nicht vom Bezugssystem abhängt. Hieraus folgt eine Beziehung zwischen der Fläche der beiden Rechtecke in Abb. 10.20 und der Zeitspanne T zwischen den Ereignissen an den gegenüberliegenden Eckpunkten:

$$T^2 = \frac{A}{\frac{1}{2}\lambda\mu}. \tag{10.6}$$

Wenn wir dieses Ergebnis abstrahieren, können wir schließen, dass die Fläche A eines *jeden* Rechtecks aus Photonen-
Trajektorien mit zwei zeitartig separierten Ereignissen an einander gegenüberliegenden Eckpunkten ein vom gewählten
Bezugssystem unabhängiges Produkt aus zwei Faktoren ist,
dem vom Bezugssystem unabhängigen halben Skalenfaktor-
produkt

$$A_0 = \frac{1}{2}\lambda\mu \qquad (10.7)$$

und dem Quadrat der Zeitspanne T zwischen den zwei Ereignissen in demjenigen Bezugssystem, in dem sie am selben
Ort stattfinden:

$$A = A_0 \cdot T^2. \qquad (10.8)$$

Aber T^2, das Quadrat der Zeitspanne zwischen zwei Ereignissen, ist in dem Bezugssystem, in dem sie am selben Ort
stattfinden, das *quadrierte Intervall I^2* zwischen den Ereignissen (Kap. 8). Somit ist das Quadrat des Intervalls zwischen
zwei zeitartig separierten Ereignissen einfach die Fläche A
desjenigen Lichtrechtecks, in dem die Ereignisse an gegenüberliegenden Eckpunkten liegen, gemessen in Einheiten von
A_0, der vom Bezugssystem unabhängigen Fläche der Einheits-
lichtrechtecke:

$$I^2 = A/A_0. \qquad (10.9)$$

Wegen der expliziten Symmetrie der Diagramme unter
Vertauschung von Raum und Zeit, können wir ebenso schließen, dass die Fläche A des Lichtrechtecks, bei dem zwei raumartig separierte Ereignisse an einander gegenüberliegenden
Ecken liegen, gleich A_0 mal die quadrierte Distanz D zwischen
diesen Ereignissen in dem Bezugssystem ist, in welchem sie
zur selben Zeit stattfinden. In diesem Fall entspricht D^2 dem
Quadrat des Intervalls zwischen den Ereignissen (Kap. 8).
Demzufolge können wir Gl. (10.9) auch bei raumartig sepa-

rierten Ereignissen als Beziehung zwischen dem quadrierten Intervall und der Fläche des Lichtrechtecks interpretieren, in dem die Ereignisse an einander gegenüberliegenden Eckpunkten liegen.

Diese geometrische Interpretation des Intervalls ermöglicht es uns, direkt aus Abb. 10.23 abzulesen, dass das Quadrat des Intervalls zwischen zwei zeitartig separierten Ereignissen gleich der Differenz zwischen dem Quadrat der Zeitspanne zwischen den Ereignissen und dem Quadrat der Distanz zwischen ihnen ist, egal in welchem Bezugssystem Zeitspanne und Distanz ermittelt werden. Die durchgezogenen Linien sind eine Äquitemporale und eine Äquilokale in Alice' Bezugssystem, welche die Ereignisse E_1 und E_2 (große schwarze Kreise) mit einem dritten Ereignis E_3 (kleiner schwarzer Kreis) verbinden. Das Quadrat I^2 des Intervalls zwischen den Ereignissen E_1 und E_2 ist proportional zur Fläche $(a - c)(b + d)$ des Lichtrechtecks, in dem E_1 und E_2 an gegenüberliegenden Eckpunkten liegen. Wegen $ad = bc$ (siehe die Bildunterschrift von Abb. 10.23) ist dies einfach gleich $ab - cd$:

$$I^2 = (ab - cd)/A_0. \qquad (10.10)$$

Aber ab ist proportional zu dem quadrierten Intervall zwischen den Ereignissen E_1 und E_3 (Abb. 10.23), während cd proportional zum quadrierten Intervall zwischen E_2 und E_3 ist. Da E_1 und E_3 in Alice' Bezugssystem am selben Ort geschehen, ist das Quadrat des Intervalls zwischen ihnen gleich T^2, dem Quadrat der in Alice' Bezugssystem zwischen ihnen verstreichenden Zeit. Da andererseits E_2 und E_3 zur selben Zeit in Alice' Bezugssystem geschehen, ist das Quadrat des Intervalls zwischen ihnen gleich D^2, dem Quadrat der Distanz, die sie in Alice' Bezugssystem voneinander trennt. Und weil

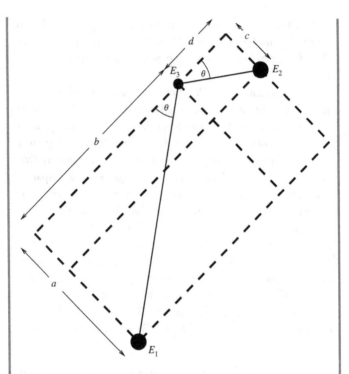

Abb. 10.23 Die zwei *großen schwarzen Kreise* sind zwei Ereignisse E_1 und E_2, die *gestrichelten Linien* stellen Photonen-Trajektorien dar. Die zwei *durchgezogenen Linien* sind eine Äquitemporale und eine Äquilokale in Alice' Bezugssystem. Diese schneiden die Photonen-Trajektorien durch ein drittes Ereignis E_3 beide im selben Winkel. Daher ist das rechtwinklige Dreieck mit den Katheten d und c eine verkleinerte Version des rechtwinkligen Dreiecks mit den Katheten a und b. Da die rechtwinkligen Dreiecke zueinander ähnlich sind, ist $a/b = c/d$ und daher $ad = bc$

E_3 in Alice' Bezugssystem am selben Ort wie E_1 und zur selben Zeit wie E_2 stattfindet, sind T und D für Alice ebenso die

Zeitspanne und Distanz zwischen E_1 und E_2. Wegen

$$T^2 = ab/A_0 \quad \text{und} \quad D^2 = cd/A_0 \qquad (10.11)$$

folgt dann schließlich aus (10.10), dass

$$I^2 = T^2 - D^2. \qquad (10.12)$$

Das analoge Ergebnis für raumartig separierte Ereignisse, $I^2 = D^2 - T^2$, beweist man ganz genauso – man muss bloß Abb. 10.23 an einer der von links unten nach rechts oben verlaufenden 45°-Photonenlinien spiegeln.

Der Beweis von Gl. (10.12) anhand von Abb. 10.23 erfordert ein kleines bisschen Algebra. Ein alternativer, vollständig geometrischer Beweis basiert auf Abb. 10.24. Bild (1) von Abb. 10.24 entspricht im Prinzip Abb. 10.23, außer dass die drei Lichtrechtecke, deren Diagonalen Verbindungslinien zwischen zwei Ereignissen darstellen, durch Rauten mit doppeltem Flächeninhalt ersetzt wurden, wobei die jeweilige Verbindungslinie zu einer Seite der entsprechenden Raute wird.

In Bild (2) werden die beiden rechten Rauten und zwei Kopien des schwarzen Dreiecks mit den drei Ereignissen E_1, E_2 und E_3 als Eckpunkten zu einem Viereck zusammengefasst.

In Bild (3) wird genau das gleiche Viereck aus der dritten Raute und zwei weiteren Kopien des schwarzen Dreiecks zusammengesetzt. Denkt man sich die schwarzen Dreiecke weg, sieht man sofort, dass die Summe der beiden Rautenflächen aus (2) so groß ist wie die Rautenfläche in (3) – oder, wie in Bild (4) dargestellt, die Differenz zwischen der T^2 entsprechenden Rautenfläche und der D^2 entsprechenden Rautenfläche so groß ist wie die I^2 entsprechende Rautenfläche. Damit haben wir Gl. (10.12) rein geometrisch bewiesen.

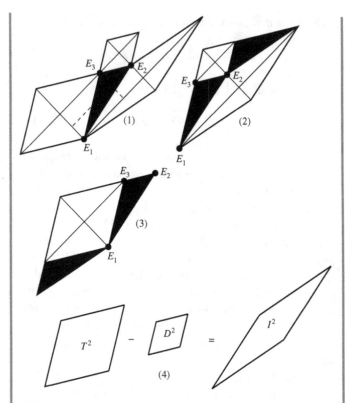

Abb. 10.24 Ein rein geometrischer Beweis für $I^2 = T^2 - D^2$

Mit Raumzeitdiagrammen kann man auch – wie ange-kündigt – ein Intervall zwischen zwei Ereignissen nur mit einer Uhr und einigen Lichtsignalen messen (Kap. 8). In Abb. 10.25 sind die Ereignisse E_1 und E_2 (graue Kreise) zeitartig separiert. Die dicke durchgezogene Linie ist die Raumzeit-Trajektorie von Alice' Uhr, welche bei E_1 zugegen ist und dabei die Zeit t_1 anzeigt. Die gestrichelte Photonen-

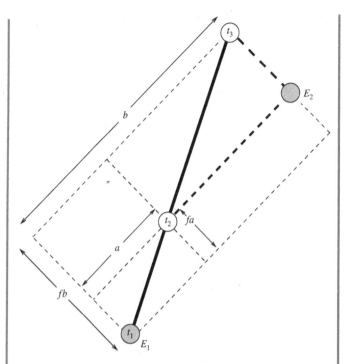

Abb. 10.25 Die *grauen Kreise* sind zeitartig separierte Ereignisse E_1 und E_2 auf der Weltlinie von Alice' Uhr (*dicke schwarze Linie*), die bei E_1 auf t_1 steht. Die *dicken gestrichelten Linien* sind Photonen-Trajektorien. Bob sieht also bei Ereignis E_2, dass Alice' Uhr die Zeit t_2 anzeigt; Alice' Uhr zeigt die Zeit t_3 an, wenn sie sieht, dass E_2 geschieht

Trajektorie, die von E_2 nach links unten auf Alice' Uhr zuläuft, zeigt, dass Bob, der bei E_2 anwesend ist und von dort zu Alice' Uhr hinübersieht, die Zeit t_2 abliest, zu der für Alice E_2 stattfindet. Die andere gestrichelte Photonen-Trajektorie zwischen E_2 und der Weltlinie von Alice' Uhr zeigt, dass Alice E_2 sieht, wenn ihre Uhr t_3 anzeigt.

Das quadrierte Intervall zwischen den Ereignissen „Alice' Uhr auf t_3" und „Alice' Uhr auf t_1" ist das $1/A_0$-Fache der Fläche des Lichtrechtecks mit den Seiten b und fb. Da das quadrierte Intervall zwischen zeitartig separierten Ereignissen gerade das Quadrat der Zeitspanne zwischen ihnen ist (im System einer gleichförmig bewegten Uhr, die beiden Ereignissen beiwohnt), haben wir

$$(t_3 - t_1)^2 = fb^2/A_0. \tag{10.13}$$

Aus dem gleichen Grund ist

$$(t_2 - t_1)^2 = fa^2/A_0, \tag{10.14}$$

wobei wir ausgenutzt haben, dass in Abb. 10.25 das Lichtrechteck mit den Ereignissen „Uhr auf t_2" und „Uhr auf t_1" an gegenüberliegenden Ecken eine verkleinerte Version des größeren Lichtrechtecks mit „Uhr auf t_3" und E_1 an gegenüberliegenden Ecken ist, sodass das Seitenverhältnis f bei beiden Rechtecken das gleiche ist. Schließlich ist das Quadrat I^2 des Intervalls zwischen den zwei interessierenden Ereignissen E_1 und E_2 das Produkt aus $1/A_0$ und der Fläche des langgestreckten Lichtrechtecks mit den Seiten b und fa:

$$I^2 = fab/A_0. \tag{10.15}$$

Der Vergleich von Gl. (10.15) mit (10.13) und (10.14) ergibt

$$I^2 = (t_3 - t_1)(t_2 - t_1), \tag{10.16}$$

gerade wie wir es am Ende von Kap. 8 behauptet haben.

Beachten Sie die Leistungsfähigkeit dieser Diagramme. Sie ermöglichen es uns nicht nur, die ziemlich komplexe Situation, dass Bob zu Alice schaut, während sie gleichzeitig zu ihm hinübersieht, übersichtlich zu Papier (oder ePaper) zu bringen – die Beziehungen zwischen Intervallen und Flächen von Lichtrechtecken enthalten auch noch die quantitativen Informationen, mit denen wir Gl. (10.16) geometrisch beweisen können, ohne irgendwelche weiteren, mit Äquivalenzumformungen gespickten Geschichten über Alice und Bob erzählen zu müssen.

Abbildung 10.26 ist das Pendant zu Abb. 10.25 für den Fall, dass die Ereignisse E_1 und E_2 raumartig separiert sind. Ich werde hier nicht die ganze Argumentation wiederholen, sondern nur als Ergebnis referieren, dass das Intervall zwischen den Ereignissen nun

$$I^2 = (t_3 - t_1)(t_1 - t_2) \qquad (10.17)$$

ist, was praktisch identisch mit dem obigen Resultat ist. (Beachten Sie, dass Abb. 10.26 und Abb. 10.25 exakt dieselbe Bildunterschrift haben.)

Da das Intervall zwischen raumartig separierten Ereignissen die Distanz zwischen ihnen in dem Bezugssystem ist, in welchem sie zur selben Zeit stattfinden, bietet diese Prozedur eine Möglichkeit, *Distanzen* mit nur einer einzigen *Uhr* zu messen. Wenn Alice und ihre Uhr in dem Bezugssystem ruhen, in dem die zwei Ereignisse zur selben Zeit geschehen, ist es ganz einfach zu verstehen, wie diese Methode funktioniert. Das Schöne daran ist, dass sie auch dann noch funktioniert, wenn Alice dort nicht stationär sein sollte.

Wir haben schon gezeigt, dass die zwei Lichtrechtecke in Abb. 10.20 dieselbe Fläche haben, aber welche Beziehung besteht zwischen ihren Formen? Wir wollen die Form eines

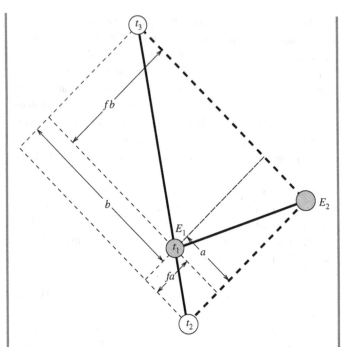

Abb. 10.26 Die *grauen Kreise* sind zeitartig separierte Ereignisse E_1 und E_2 auf der Weltlinie von Alice' Uhr (*dicke schwarze Linie*), die bei E_1 auf t_1 steht. Die *dicken gestrichelten Linien* sind Photonen-Trajektorien. Bob sieht also bei Ereignis E_2, dass Alice' Uhr die Zeit t_2 anzeigt; Alice' Uhr zeigt die Zeit t_3 an, wenn sie sieht, dass E_2 geschieht

Lichtrechtecks charakterisieren, indem wir das Verhältnis aus den Längen von kleiner und großer Seite bilden, also durch sein *Seitenverhältnis*. Alle Lichtrechtecke mit parallelen Diagonalen haben das gleiche Seitenverhältnis, also können wir unsere Frage beantworten, wenn wir zwei beliebige Rechtecke vergleichen, deren Diagonalen Äquilokalen von Alice bzw.

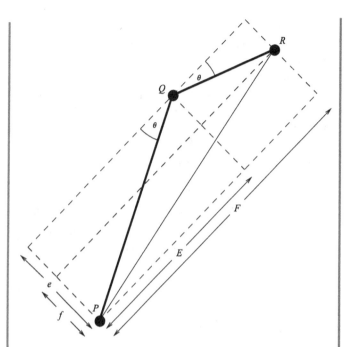

Abb. 10.27 Die *dünne durchgezogene Linie* von P nach R ist eine Äquilokale in Bobs Bezugssystem. Die *dicken Linien* sind Alice' Äquilokale von P nach Q und ihre Äquitemporale von Q nach R. Sie bilden am Punkt Q denselben Winkel θ mit der Photonen-Trajektorie durch Q. Bobs Geschwindigkeit v in Alice' Bezugssystem ist das Verhältnis der Längen der zwei dicken Linien. Diese sind jeweils Hypotenuse eines rechtwinkligen Dreiecks mit Photonenlinien-Abschnitten als Katheten. Da die beiden mit θ markierten Winkel gleich groß sind, sind die beiden rechtwinkligen Dreiecke ähnlich und die Verhältnisse von korrespondierenden Seiten betragen ebenfalls v

Bob sind. Solche Rechtecke finden Sie in Abb. 10.27, die eine Äquilokale von Bob zeigt, welche die Punkte P und R verbindet, und Äquilokalen und Äquitemporalen von Alice, welche durch P und R verlaufen und sich im Punkt Q schneiden. Bobs Lichtrechtecke haben das Seitenverhältnis f/F, Alice' Lichtrechtecke das Seitenverhältnis e/E.

Wir finden eine Relation zwischen den zwei Seitenverhältnissen und der Geschwindigkeit v, mit der Bob durch Alice' Bezugssystem reist, indem wir beachten, dass v das Verhältnis der Längen von Alice' Äquitemporale von Q nach R und ihrer Äquilokalen von P nach Q ist. Diese Linien sind Hypotenusen von rechtwinkligen Dreiecken, und weil sie eine Äquitemporale bzw. Äquilokale von Alice sind, sind diese beiden Dreiecke ähnlich. Demzufolge ist das Längenverhältnis v der beiden dicken Linien gleich dem Längenverhältnis der Paare korrespondierender Dreiecksseiten, und wir haben

$$v = \frac{e-f}{e} = \frac{F-E}{E}.$$
(10.18)

Aus diesen Beziehungen folgen

$$\frac{f}{e} = 1 - v \text{ und } \frac{F}{E} = 1 + v.$$
(10.19)

Folglich hängt das Seitenverhältnis f/F von Bobs Rechteck mit dem Seitenverhältnis e/E von Alice' Rechteck gemäß

$$\frac{f/F}{e/E} = \frac{1-v}{1+v}$$
(10.20)

zusammen, wobei v weiterhin die Geschwindigkeit von Bob in Alice' Bezugssystem ist.

Aus dieser Beziehung können wir nun noch den quantitativen Ausdruck für die relativistische Doppler-Verschiebung aus Abb. 10.21 ableiten. Wenden wir Gl. (10.20) auf die zwei Lichtrechtecke in dieser Abbildung an, erhalten wir

$$\frac{1-v}{1+v} = \frac{b/B}{a/A}, \qquad (10.21)$$

wieder mit v als Bobs Geschwindigkeit in Alice' Bezugssystem. Aber die zwei Lichtrechtecke in Abb. 10.21 haben die gleiche Fläche:

$$Bb = Aa. \qquad (10.22)$$

Dann folgt aus Gl. (10.22) $b/a = A/B$, sodass wir Gl. (10.21) umschreiben können:

$$\frac{1-v}{1+v} = (b/a)(A/B) = (b/a)^2 = (A/B)^2. \qquad (10.23)$$

Aber wegen (10.4) ist sowohl das Verhältnis b/a als auch A/B gleich dem Doppler-Faktor $f = t/T$ – der Taktrate, mit welcher Alice (Bob) die Zeit auf Bobs (Alice') Uhr ablaufen sieht, gemessen mit Alice' (Bobs) eigener Uhr. Demzufolge haben wir

$$f = \sqrt{\frac{1-v}{1+v}}, \qquad (10.24)$$

mit v als (dem Betrag) ihrer Relativgeschwindigkeit in Fuß pro Nanosekunde, genau wie wir es in Kap. 7 herausgefunden haben.

11

$E = Mc^2$

Man kann kein Buch über die Relativitätstheorie schreiben, ohne dass sich darin ein Kapitel über „$E = Mc^2$" fände – die wohl zweitberühmteste Gleichung aller Zeiten. Ich würde lediglich die Pythagoras zugeschriebene (und von uns bereits oft benutzte) Erkenntnis für noch populärer halten, dass in einem rechtwinkligen Dreieck das Quadrat über der Hypotenuse gleich der Summe der Quadrate über den Katheten ist $\left(a^2 + b^2 = c^2\right)$. Um Einsteins gefeierte Relation zwischen Energie (E) und Masse (M) wirklich zu verstehen, werden wir übrigens noch eine dritte Größe zu betrachten haben, den Impuls (P).[54]

Wir beginnen unsere Reise nach $E = Mc^2$ mit der nichtrelativistischen Definition der Masse. Ich möchte Sie daran erinnern, dass „nichtrelativistisch" nicht heißt, dass man das Relativitätsprinzip ignorieren würde; es bedeutet ganz im Gegenteil, das Relativitätsprinzip konsequent anzuwenden, aber dies nur in solchen Fällen zu tun, in denen alle relevanten Geschwindigkeiten sehr klein verglichen mit der Lichtgeschwindigkeit c bleiben. Nur nach einer gründlichen Diskussion der Lage im nichtrelativistischen Fall werden wir uns in einer Position befinden, von der aus wir eine Verallgemeinerung der Massendefinition angehen können, mit der sich dann auch Objekte beschreiben lassen, die nicht

© Springer-Verlag Berlin Heidelberg 2016
N.D. Mermin, *Es ist an der Zeit*, DOI 10.1007/978-3-662-47152-4_11

viel langsamer als das Licht sind. Wir werden sehen, dass die nichtrelativistische Definition der Masse bei der Übertragung auf den relativistischen Fall fast vollständig intakt bleibt, wir werden sie lediglich mit einer kleinen Zusatzklausel versehen müssen.

Gegen alle Regeln guter Didaktik beginne ich mit zwei Arten, wie man die Masse *auf keinen Fall* definieren sollte. Die erste schlechte Definition der Masse geht auf Newton zurück, der die Masse als eine „Größe von Materie" definierte. Dies ist aus mindestens zwei Gründen nutzlos: Wie können Sie die „Größe von Materie" in irgendetwas zusammenzählen? Wenn alle Materie aus identischen kleinen Bausteinen zusammengesetzt wäre, könnte man vielleicht diese Bauklötzchen durchnummerieren, aber unglücklicherweise setzt sich Materie – nach heutigem Verständnis – aus vielen verschiedenen Arten von Klötzchen zusammen, weswegen die obige Definition nicht funktioniert, es sei denn, wir hätten für jede unterschiedliche Klötzchenart eine eigene Definition von „Größe von Materie". Darüber hinaus wird sich, selbst wenn es die identischen Grundbausteine wirklich gäbe, im relativistischen Fall herausstellen, dass die Masse des von Ihnen daraus konstruierten Objekts davon abhängt, wie man die Bausteine zusammenfügt.

Die zweite schlechte Definition, auf deren Unzulänglichkeiten in Physik-Anfängerkursen manchmal herumgeritten wird, bis es einfach nur noch langweilig ist, lautet: „Masse ist Gewicht". Das Problem daran ist, dass das Gewicht eines Objekts eine Kraft ist, die von der Gravitation auf das Objekt ausgeübt wird – die Schwerkraft. Diese hängt aber davon ab, wo sich das Objekt gerade befindet. Das Gewicht eines Objekts auf dem Mond beträgt nur etwa ein Sechstel des Gewichts, das es auf der Erde hat (welches seinerseits an verschiedenen Punkten auf der Erdoberfläche leicht unterschiedliche Werte annimmt), und im leeren Weltraum ist das Objekt schwerelos, hat also das Gewicht null. Seine Masse ist jedoch in allen Fällen die gleiche, egal ob auf dem Mond, der Erde oder im interstellaren Raum.

Die korrekte Definition der Masse gebe ich Ihnen zunächst in einer qualitativen Formulierung: Die Masse eines Objekt ist ein Maß dafür, wie sehr es sich einem Versuch widersetzt, seine Geschwindigkeit zu verändern – unter gegebenen Umständen ändert sich die Geschwindigkeit umso weniger, je größer die Masse des Objekts ist. Dies ist natürlich viel zu formlos, um so als grundlegende physikalische Aussage stehenbleiben zu können, doch die Grundidee kommt sehr schön zum Ausdruck: Es ist leichter, einen Wasserball herumzukicken als eine massive Holzkugel derselben Größe oder gar eine gleich große Kugel aus massivem Blei. Indem wir die Masse mithilfe von Geschwindigkeitsänderungen definieren, reduziert sich eine Massenbestimmung auf das Messen von Zeitspannen und Distanzen mit einem geeigneten experimentellen Aufbau. Daher ist diese korrekte Definition ideal geeignet für eine eingehende Diskussion (nicht)relativistischer Verhältnisse.

Um das Konzept der Masse weniger qualitativ zu behandeln, müssen wir diese informelle Definition hinter uns lassen und einige simple Tatsachen zur Kenntnis nehmen, mit deren Hilfe wir eine präzise quantitative Definition formulieren können. Hierfür kehren wir zu den Stoßvorgängen[55] zurück, mit denen wir uns am Ende von Kap. 1 beschäftigt haben. Dort flogen jeweils zwei Teilchen mit gewissen Geschwindigkeiten aufeinander zu, kollidierten und flogen dann mit irgendwelchen anderen Geschwindigkeiten wieder davon. An dieser Stelle sei noch einmal eindringlich auf den Unterschied zwischen der Geschwindigkeit eines Objekts und dem *Betrag* dieser Geschwindigkeit hingewiesen: Bei der Größe „Geschwindigkeit" denkt man in der Physik immer die Angabe einer Richtung mit, bei unseren eindimensionalen Beispielen also „vorwärts" oder „rückwärts" bzw. „in der Skizze nach links" oder „in der Skizze nach rechts". Wenn es nur darum geht, wie schnell sich die Position eines Objekts pro Zeiteinheit ändert und nicht, wohin es fliegt, spricht man vom „Betrag der Geschwindigkeit". In diesem Buch folge ich der vor allem in angelsächsischen Ländern verbreiteten Konvention, halbfett gesetzte Buchstaben ($\boldsymbol{u}$, $\boldsymbol{v}$, $\boldsymbol{w}$) für „echte" Geschwindigkeiten zu benutzen, bei denen eine Richtung mitgedacht wird und die somit positive oder negative Zahlenwerte annehmen können, und kursive Buchstaben (u, v, w) für die Beträge von Geschwindigkeiten, welche immer positiv (oder null) sind.[56] Mithin hat ein Teilchen mit dem Geschwindigkeitsbetrag u die (gerichtete bzw. vorzeichenbehaftete) Geschwindigkeit $\boldsymbol{u} = +u$ ($= u$), wenn es sich auf unserem altbekannten Schienenstrang nach Osten oder rechts bewegt, und $\boldsymbol{u} = -u$, wenn es sich nach Westen oder links bewegt. Beachten Sie, dass das Quadrat der Geschwindigkeit immer gleich dem Quadrat ihres Betrags ist: $\boldsymbol{u}^2 = u^2$.

Die korrekte Definition der Masse lässt sich besonders gut mithilfe der gerade angesprochenen Teilchenkollisionen fassen. Man kann, wie oben schon angedeutet, jedem Teilchen eine nichtnegative Zahl m zuweisen, die man seine *Masse* nennt und die ein Maß dafür ist, wie wenig sich die Geschwindigkeit des Teilchens bei solchen Kollisionen verändert: Je größer die Masse, desto geringer fällt die Änderung der Geschwindigkeit aus. Um die Beziehung zwischen den Massen zweier Teilchen und ihren Geschwindigkeitsänderungen bei einer Kollision präzise herauszuarbeiten, nennen wir die Teilchen „1" und „2" und ihre Massen m_1 und m_2. Die Geschwindigkeiten vor der Kollision seien u_1^v und u_2^v und die Geschwindigkeiten nach der Kollision u_1^n und u_2^n, sodass die *Änderungen* ihrer Geschwindigkeiten $u_1^n - u_1^v$ und $u_2^n - u_2^v$ sind.[57] Viele Experimente belegen die äußerst wichtige Tatsache, dass die relative Größe der beiden Geschwindigkeitsänderungen vollständig von dem Verhältnis der beiden Massen bestimmt wird, und zwar nach der simplen Regel

$$\frac{u_1^n - u_1^v}{u_2^n - u_2^v} = -\frac{m_2}{m_1}. \tag{11.1}$$

Da die Massen m_1 und m_2 nie negativ sind, muss das Verhältnis der Geschwindigkeitsänderungen immer eine negative Zahl sein – d. h., wenn die eine Geschwindigkeitsänderung positiv ist, ist die andere negativ, wenn die eine Geschwindigkeit zunimmt, nimmt die andere ab. Beachten Sie, dass „zunehmende" bzw. „abnehmende Geschwindigkeit" nicht das Gleiche ist wie „zunehmender" bzw. „abnehmender *Betrag* der Geschwindigkeit". Wenn ein nach Osten fliegendes Teilchen abbremst, nehmen sowohl Geschwindigkeit als auch Geschwindigkeitsbetrag dieses Teilchens ab. Wenn jedoch ein nach Westen fliegendes Teilchen in westlicher Richtung beschleunigt wird, *nimmt seine Geschwindigkeit ab*, denn ihr Zahlenwert ändert sich von einer negativen zu einer „noch negativeren" Zahl! Der *Betrag* der Geschwindigkeit des westwärts fliegenden Teilchens nimmt dagegen zu. Dementsprechend nimmt der Betrag des „Go West"-Teilchens ab, wenn es bremst, doch seine Geschwindigkeit wächst an, da ihr neuer Zahlenwert eine „weniger negative" Zahl ist, die näher an der Null und den positiven Zahlen liegt als der alte Wert.

Die physikalische Bedeutung von Gl. (11.1) ist einfach und intuitiv zu verstehen: Wenn zwei Teilchen kollidieren und dabei gleiche, aber entgegensetzt wirkende Geschwindigkeitsänderungen erfahren (sich also die Beträge ihrer Geschwindigkeiten um denselben Wert ändern), dann sagt uns (11.1), dass sie die gleiche Masse haben müssen. Wenn sich die Geschwindigkeit des einen Teilchens nur halb so stark ändert wie die des anderen, dann hat das andere Teilchen eine doppelt so große Masse wie das mit der großen Geschwindigkeitsänderung. Und wenn sich die Geschwindigkeit des einen Teilchens nur um 1 % des Werts der Geschwindigkeitsänderung des anderen Teilchens ändert, dann muss es 100-mal mehr Masse haben als das andere.

Nichtrelativistisch gilt Gl. (11.1), egal wie groß die jeweiligen Geschwindigkeiten im Einzelnen auch sein mögen. Man könnte Probleme erwarten, wenn die Geschwindigkeiten auf einen signifikanten Bruchteil der Lichtgeschwindigkeit anwachsen, und in der Tat wird die Regel in dieser Form dann ihre Gültigkeit verlieren, wie wir noch sehen werden. Doch auch in der exakteren relativistischen Theorie wird – wie man ebenfalls erwarten kann und sogar verlangen muss – die nichtrelativistische Formel in dem (ziemlich häufig vorkommenden) Spezialfall, dass alle Teilchengeschwindigkeiten klein gegen c sind, mit hoher Genauigkeit die Verhältnisse beschreiben. Diese Forderung ermöglicht es uns, die nichtrelativistische Definition der Masse aus Gl. (11.1) zu benutzen, um daraus die relativistische Massendefinition zu entwickeln. Man muss lediglich die zusätzliche Klausel aufnehmen, dass alle Teilchengeschwindigkeiten in einer Kollision, bei der die Massen von zwei Teilchen verglichen werden sollen, klein gegen c sein müssen. „Wie klein?", könnten Sie jetzt fragen. Das kommt darauf an, wie genau Sie das Verhältnis der beiden Massen wissen wollen. Da keine Masse genauer als auf etwa zehn signifikante Stellen bekannt ist, ist ein Messfehler von $1:10$ Milliarden ($1:10^{10}$) auf jeden Fall für alle praktischen Zwecke gut genug. Die Geschwindigkeiten sollten somit kleiner als $\frac{1}{100.000}$ der Lichtgeschwindigkeit ($10^{-5}c$) bleiben, d. h. 10 Fuß pro Millisekunde oder etwa Mach 10 (zehnfache Schallgeschwindigkeit in Luft) – immer noch ziemlich flott.

Implizit steckt in der Massendefinition (11.1) die Annahme, dass dieselbe Zahl m für ein gegebenes Teilchen als Masse funktioniert, egal mit was für einem anderen Teilchen es kollidiert. Somit kommen wir, obwohl unsere Definition nur die relativen Widerstände gegenüber Geschwindigkeitsänderungen von einem Teilchenpaar enthält, am Ende bei derselben Sorte Masse für alle Teilchen heraus, welche Teilchenpaare wir auch gegeneinander testen. Wenn wir z. B. Teilchen 1 und 2 vergleichen, bekommen wir das Verhältnis m_2/m_1, und aus dem Vergleich von Teilchen 2 und 3 erhalten wir m_3/m_2. Das Produkt dieser zwei Verhältnisse ist m_3/m_1, und natürlich bekommen wir genau das, wenn wir Teilchen 1 und 3 direkt gegeneinander antreten lassen. Beachten Sie, dass dieser Sachverhalt nicht aus der Konzeption eines Stoßexperiments folgt. Es ist vielmehr eine grundlegende Eigenschaft der Natur, dass verschiedene Arten von

Teilchen sich auf diese sehr einfache Weise verhalten, wenn sie bei nichtrelativistischen Geschwindigkeiten miteinander kollidieren.

Natürlich können wir auf diese Weise nur das *Verhältnis* der Massen zweier Teilchen messen. Die zugrundeliegende absolute Skala ist willkürlich und kann z. B. so festgelegt werden, dass man ein Standardobjekt auswählt und erklärt, seine Masse betrage „1 Kilogramm".

Es ist von großer Wichtigkeit, dass diese nichtrelativistische Definition der Masse konsistent mit dem Relativitätsprinzip ist. Die Zahlenwerte, die Sie für die verschiedenen Massenverhältnisse erhalten, hängen nicht von dem Bezugssystem ab, in welchem die Kollision beschrieben wird, *vorausgesetzt*, wir benutzen das *nichtrelativistische* Additionstheorem für Geschwindigkeiten. Denn wenn wir alle Kollisionen von einem Bezugssystem aus betrachten, das sich mit einem Geschwindigkeitsbetrag v nach rechts bewegt – d. h., mit einer positiven Geschwindigkeit v –, wird jede Geschwindigkeit u in Gl. (11.1) durch $u - v$ ersetzt, was keinen Einfluss auf die *Änderungen* der Geschwindigkeiten hat, und diese sind das einzige, was in Gl. (11.1) auftaucht.

Verwechseln Sie hier und im Folgenden nicht die relative Geschwindigkeit v zweier Bezugssysteme mit den Geschwindigkeiten $u_{1,2}$ der Teilchen: v bleibt während des gesamten Stoßprozesses konstant und hat nichts mit der Kollision selbst zu tun, sondern ist lediglich die Geschwindigkeit, mit der sich zwei Bezugssysteme aneinander vorbeibewegen, deren unterschiedliche Sichtweisen auf die Kollision wir vergleichen möchten. Die individuellen Teilchengeschwindigkeiten $u_{1,2}$ können von Teilchen zu Teilchen verschieden sein und ändern sich in der Regel für jedes Teilchen im Moment der Kollision.

Dass unsere nichtrelativistische Massendefinition in jedem Inertialsystem funktioniert, ist natürlich unbedingt notwendig, wenn man davon ausgeht, dass sie ein Naturgesetz enthält, denn das Relativitätsprinzip verlangt, dass Naturgesetze in allen Inertialsystemen gelten. Dies deutet schon darauf hin, dass hier im relativistischen Fall etwas schiefgehen dürfte, denn dann muss man, wenn man das Bezugssystem wechselt, u durch den Ausdruck $\frac{u-v}{1-uv/c^2}$ ersetzen. Wenn natürlich die Geschwindigkeiten u und v beide klein verglichen mit der Lichtgeschwindigkeit c sind, bleibt dieser Unterschied vernachlässigbar klein. Doch wenn u und v mit c vergleichbar sind, hängen die Geschwindigkeitsänderungen empfindlich vom Bezugssystem ab. Also kann Gl. (11.1) *nur* im nichtrelativistischen Fall stimmen.

Die nichtrelativistische Massendefinition führt uns auf natürliche Weise zur nichtrelativistischen Definition des Impulses. Mit ein paar elementaren Umformungen schreiben wir (11.1) in der mathematisch äquivalenten Form

$$m_1 \boldsymbol{u}_1^{\mathrm{v}} + m_2 \boldsymbol{u}_2^{\mathrm{v}} = m_1 \boldsymbol{u}_1^{\mathrm{n}} + m_2 \boldsymbol{u}_2^{\mathrm{n}}. \qquad (11.2)$$

Obwohl Gl. (11.2) mathematisch genau dasselbe besagt wie (11.1), präsentiert sie uns die Information auf eine andere Weise. Die linke Seite enthält nur Geschwindigkeiten vor der Kollision, wogegen Sie rechts nur Geschwindigkeiten nach der Kollision finden. Wir sind damit auf eine Größe gestoßen, die während der Kollision unverändert bzw. *erhalten* bleibt. Diese Größe nennt man den Gesamtimpuls der beiden Teilchen und benutzt dafür gewöhnlich das Symbol P. Man sagt „Gesamt"-Impuls, da man auch den Impuls p eines individuellen Teilchens mit Masse m und Geschwin digkeit u als

$$p = mu \qquad (11.3)$$

definieren kann. Der Gesamtimpuls P von zwei Teilchen ist dann einfach

$$P = p_1 + p_2. \qquad (11.4)$$

Gleichung (11.2) ist der nichtrelativistische Impulserhaltungssatz, für uns ist er jedoch erst einmal nur eine andere Formulierung unserer Definition der Masse. Aber genau wie bei dieser „Definition" verbergen sich dahinter grundlegende physikalische Zusammenhänge, die weit über eine einfache Definition von Begrifflichkeiten hinausreichen. Es ist eine höchst bemerkenswerte *Tatsache*, dass es *möglich* ist, jedem Teilchen eine Zahl m so zuzuweisen, dass der Gesamtimpuls – die mit diesen Zahlen gewichtete Summe der Teilchengeschwindigkeiten – tatsächlich in allen nichtrelativistischen Kollisionen zwischen jedem denkbaren Paar von Teilchen erhalten bleibt.

Der Impulserhaltungssatz gilt unter sehr allgemeinen nichtrelativistischen Voraussetzungen, etwa auch, wenn mehr als zwei Teilchen kollidieren, oder wenn die Teilchenbewegung nicht auf eine gerade Linie beschränkt bleibt. Im letzteren Fall muss man die Geschwindigkeit eines Teilchens durch ihre Komponenten in allen drei Raumrichtungen angeben – z. B. als Nord-Süd-, Ost-West- und Hoch-runter-Geschwindigkeit. Der verallgemeinerte Impulserhaltungssatz besagt dann, dass der Impuls für jede der drei Komponenten bzw. Richtungen unabhängig erhalten ist. Der Impuls ist selbst dann noch erhalten, wenn sich Anzahl oder Art der Teilchen bei der Kollision *ändern*.

Nehmen wir z. B. an, das Teilchen 1 und 2 bei der Kollision aneinander kleben bleiben und so ein neues Teilchen 3 bilden. Wenn dies passiert, ist die Masse von Teilchen 3 einfach die Summe der Massen von Teilchen 1 und Teilchen 2, und der Impuls bleibt auch in diesem Fall erhalten. Es ist hier entscheidend, dass m_3 wirklich gleich $m_1 + m_2$ ist. Denn wenn alle Geschwindigkeiten $\boldsymbol{u}$ durch $\boldsymbol{u} - \boldsymbol{v}$ ersetzt werden, verringert sich der Impuls vor der Kollision um $(m_1 + m_2)\boldsymbol{v}$ und der Impuls nach der Kollision um $m_3\boldsymbol{v}$. Daher wäre der Impuls für $m_3 \neq m_1 + m_2$ im neuen Bezugssystem nicht mehr erhalten. Dieser Umstand ist so bedeutend, dass man ihn das Gesetz von der Erhaltung der Masse nennt: Wenn zwei Teilchen m_1 und m_2 sich zu einem einzigen Teilchen mit der Masse M vereinigen, ist

$$M = m_1 + m_2. \tag{11.5}$$

Gälte das Gesetz von der Erhaltung der Masse im nichtrelativistisch Fall nicht, so könnte der Impulserhaltungssatz auch nicht mehr stimmen, da der Impuls dann nicht mehr in allen Bezugssystemen erhalten wäre. Die Bedeutung von „$E = mc^2$" hängt eng mit der Tatsache zusammen, dass die Massenerhaltung im relativistischen Fall häufig verletzt wird, wie wir noch sehen werden.

Um zu verstehen, auf welche Weise die Energie E ins Spiel kommt, ist es nützlich, eine Zwei-Teilchen-Kollision zu untersuchen, und zwar in dem speziellen Bezugssystem, in dem der Gesamtimpuls null ist. In diesem Null-Impuls-System[58] haben wir vor der Kollision:

$$m_1 \boldsymbol{u}_1^\text{v} + m_2 \boldsymbol{u}_2^\text{v} = 0. \tag{11.6}$$

Nach der Kollision gilt dann, da der Impuls erhalten ist:

$$m_1 \boldsymbol{u}_1^n + m_2 \boldsymbol{u}_2^n = 0. \tag{11.7}$$

Im Null-Impuls-System bewegen sich die Teilchen in entgegengesetzte Richtungen, da die Geschwindigkeiten 1 und 2 unterschiedliche Vorzeichen haben müssen, wenn sich ihre Impulse zu null addieren sollen. Also kommen die Teilchen im Null-Impuls-System erst zusammen und fliegen dann wieder auseinander, und zwar mit Geschwindigkeiten, deren Verhältnisse vor und nach der Kollision gleich dem inversen Massenverhältnis sind:

$$\frac{u_2^v}{u_1^v} = \frac{m_1}{m_2} = \frac{u_2^n}{u_1^n}. \tag{11.8}$$

Doch obwohl die *Verhältnisse* der Geschwindigkeiten vor und nach der Kollision gleich sind, verlangt der Impulserhaltungssatz nicht, dass auch die *individuellen* Teilchengeschwindigkeiten die gleichen bleiben müssen. Impulserhaltung ist konsistent mit einer Zu- oder Abnahme beider Geschwindigkeiten im Null-Impuls-System, solange die relative Zu- oder Abnahme (also „um soundsoviel Prozent") für beide Teilchen gleich ist. Diejenigen Kollisionen, bei denen die Geschwindigkeiten jedoch tatsächlich gleich bleiben – d. h., wenn die Teilchen einfach voneinander abprallen und mit unverändertem Geschwindigkeitsbetrag dorthin zurückfliegen, woher sie gekommen sind –, haben einen besonderen Namen. Man nennt solche Kollisionen *elastisch*. Kollisionen, bei denen sich die individuellen Geschwindigkeiten im Null-Impuls-System ändern, heißen *inelastisch.* Eine inelastische Kollision, bei der beide Geschwindigkeitsbeträge abnehmen, könnte es z. B. dann geben, wenn die Teilchen kurzzeitig aneinander haften und etwas an Schwung verlieren, während sie sich wieder voneinander losreißen. Eine inelastische Kollision, bei der beide Geschwindigkeiten zunehmen, könnte es geben, wenn im Moment des Kontakts zwischen den Teilchen eine kleine Explosion stattfindet, welche sie schneller auseinander treibt, als sie herangeflogen sind. Beachten Sie, dass der Impuls selbst in Fällen wie diesen erhalten bleibt!

Warum auch immer eine Kollision elastisch oder inelastisch ist, die elastischen Kollisionen spielen eine besondere Rolle in der nichtrelativistischen Theorie, weil bei einer elastischen Kollision noch etwas anderes als der Impuls erhalten bleibt. Im Null-Impuls-System zweier Teilchen bleiben die individuellen Geschwindigkeiten alleine erhalten, doch dies gilt nur im Null-Impuls-System und auch dort nur für Zwei-Teilchen-Kollisionen. Wir erkennen die neue Erhaltungsgröße leicht, wenn wir verlangen, dass sie in *allen* Bezugssystemen erhalten sein soll. Dazu definieren wir die „kinetische Energie" k eines Teilchens mit der Masse m und der Geschwindigkeit u als

$$k = \frac{1}{2}mu^2 \qquad (11.9)$$

und die kinetische Gesamtenergie von zwei Teilchen als

$$K = k_1 + k_2. \qquad (11.10)$$

Den willkürlichen Faktor $\frac{1}{2}$ haben wir so gewählt, weil sich damit später die Rechnungen vereinfachen werden. (Ganz offensichtlich können wir jede der Größen m, p oder k umdefinieren, indem wir sie mit beliebigen numerischen Skalenfaktoren multiplizieren, solange wir dies mit allen Teilchen machen.)

Da u_1 und u_2 in einer elastischen Kollision von zwei Teilchen im Null-Impuls-System *separat* erhalten sind, gilt dies auch für k_1 und k_2 und darum auch für ihre Summe. Für jede andere mögliche Definition von K müsste das genauso gelten. Was diese spezielle Definition (11.9) so besonders macht, ist, dass aus der Erhaltung von K in *irgendeinem* Bezugssystem notwendigerweise folgt, dass K in *allen* Bezugssystemen erhalten sein muss. Dies hat einige praktische Auswirkungen, denn es bedeutet, dass wir die Vorgänge nicht im Null-Impuls-System beschreiben müssen, wenn wir überprüfen wollen, ob eine Kollision elastisch ist. Wir brauchen lediglich $K = \frac{1}{2}m_1 \boldsymbol{u}_1^2 + \frac{1}{2}m_2 \boldsymbol{u}_2^2$ vor und nach der Kollision auszurechnen; die Kollision ist dann und nur dann elastisch, wenn K vorher und nachher gleich groß ist.

Wie verändert sich K, wenn wir das Bezugssystem wechseln? Die Geschwindigkeit $\boldsymbol{u}$ wird zu $\boldsymbol{u} - \boldsymbol{v}$, also transformiert sich die kinetische Energie $k = \frac{1}{2}m\boldsymbol{u}^2$ zu

$$k' = \frac{1}{2}m(\boldsymbol{u}-\boldsymbol{v})^2 = \frac{1}{2}m\boldsymbol{u}^2 - m\boldsymbol{u}\boldsymbol{v} + \frac{1}{2}m\boldsymbol{v}^2 = k - \boldsymbol{p}\boldsymbol{v} + \frac{1}{2}m\boldsymbol{v}^2.$$
$$(11.11)$$

Wenn wir zwei oder mehr Teilchen haben, addieren wir einfach die Änderungen in der kinetischen Energie für jedes Teilchen auf, sodass wir für die kinetische Gesamtenergie im neuen Bezugssystem

$$K' = K - \boldsymbol{P}\boldsymbol{v} + \frac{1}{2}M\boldsymbol{v}^2 \qquad (11.12)$$

bekommen, mit $\boldsymbol{P}$ als dem Gesamtimpuls und M als der Gesamtmasse. Nehmen wir an, die kinetische Gesamtenergie im Null-Impuls-System K sei vor und nach der Kollision dieselbe. Dann folgt wegen der Erhaltung von Gesamtimpuls $\boldsymbol{P}$ und Gesamtmasse M, dass auch die kinetische Energie K' im neuen Bezugssystem vor und nach der Kollision gleich sein wird. Es ist also eine Konsequenz der Erhaltung von Gesamtimpuls und Gesamtmasse, dass die Erhaltung der kinetischen Gesamtenergie in einem Bezugssystem bedingt, dass sie in allen Bezugssystemen erhalten bleibt. Wenn wir definieren, dass eine Kollision elastisch ist, wenn die kinetische Energie dabei erhalten bleibt, dann ist die „Elastizität" einer Kollision unabhängig vom Bezugssystem.

Hiermit können wir unsere Wiederholung des nichtrelativistischen Stands der Dinge abschließen. Die wichtigsten Eigenschaften der Größen Masse, Impuls und kinetische Energie sind in der nichtrelativistischen Theorie:

Masse

Wir schreiben jedem Teilchen als Masse eine Zahl m zu, die unabhängig vom gewählten Bezugssystem für dieses Teilchen charakteristisch ist; die Gesamtmasse M einer Ansammlung von Teilchen ist die Summe der individuellen Massen. Die Gesamtmasse bleibt in allen Kollisionen erhalten und ist in allen Bezugssystemen gleich groß: Wenn M die Gesamtmasse in einem Bezugssystem ist und M' diejenige in einem anderen Bezugssystem, das sich gegenüber dem ersten mit der Geschwindigkeit $\boldsymbol{v}$ bewegt, dann ist

$$M' = M. \tag{11.13}$$

Impuls

Wenn ein Teilchen der Masse m eine Geschwindigkeit $\boldsymbol{u}$ hat, definieren wir seinen Impuls $\boldsymbol{p}$ als

$$\boldsymbol{p} = m\boldsymbol{u}. \tag{11.14}$$

Der Gesamtimpuls $\boldsymbol{P}$ einer Ansammlung von Teilchen ist gerade die Summe ihrer individuellen Impulse. Der Gesamtimpuls bleibt bei allen Kollisionen erhalten. Der Impuls $\boldsymbol{P}'$ in einem Bezugssystem, das sich gegenüber dem ursprünglich betrachteten mit einer Geschwindigkeit $\boldsymbol{v}$ bewegt, hängt mit dem Impuls $\boldsymbol{P}$ im ursprünglichen Bezugssystem gemäß

$$\boldsymbol{P}' = \boldsymbol{P} - M\boldsymbol{v} \tag{11.15}$$

zusammen, wobei M die Gesamtmasse ist.

Kinetische Energie

Wenn ein Teilchen der Masse m eine Geschwindigkeit $\boldsymbol{u}$ hat, definieren wir seine kinetische Energie k als

$$k = \frac{1}{2}m\boldsymbol{u}^2. \tag{11.16}$$

Die kinetische Gesamtenergie K einer Ansammlung von Teilchen ist gerade die Summe ihrer individuellen kinetischen Energien. Die kinetische Gesamtenergie ist nur bei speziellen Kollisionen erhalten, die man als elastische Kollisionen bezeichnet. Wenn eine Kollision in einem Bezugssystem elastisch ist, dann ist sie es in allen Bezugssystemen.

Dies folgt aus der Tatsache, dass die kinetische Gesamtenergie K' in einem anderen, mit der Geschwindigkeit v bewegten Bezugssystem und die kinetische Gesamtenergie K im ursprünglichen Bezugssystem gemäß

$$K' = K - Pv + \frac{1}{2}Mv^2 \qquad (11.17)$$

zusammenhängen, wobei M die Gesamtmasse und P der Gesamtimpuls im ursprünglichen Bezugssystem sind.

In dem Wechselspiel zwischen Erhaltungssätzen (die Größen benennen, die vor und nach der Kollision gleiche Werte haben) und Transformationsregeln (die angeben, wie sich Größen beim Übergang zwischen zwei Bezugssystemen verhalten) steckt sehr viel Physik, was wir hier leider nur anreißen können. Ein Erhaltungssatz setzt die Werte einer Größe vor und nach einer Kollision zueinander in Beziehung, wenn beide Werte im selben Bezugssystem bestimmt werden. Damit er ein *Gesetz* wird, muss er in allen Bezugssystemen gültig sein, also müssen wir die Transformationsregeln anwenden, um zu prüfen, ob ein möglicher Erhaltungssatz dazu befähigt ist, in allen Bezugssystemen gültig zu sein. Im Fall der Massenerhaltung ist das einfach, denn die Masse ist in allen Bezugssystemen gleich. Der Impuls kann in allen Bezugssystemen erhalten sein, weil er der Transformationsregel (11.15) gehorcht *und* weil die Gesamtmasse vor und nach einer Kollision dieselbe bleibt. Die kinetische Energie kann in allen Bezugssystemen erhalten sein (sofern sie es in irgendeinem System ist), weil sie der Transformationsregel (11.17) gehorcht *und* weil *sowohl* der Gesamtimpuls *als auch* die Gesamtmasse vor und nach einer Kollision dieselben bleiben.

Es ist weiterhin von Bedeutung, dass die *möglicherwei-se* erhaltene Größe K nicht in den Transformationsregeln für die Größen P und M auftaucht, welche *immer* erhalten sind. Würde K in den Transformationsregeln von P oder M erscheinen, könnten diese, weil K nicht immer erhalten bleibt, ihrerseits nicht immer erhalten sein.

Dies ist die nichtrelativistische Sicht auf Masse, Impuls und kinetische Energie sowie auf deren Erhaltung. Doch wenn wir nun zu Geschwindigkeiten übergehen, die vergleichbar mit der Lichtgeschwindigkeit c sind, fällt das ganze nichtrelativistische Bild in sich zusammen. Die erfreuliche Kompatibilität dieser Erhaltungssätze und insbesondere ihre Fähigkeit, in allen Bezugssystemen gelten zu können, beruhen entscheidend auf dem nichtrelativistischen Additionstheorem für Geschwindigkeiten, $u' = u - v$. Wenn diese Regel signifikant verletzt wird, und das wird sie natürlich ganz erheblich in der vollen relativistischen Theorie, dann ist die Erhaltung des Impulses nicht mehr länger in allen Bezugssystemen gegeben, wenn sie nur in einem gilt, und zwar ganz einfach, weil die simple Transformationsregel (11.15) für den Impuls nicht mehr gilt. Das gleiche Problem ergibt sich mit der kinetischen Energie.

Dies sollte Sie nicht überraschen. Es gibt keinerlei Grund für die Annahme, dass die relativistisch korrekten Formen von Impuls und kinetischer Energie eines Teilchen genauso aussehen müssten wie die nichtrelativistischen. Letzten Endes sind nicht einmal die relativistische Taktrate einer bewegten Uhr oder die relativistische Länge eines bewegten Stöckchens die gleichen wie im nichtrelativistischen Fall. Die Frage ist also, ob es möglich ist, mit geeigneten Verallgemeinerungen der nichtrelativistischen Definitionen von

Masse, Impuls und kinetischer Energie neue, relativistische Erhaltungssätze aufzustellen. Bei unserer Suche nach diesen relativistisch korrekten Verallgemeinerungen leiten uns zwei wesentliche Forderungen:

1. Im Fall, dass die Geschwindigkeiten der Teilchen klein gegen die Lichtgeschwindigkeit sind, müssen sie in die obigen nichtrelativistischen Formen übergehen, da wir wissen, dass in diesem Grenzfall die nichtrelativistischen Erhaltungssätze mit hoher Genauigkeit erfüllt sind.
2. Wenn die geeignet verallgemeinerten Größen in einem Bezugssystem erhalten sind, dann müssen sie in allen Bezugssystemen erhalten sein.

Die relativistisch korrekte Definition der Masse macht die geringste Mühe. Wir erhalten exakt dieselbe Definition für die Masse wie in der nichtrelativistischen Theorie, nur fügen wir die zusätzliche Bedingung hinzu, dass die Geschwindigkeiten aller Teilchen bei der Kollision, mit der wie ihre Massen bestimmen wollen, klein gegen c sein sollten. Wie klein, hängt davon ab, wie genau wir die Massen messen wollen. Ein praktikables Kriterium wäre z. B., sie so klein zu wählen, dass wir innerhalb der Messgenauigkeit dasselbe Ergebnis bekämen, wenn wir noch etwas kleinere Geschwindigkeiten verwenden würden. Sie könnten hier einwenden, dass diese Prozedur nicht auf Photonen angewendet werden kann, da Photonen sich (im Vakuum) immer nur mit der Lichtgeschwindigkeit c bewegen können und damit ganz bestimmt nicht so langsam wie soeben gefordert. Wir kommen auf den speziellen Fall der Photonen am Ende dieses Kapitels zurück.

Wenn man sie so definiert, bleibt die Masse eines Teilchens eine inhärente, charakteristische Eigenschaft dieses Teilchens, die nichts damit zu tun hat, wie schnell sich das Teilchen bei möglichen nachfolgenden Kollisionen auch bewegen mag. Sie ist eine vom Bezugssystem unabhängige Invariante. Wenn es Teilchen gäbe, deren Masse nicht invariant wäre, könnten wir ein Inertialsystem gegenüber einem anderen auszeichnen, indem wir in jedem System eine Kollision mit niedrigen Geschwindigkeiten durchführen, um die dort jeweils geltende Masse zu bestimmen.[59]

Die Antwort auf die Frage nach der Erhaltung der Gesamtmasse, definiert als Summe der Einzelmassen, für den Fall, dass sich in einer Kollision Anzahl und Art der Teilchen ändern, wollen wir im Moment noch etwas aufschieben. Beachten Sie aber schon einmal, dass jede Abweichung von der Massenerhaltung besser sehr klein sein sollte, wenn die Geschwindigkeiten aller an der Kollision beteiligten Teilchen klein gegen die Lichtgeschwindigkeit c sind, denn die nichtrelativistische Theorie, in welcher die Gesamtmasse erhalten *ist*, beschreibt die Dinge mit höchster Genauigkeit, solange alle Geschwindigkeiten klein gegen c bleiben.

Als Nächstes wenden wir uns der relativistischen Definition für den Impuls eines Teilchen der Masse m zu. Da m weiterhin eine invariante, für jedes Teilchen charakteristische Zahl ist, ergibt sich nun die Frage, welche Größe die Rolle der Teilchengeschwindigkeit u spielen kann. Diese muss zwei Bedingungen erfüllen: (a) die neue Größe muss in u übergehen, wenn u klein verglichen mit c wird, und (b) die neue Größe darf sich beim Wechsel des Bezugssystems nicht viel komplizierter transformieren als mit der nichtrelativistischen Regel $u' = u - v$, wenn wir irgendeine Hoffnung darauf haben wollen, dass der Impuls in allen Bezugssystemen erhalten bleibt. Die Geschwindigkeit u selbst wird es nicht tun, denn unter einem Wechsel des Bezugssystems u transformiert sie sich gemäß der relativistischen Regel

$$u' = \frac{u - v}{1 - uv/c^2}. \tag{11.18}$$

Hier sind u' die Geschwindigkeit des Teilchens im neuen Bezugssystem, u die Geschwindigkeit des Teilchens im alten System und v die Geschwindigkeit des neuen Bezugssystems im alten System.

Der Nenner in Gl. (11.18) verhindert, dass der transformierte Gesamtimpuls $P' = m_1 u_1' + m_2 u_2'$ eine hinreichend einfache Form hat, um die Impulserhaltung im neuen Bezugssystem gewährleisten zu können. Nun erscheint u im Nenner (und auch im Zähler) von (11.18), wenn wir weiter einerseits die nichtrelativistische Definition (11.14) des Impulses, aber andererseits die relativistische Transformationregel (11.18) verwenden. Daher wird der Gesamtimpuls im neuen Bezugssystem auf komplizierte Weise von den individuellen Geschwindigkeiten aller Teilchen im alten Bezugssystem abhängen. Im Gegensatz dazu hängt bei Verwendung des nichtrelativistischen Additionstheorems für Geschwindigkeiten, (11.15), der nichtrelativistische Gesamtimpuls im neuen Bezugssystem von den individuellen Teilchengeschwindigkeiten nur in Form dieser besonderen Kombination von Geschwindigkeiten ab, die wir als den Gesamtimpuls im alten Bezugssystem kennengelernt haben.

Warum zwingt uns die relativistische Betrachtungsweise den komplizierten Nenner von Gl. (11.18) auf? Denken Sie zurück an die Definition von Geschwindigkeit: zurückgelegte Strecke durch dafür benötigte Zeit. Im nichtrelativistischen Fall verändert der Wechsel des Bezugssystems die zurückgelegte Strecke, aber nicht die dabei vergangene Zeit, weswegen sich nur der Zähler ändert. Im relativistischen Fall ändern sich Distanz *und* Zeitspanne, wenn Sie das Bezugssystem wechseln, was zu der unhandlicheren Regel (11.18) führt.

Dieser Umstand eröffnet uns einen einfachen und eleganten Ausweg aus dem Problem. Wir sollten bei der relativistischen Definition des Impulses die Idee der Teilchengeschwindigkeit verallgemeinern auf „vom Teilchen zurückgelegte Distanz durch dafür benötigte Zeitspanne in einem speziellen Bezugssystem, auf das sich alle Beobachter verständigen können".

Was könnte dieses spezielle Bezugssystem sein? Die Frage beantwortet sich praktisch von selbst: Für jedes Teilchen gibt es ein und nur ein ganz besonderes Bezugssystem – dasjenige, in dem sich das Teilchen in Ruhe befindet.

Nehmen wir also an, wir würden eine verallgemeinerte Geschwindigkeit w als die Strecke definieren, die ein Teilchen in einer gegebenen Zeit zurücklegt, unter der Voraussetzung, dass diese Zeit immer im Ruhe- bzw. Eigensystem des Teilchens, also von einer mit dem Teilchen mitreisenden Uhr gemessen wird. Damit wird die wesentliche Forderung erfüllt, dass w von der gewöhnlichen Geschwindigkeit u nicht zu unterscheiden ist, wenn die Geschwindigkeit des Teilchens klein gegen c ist, denn eine mit dem Teilchen mitbewegte Uhr verlangsamt sich dann nur unmerklich wenig.

Wenn wir jetzt aber, mit der neuen Definition, von einem Bezugssystem zu einem anderen wechseln, ändert sich zwar die zurückgelegte Strecke, die in die Definition von **w** eingeht, doch die zur Impulsdefinition verwendete Zeit ändert sich nicht. Also definieren wir den Impuls **p** nun als *m***w**, was bei nichtrelativistischen Geschwindigkeiten nur vernachlässigbar kleine Änderungen verursacht, und machen uns dabei berechtigte Hoffnungen auf eine einfache Transformationsregel für **p**. Und da *m* invariant ist, brauchen wir nur herauszufinden, wie sich **w** transformiert.

Die verallgemeinerte Geschwindigkeit **w** unterscheidet sich von der gewöhnlichen Geschwindigkeit **u** nur darin, dass die während der Bewegung verstreichende Zeit jetzt von einer mitbewegten Uhr gemessen wird und nicht von am Wegesrand ruhenden synchronisierten Uhren. Diese bewegte Uhr geht *langsamer* als die im Wegesrandsystem ruhenden Uhren, also wird sie anzeigen, dass das Teilchen *weniger* Zeit benötigt, um eine gegebene Strecke zurückzulegen. Der Verlangsamungsfaktor $\sqrt{1 - u^2/c^2}$ gibt uns an, um welchen Faktor diese Zeit kleiner wird, also wird **w** gerade um einen Faktor $1/\sqrt{1 - u^2/c^2}$ *größer* als die gewöhnliche Geschwindigkeit **u** sein:

$$w = \frac{u}{\sqrt{1 - u^2/c^2}}. \qquad (11.19)$$

Mit dem Ausdruck (11.19) können wir die relativistische Transformationsregel (11.18) verwenden, um herauszufinden, was aus **w** wird, wenn wir in ein Bezugssystem wechseln, das sich mit der Geschwindigkeit **v** gegen das alte bewegt. In dem neuen Bezugssystem ist w' durch

$$w' = \frac{u'}{\sqrt{1 - u'^2/c^2}} \qquad (11.20)$$

gegeben, wobei u' mit u über das Additionstheorem für Geschwindigkeiten (11.18) zusammenhängt. Wenn Sie (11.18) in (11.20) einsetzen und den sich ergebenden Ausdruck vereinfachen, bekommen Sie

$$w' = \frac{u - v}{\sqrt{1 - v^2/c^2} \cdot \sqrt{1 - u^2/c^2}}. \qquad (11.21)$$

Dieses Resultat nachzurechnen ist das eine (etwas) schmutzige Stückchen Algebra in der ganzen Geschichte, doch die Schlussfolgerungen, die sich daraus ergeben, sind von so grundlegender Bedeutung, dass man sich zumindest einmal im Leben dieser Mühe unterziehen sollte. Wenn Sie sich dem nicht gewachsen fühlen sollten, beachten Sie zumindest, dass Gl. (11.21) sicherlich für $v = 0$ erfüllt ist ($w' = w$), für $v = u$ (Wechsel in ein Bezugssystem, in dem die Teilchengeschwindigkeit 0 ist) und auch für $u = 0$ (Teilchen war erst in Ruhe und hat im neuen Bezugssystem die Geschwindigkeit $-v$).

Wenn wir also den relativistischen Impuls über

$$p = mw = \frac{mu}{\sqrt{1 - u^2/c^2}} \qquad (11.22)$$

definieren, dann sagt uns Gl. (11.21), dass

$$p' = \frac{p - m^*v}{\sqrt{1 - v^2/c^2}}, \qquad (11.23)$$

wobei ich eine neue Größe m^* definiert habe:

$$m^* = \frac{m}{\sqrt{1 - u^2/c^2}}. \tag{11.24}$$

Dies kommt dem, was wir wollen, schon sehr nahe, denn der Impuls im neuen Bezugssystem hängt nun auf sehr einfache Weise mit dem Impuls im alten System zusammen. Der Faktor $\sqrt{1 - v^2/c^2}$ im Nenner von (11.23) mag Ihnen als nicht ganz so einfach erscheinen, aber vergessen Sie nicht, dass er nur von der relativen Geschwindigkeit zweier Bezugssysteme, aber nicht von den Teilchengeschwindigkeiten abhängt. Deshalb hat er in der Impuls-Transformationsregel für alle Teilchen in einer Kollision denselben Wert.

Das einzige verbleibende Problem – und es ist leider ein ernsthaftes – ist die neue Größe m^* in der Transformationsregel (11.23). Um die Bedeutung dieses Eindringlings zu verstehen, überlegen wir uns zunächst, was passiert, wenn die Teilchengeschwindigkeit u klein gegen c ist. In diesem Fall besagt (11.24), dass m^* sich unmessbar wenig von der Masse m unterscheidet. Würden wir m^* im Transformationsgesetz (11.23) durch m ersetzen und das dann in den Gesamtimpuls eines Teilchenpaars einsetzen, erhielten wir

$$\boldsymbol{P}' = \frac{\boldsymbol{P} - M\boldsymbol{v}}{\sqrt{1 - v^2/c^2}}, \tag{11.25}$$

was, vom Nenner abgesehen, einfach das vertraute nichtrelativistische Transformationsgesetz ist. Und der Nenner ist harmlos, da er bloß eine konstante Zahl ist, in die nur die

Relativgeschwindigkeit der Bezugssysteme eingeht. Daher schließen wir aus (11.25), dass genau wie im nichtrelativistischen Fall aus der Erhaltung von P bei einer Kollision die Erhaltung von P' im neuen Bezugssystem folgt, sofern die Gesamtmasse M bei der Kollision erhalten bleibt.

Wenn allerdings ein Teilchen sich nicht mit einer Geschwindigkeit bewegt, die klein verglichen mit c ist, sind m^* und die Masse m *nicht* mehr ungefähr gleich groß. Wenn wir sicherstellen wollen, dass der in Gl. (11.22) definierte Impuls in allen Bezugssystemen erhalten ist, müssen wir darum das Gesetz von der Erhaltung der Gesamtmasse durch ein neues Gesetz ersetzen, und zwar durch das „Gesetz von der Erhaltung des Gesamt-m^*". Solch eine Ersetzung folgt dem Geist unserer versuchten Verallgemeinerung des nichtrelativistischen Impulserhaltungssatzes, denn das „Gesamt-m^*" ist durch

$$M^* = m_1^* + m_2^* = \frac{m_1}{\sqrt{1 - \boldsymbol{u}_1^2/c^2}} + \frac{m_2}{\sqrt{1 - \boldsymbol{u}_2^2/c^2}} \quad (11.26)$$

gegeben. Da das „Gesamt-m^*" in die Gesamtmasse übergeht, wenn beide Geschwindigkeiten klein gegen c sind, entpuppt sich das nichtrelativistische Gesetz der Massenerhaltung hiermit als Grenzfall eines allgemeineren relativistischen Erhaltungssatzes, genau wie das nichtrelativistische Gesetz von der „Gesamt-$m\boldsymbol{u}$-Erhaltung" ein Grenzfall der Erhaltung eines allgemeineren relativistischen Impulsbegriffs ist:

$$\boldsymbol{P} = \boldsymbol{p}_1 + \boldsymbol{p}_2 = \frac{m_1\boldsymbol{u}_1}{\sqrt{1 - \boldsymbol{u}_1^2/c^2}} + \frac{m_2\boldsymbol{u}_2}{\sqrt{1 - \boldsymbol{u}_2^2/c^2}}. \quad (11.27)$$

Bevor wir dies allerdings zum neuen Erhaltungssatz für M^* ausrufen können, müssen wir noch prüfen, ob es die entscheidende Forderung an alle Naturgesetze erfüllt, in allen Bezugssystemen gültig zu sein. Dies führt uns auf eine weitere unangenehme Berechnung ganz ähnlich derjenigen, die für Gl. (11.23) nötig war. Wir müssen nämlich das relativistische Additionstheorem für Geschwindigkeiten (11.18) auf die Definition

$$m^{*\prime} = \frac{m}{\sqrt{1 - u'^2/c^2}} \qquad (11.28)$$

anwenden, um $m^{*\prime}$ in Abhängigkeit von Größen im ursprünglichen Bezugssystem auszudrücken. Haben wir dies getan, finden wir[60]

$$m^{*\prime} = \frac{m^* - \boldsymbol{p}v/c^2}{\sqrt{1 - v^2/c^2}}. \qquad (11.29)$$

Diese Gleichung ist ganz ähnlich strukturiert wie die Transformationsregel (11.23) für den Impuls. Da beide Gleichungen so einfach aufgebaut sind, führen die Transformationsregeln (11.23) und (11.29) für die Einzelteilchengrößen $\boldsymbol{p}$ und m^* auf Transformationsregeln für Gesamtimpuls $\boldsymbol{P}$ und Gesamt-m^*, d. h. M^*, von *exakt* derselben Form wie (11.23) und (11.29):

$$\boldsymbol{P}' = \frac{\boldsymbol{P} - M^*\boldsymbol{v}}{\sqrt{1 - v^2/c^2}} \quad \text{und} \qquad (11.30)$$

$$M^{*\prime} = \frac{M^* - \boldsymbol{P}v/c^2}{\sqrt{1 - v^2/c^2}}. \qquad (11.31)$$

Da in diesen beiden Gleichungen P' und $M^{*'}$ ausschließlich von P und M^* abhängen (sowie der Relativgeschwindigkeit v der zwei Bezugssysteme), folgt aus der Erhaltung der ungestrichenen Größen bei einer Kollision die Erhaltung der gestrichenen Größen. Demzufolge sind P und M^*, wenn sie beide in einem Bezugssystem vor und nach einer Kollision gleich groß sind, in jedem Bezugssystem vor und nach der Kollision gleich groß. Unser Vorschlag (11.22) für die relativistische Verallgemeinerung der Definition des Impulses erfüllt die Kriterien für eine Erhaltungsgröße zur vollsten Zufriedenheit ebenso wie die neue Größe M^*, über deren Erhaltung wir uns noch ein paar Gedanken machen sollten.

Welche Folgen hat es, wenn wir die nichtrelativistische Erhaltung der Gesamtmasse M durch die relativistische Erhaltung der Größe M^* ersetzen? Wie sollen wir m^* und die Summe M^* von m^*-Werten einer Gruppe von Teilchen interpretieren? Wir erhalten einen wichtigen Tipp, wenn wir das m^* von einem Teilchen untersuchen, dessen Geschwindigkeit u klein gegen c ist. In diesem Grenzfall sagt Definition (11.24) lediglich, was wir längst wissen: nämlich, dass m^* sehr nahe bei der Teilchenmasse m liegt. Doch da wir ja gerade den Unterschied zwischen dem alten nichtrelativistischen Erhaltungssatz für M und dem neuen relativistischen Erhaltungssatz für m^* wissen wollen, brauchen wir in Wirklichkeit eine Abschätzung für die *Differenz* zwischen m^* und m, wenn u klein gegen c ist – eine Abschätzung, die etwas konkreter wird als die Aussage, dass diese Differenz sehr klein ist. Wir werden solch eine Abschätzung etwas weiter hinten in diesem Kapitel (Gln. 11.44–11.47) explizit konstruieren und damit zeigen, dass wenn u sehr klein gegenüber c ist, diese Differenz mit guter Genauigkeit durch die Gleichung

$$m^* - m = \frac{1}{2} m u^2 / c^2 \qquad (11.32)$$

beschrieben werden kann. Somit ist bei nichtrelativistischen Geschwindigkeiten die Differenz $m^* - m$ nichts anderes als *die durch c^2 dividierte nichtrelativistische kinetische Energie*.[61] Wenn wir also die *relativistische kinetische Energie* durch

$$k = m^* c^2 - m c^2 \qquad (11.33)$$

definieren, geht in der Tat k bei – verglichen mit c – kleinen Geschwindigkeiten in die gewöhnliche nichtrelativistische kinetische Energie über. Damit haben wir unsere Interpretation von m^*: Die interessante Größe ist nicht m^* selbst, sondern das Produkt von m^* und c^2, das sich als Summe aus zwei Termen darstellen lässt:

$$m^* c^2 = m c^2 + k. \qquad (11.34)$$

Wir haben nun unser Ziel erreicht. Damit der relativistische Gesamtimpuls $\boldsymbol{P}$ erhalten bleibt, muss M^* notwendigerweise ebenfalls erhalten sein, mit

$$M^* c^2 = M c^2 + K \qquad (11.35)$$

und M und K als Gesamtmasse bzw. relativistischer kinetischer Gesamtenergie.

Erinnern wir uns noch einmal an die Situation im nichtrelativistischen Fall: Dort war die Gesamtmasse M immer erhalten, die kinetische Gesamtenergie K dagegen nur bei elastischen Kollisionen. Auch im relativistisch Fall können wir elastische Kollisionen so definieren, dass bei ihnen die relativistische kinetische Gesamtenergie K erhalten bleibt. Doch relativistisch muss M^* immer erhalten sein, ob die Kollision elastisch ist oder nicht, denn wäre M^* keine Erhaltungsgröße, könnte auch der Impuls nicht in allen Bezugssystemen erhalten sein. Da M^* mit M und K über Gl. (11.35) zusammenhängt, folgt aus der Erhaltung von K, dass M ebenfalls erhalten sein muss. Wenn dagegen K nicht erhalten ist, kann auch M nicht erhalten sein. In einer inelastischen Kollision, bei welcher sich die kinetische Gesamtenergie um $\Delta K = K^a - K^b$ ändert, kann M^* wegen Gl. (11.35) nur erhalten bleiben, wenn in der Kollision diese Änderung in der kinetischen Energie genau durch eine Änderung der Gesamtmasse um $\Delta M = M^b - M^a$ ausgeglichen wird:

$$\Delta M c^2 = \Delta K. \qquad (11.36)$$

Dieser Ausgleich eines Verlusts (oder Gewinns) an kinetischer Energie durch einen entsprechenden Gewinn (oder Verlust) an Masse muss stattfinden, ob die Kollision nun bei relativistischen oder nichtrelativistischen Geschwindigkeiten erfolgt, da die relativistische Theorie bei allen Geschwindigkeiten gelten sollte. Warum haben wir das aber noch nie bei einer Kollision mit nichtrelativistischen Geschwindigkeiten bemerkt, sondern sind stattdessen davon ausgegangen, dass die Gesamtmasse eine Erhaltungsgröße ist? Der Grund dafür ist einfach, dass bei nichtrelativistischen Geschwindigkeiten die Änderung der Masse schlicht zu klein ist, um noch gemessen werden zu können. Die Änderung beträgt $\Delta M = \Delta K / c^2$, und ein Maß für ΔK, die Änderung der kinetischen Energie, ist das Produkt aus Gesamtmasse M und dem Quadrat u^2 einer typischen Teilchengeschwindigkeit. Somit ist ΔM typischerweise so groß wie die Masse M selbst, multipliziert mit einem Faktor, der etwa u^2/c^2 beträgt. Bei Geschwindigkeiten unter der Schallgeschwindigkeit in Luft ist u^2/c^2 kleiner als ein Billionstel. Noch niemand hat bisher eine Masse so genau messen können.

Also ist die von der relativistischen Theorie beschriebene Massenänderung bei inelastischen Kollisionen viel zu klein, um bei Kollisionen mit nichtrelativistischen Geschwindigkeiten beobachtet werden zu können. Die exakte relativistische Erhaltung von $m^* c^2$ täuscht uns schlicht die Erhaltung der Gesamtmasse vor, wenn alle Geschwindigkeiten klein verglichen mit der Lichtgeschwindigkeit sind. Bei relativistischen Geschwindigkeiten jedoch kann der korrekte relativistische Erhaltungssatz ganz erhebliche Konsequenzen nach sich ziehen.

Um vom großen Ganzen zurück zu den eher praktischen Aspekten der Theorie zu kommen, möchte ich erwähnen, dass man $M^* c^2$ als die Gesamtenergie E definiert und entsprechend $m^* c^2$ als die Energie e eines individuellen Teilchens. Damit haben wir als Energie und Impuls eines Teilchens mit der Masse m und der Geschwindigkeit u:

$$e = \frac{mc^2}{\sqrt{1 - u^2/c^2}} \quad \text{und} \tag{11.37}$$

$$p = \frac{mu}{\sqrt{1 - u^2/c^2}}. \tag{11.38}$$

Die Transformationsregeln (11.30) und (11.31) lauten dann:

$$E' = \frac{E - \boldsymbol{P}\boldsymbol{v}}{\sqrt{1 - v^2/c^2}} \quad \text{und} \qquad (11.39)$$

$$\boldsymbol{P}' = \frac{\boldsymbol{P} - E\boldsymbol{v}/c^2}{\sqrt{1 - v^2/c^2}}. \qquad (11.40)$$

Beachten Sie, dass (11.37) besagt, dass die Energie e eines Teilchens mit der Masse m den Wert mc^2 besitzt, wenn das Teilchen sich in Ruhe befindet. Dies wird manchmal fälschlich so zitiert, als sei $E = Mc^2$. Die wirkliche Bedeutung sollte man bei den inelastischen Kollisionen suchen, für die Gl. (11.36) die Notwendigkeit einer Massenänderung zum Ausgleich jeglicher Änderung in der kinetischen Energie beschreibt: Wenn in der Kollision kinetische Energie gewonnen wird, muss die Gesamtmasse abnehmen, geht kinetische Energie verloren, nimmt die Gesamtmasse zu.

Kollidieren beispielsweise zwei Objekte in ihrem Null-Impuls-System und verschmelzen sie dabei zu einem einzigen, ruhenden Objekt, wird die Masse dieses neuen Objekts die Summe der beiden vorherigen Einzelmassen exakt um den Quotienten aus ihrer ursprünglichen kinetischen Energie und c^2 übersteigen. Physiker, die neue „Elementarteilchen" erzeugen möchten, die mehr Masse besitzen als alle bis dato beobachteten Partikel, müssen demzufolge zwei weniger massereiche Teilchen mit Geschwindigkeiten knapp unter c aufeinanderschleudern, um so viel kinetische Energie zur Verfügung zu stellen, dass genug für die zusätzliche Post-Kollisions-Masse übrig bleibt.

Dies erklärt, warum Teilchenbeschleuniger bei diesen Wissenschaftlern so beliebt sind.

Wenn umgekehrt ein ruhendes Teilchen spontan explodiert und danach zwei Bruchstücke davonfliegen, muss die Gesamtmasse dieser beiden Teilchen gerade so viel kleiner als die Masse des ursprünglichen Teilchens sein, wie ihre durch c^2 dividierte kinetische Energie beträgt. Es wird oft gesagt, dass die unglaubliche Wucht einer nuklearen Explosion eine besonders beeindruckende Konsequenz von $E = Mc^2$ sei. Dies ist nicht wahrer und nicht falscher als zu behaupten, eine gewöhnliche chemische Explosion sei eine Konsequenz dieser Gleichung. In beiden Fällen ist die Gesamtmasse von allem, was nach einer Explosion herumfliegt, kleiner als die Masse der ursprünglichen Zutaten, und zwar um den Betrag der bei der Explosion freigesetzten kinetischen Gesamtenergie geteilt durch c^2. Der einzige Unterschied ist, dass nach einer chemischen Explosion Sachen mit Geschwindigkeiten herumfliegen, die winzig auf der Skala der Lichtgeschwindigkeit sind, sodass die Massenänderung zu klein ist, um gemessen werden zu können, selbst wenn Sie wirklich alle Bruchstücke einsammeln könnten. Die für eine nukleare Explosion verantwortlichen Kräfte sind dagegen so viel stärker als chemische Kräfte, dass in diesem Fall die Trümmer mit so hohen Geschwindigkeiten davonfliegen, dass die Massenänderung bis zu 0,1 % der ursprünglichen Masse betragen kann – immer noch ein ziemlicher kleiner Anteil, aber nicht mehr unmessbar wenig.

Eine zutreffendere Formulierung wäre es also zu sagen, dass eine nukleare Explosion wesentlich heftiger ist als eine gewöhnliche chemische Explosion, weil die Kernkräfte, die eine Rolle bei solchen Explosionen spielen, so viel stärker sind als die elektrischen Kräfte, welche für die chemischen Bindungen und daher für gewöhnliche Explosionen verantwortlich sind. Dass die Kernkräfte so stark sind, dass man bei nuklearen Explosionen tatsächlich eine (kleine, aber messbare) Massenänderung detektieren kann, ist eine besonders beeindruckende Konsequenz der Stärke dieser Kräfte.

Einer der ersten Hinweise auf die außergewöhnliche Stärke der Kräfte, welche die Atomkerne zusammenhalten, war die Tatsache, dass die Massen von Atomkernen um einige Promille von dem abweichen, was man erhält, wenn man die Summen aller Bestandteile eines Kerns zusammenrechnet. In seiner ersten Veröffentlichung über $E = Mc^2$, nur wenige Monate nach seiner ersten Arbeit über die Relativitätstheorie, schlug Einstein vor, wie sich diese Diskrepanz auflösen lassen könnte: „Es ist nicht ausgeschlossen, daß bei Körpern, deren Energieinhalt in hohem Maße veränderlich ist (z. B. bei den Radiumsalzen), eine Prüfung der Theorie gelingen wird.“[62]

Die Tatsache, dass die unglaubliche Energiemenge, die bei einer nuklearen Explosion frei wird, immer noch nur etwa $\frac{1}{1000}$ der Masse des „Sprengstoffs" darstellt, vermittelt eine eindringliche Vorstellung davon, wie schwierig es ist, eine mit der Lichtgeschwindigkeit vergleichbare Bewegung zu erreichen (oder zu stoppen). Nehmen wir z. B. an, ein Objekt der Masse m bewege sich mit $\frac{3}{5}$ der Lichtgeschwindigkeit, sodass seine Energie gemäß (11.37) $e = \frac{5}{4}mc^2$ beträgt, dann ist seine kinetische Energie $k = e - mc^2 = \frac{1}{4}mc^2$. Wird eine Kernwaffe der Masse M gezündet, wird dabei eine Energie von etwa $\frac{1}{1000}Mc^2$ freigesetzt. Ein Objekt auf ein Tempo von $\frac{3}{5}$ der Lichtgeschwindigkeit zu bringen, erfordert also die Energie eines Kernwaffensprengkopfs mit der 250-fachen Masse dieses Objekts.

Anders ausgedrückt: Wenn ein sich mit $\frac{3}{5}$ der Lichtgeschwindigkeit bewegendes Objekt auf irgendeine Weise abrupt zum Stehen gebracht wird, etwa indem es mit einer spektakulär undurchdringlichen und unbeweglichen Barriere kollidiert, dann wird die bei dieser Kollision freigesetzte Energie so groß sein wie die eines Kernwaffensprengkopfs mit der 250-fachen Masse des Objekts. Raketenverkehr mit annähernder Lichtgeschwindigkeit wird bei Weitem nicht so einfach sein wie im Film!

Aber obwohl die relativistische Definition der Energie in (11.37) impliziert, dass die Energie eines Teilchen über alle Grenzen anwächst, wenn seine Geschwindigkeit sich mehr und mehr der des Lichts annähert, gibt es nichtsdestotrotz Teilchen (z. B. Photonen), die sich mit Lichtgeschwindigkeit bewegen. Da man keine unendlich große Energie braucht, um ein Photon zu produzieren (schalten Sie einmal das Licht an!), tut sich die Frage auf, wie wir uns dieses scheinbare Paradoxon erklären können.

Als Erstes fällt auf, dass Gl. (11.37) es erlaubt, dass ein Teilchen sich mit einer Geschwindigkeit $u = c$ bewegt und dabei keine unendlich große Energie besitzt, sofern die Masse des Teilchens null ist. Doch die relativistischen Definitionen von Energie und Impuls, (11.37) und (11.38), scheinen uns nichts Sinnvolles über masselose Teilchen mit der Geschwindigkeit $u = c$ sagen zu können, da null durch null zu teilen eine beliebte Methode ist, größten mathematischen

Unsinn zu produzieren. Es finden sich jedoch, bei näherem Hinsehen, zwei Konsequenzen aus diesen beiden Gleichungen, die auch im Grenzfall $m \to 0$ noch wohldefiniert sind.

Man folgert zunächst leicht aus (11.37) und (11.38), dass

$$e^2 = p^2 c^2 + m^2 c^4 \qquad (11.41)$$

und

$$\boldsymbol{p} = e\boldsymbol{u}/c^2. \qquad (11.42)$$

Und es geht auch andersherum: Sie könnten mit (11.41) und (11.42) starten und daraus mit Leichtigkeit (11.37) und (11.38) herleiten. Die zwei Gleichungspaare sind komplett äquivalent zueinander. Anders jedoch als (11.37) und (11.38), bleiben die äquivalenten Formen (11.41) und (11.42) vollkommen vernünftig, wenn man sie auf Teilchen mit Masse null anwendet. Für $m = 0$ reduziert sich (11.41) auf

$$p = e/c. \qquad (11.43)$$

Gleichung (11.42) ist dann automatisch erfüllt, sofern die Geschwindigkeit u des masselosen Teilchens gleich der invarianten Geschwindigkeit c ist.

Auf diese Weise lassen sich die relativistischen Definitionen von Energie und Impuls auf Teilchen mit der Masse null anwenden, sofern man bereit ist zu verlangen, dass ein solches Teilchen notwendigerweise die Lichtgeschwindigkeit c hat und dass die Energie von einem solchen Teilchen gerade c mal den Betrag seines Impulses ist.

Es zeigt sich, dass man in den meisten Fällen mit (11.41) und (11.42) wesentlich leichter arbeiten kann als mit (11.37) und (11.38), selbst bei Teilchen mit endlicher

Masse, sodass die Gln. (11.37) und (11.38) zwar eine fundamentale Rolle beim Aufstellen der neuen Definitionen von Energie und Impuls spielen, (11.41) und (11.42) aber deren Eigenschaften am effektivsten widergeben.

Sie können die Größe m^* noch aus einem anderen Blickwinkel betrachten, wodurch die relativistischen Begriffe von Energie und Impuls in einer Art und Weise miteinander verknüpft werden, die im nichtrelativistischen Fall schlicht undenkbar wäre. Der Impuls eines Teilchens ist in irgendeinem gegebenen Bezugssystem das Produkt aus der Masse des Teilchen und der Geschwindigkeit, mit der sich das Teilchen durch den *Raum* bewegt, gemessen mit einer Uhr, die sich mit dem Teilchen zusammen bewegt. In genau derselben Weise ist m^* die Masse des Teilchens multipliziert mit der Geschwindigkeit, mit der sich das Teilchen durch die *Zeit* bewegt, wiederum gemessen im Eigensystem des Teilchens.

Dies muss für nichtrelativistische Ohren schlichtweg verrückt klingen: Wie kann sich etwas durch die Zeit mit einem anderen Tempo als einer Sekunde pro Sekunde bewegen? Und in der Tat, die nichtrelativistische Erhaltung von m^* ist nichts anderes als die Erhaltung der Masse. Relativistisch gesehen ist diese Formulierung eine vollkommen sinnvolle und dazu ziemlich elegante Form zu sagen, dass eine bewegte Uhr langsamer geht. Je schneller sich ein Teilchen in einem gegebenen Bezugssystem bewegt, desto schneller läuft es durch die Zeit dieses Bezugssystems, gemessen mit einer Uhr, die sich mit dem Teilchen bewegt, also in seinem Eigensystem ruht. Man sagt auch, eine solche Uhr messe die *Eigenzeit* des Teilchens. Somit bewegt sich ein Teilchen, das sich in einem gegebenen Bezugssystem mit $\frac{3}{5}$ der Lichtgeschwindigkeit (durch den Raum) bewegt, mit einem Tempo von $\frac{5}{4}$ Sekunden pro Eigensekunde durch die Zeit. Dies ist nur eine dramatische, auf den Kopf gestellte und in einem tieferen Sinn bedeutungsvollere Weise zu sagen, dass jede Art von „innerer Uhr" eines bewegten Teilchen um den zugehörigen Verlangsamungsfaktor langsamer tickt: Für jede Sekunde, die auf einer mit dem Teilchen bewegten Uhr angezeigt wird, schreitet die Zeitanzeige einer Uhr in dem Bezugssystem, aus dem heraus wir die Bewegung des Teilchens beschreiben, um 1,25 Sekunden voran.

Wenn etwas seinen Weg durch den Raum beschleunigt, sodass es weniger Eigenzeit braucht, um von hier nach da zu gelangen, beschleunigt es auch seinen Weg durch die Zeit, sodass es weniger Eigenzeit braucht, um von jetzt nach dann zu gelangen.[63]

Eine Rechnung haben wir jetzt noch offen: Wir müssen begründen, warum wir (11.32) für die Differenz $m^* - m$ benutzen dürfen, wenn die Geschwindigkeit u eines Teilchens klein gegen die Lichtgeschwindigkeit c ist. Aus den Definitionen (11.22) und (11.24) für $\boldsymbol{p}$ und m^* folgt

$$m^{*2} - \boldsymbol{p}^2/c^2 = m^2 \qquad (11.44)$$

oder

$$m^{*2} - m^2 = (m^* - m)(m^* + m) = \boldsymbol{p}^2/c^2 \qquad (11.45)$$

oder

$$m^* - m = \frac{\boldsymbol{p}^2}{(m^* + m)c^2}. \qquad (11.46)$$

Tab. 11.1 Vergleich der relativistischen und nichtrelativistischen Eigenschaften von Energie, Impuls und Masse eines Teilchenpaars

	Nichtrelativistisch	Relativistisch
Masse	$M = m_1 + m_2$	$M = m_1 + m_2$
erhalten?	immer	nur bei elastischen Kollisionen
Transformation	$M' = M$	$M' = M$
Impuls	$P = m_1 u_1 + m_2 u_2$	$P = \dfrac{m_1 u_1}{\sqrt{1 - u_1^2/c^2}} + \dfrac{m_2 u_2}{\sqrt{1 - u_2^2/c^2}}$
erhalten?	immer	immer
Transformation	$P' = P - Mv$	$P' = \dfrac{P - vE/c^2}{\sqrt{1 - v^2/c^2}}$
Energie	$E = \frac{1}{2} m_1 u_1^2 + \frac{1}{2} m_2 u_2^2$	$E = \dfrac{m_1 c^2}{\sqrt{1 - u_1^2/c^2}} + \dfrac{m_2 c^2}{\sqrt{1 - u_2^2/c^2}}$
erhalten?	nur bei elastischen Kollisionen	immer
Transformation	$E' = E - Pv + \frac{1}{2} Mv^2$	$E' = \dfrac{E - vP}{\sqrt{1 - v^2/c^2}}$

Beachten Sie: Eine Größe ist „erhalten", wenn sie vor und nach der Kollision den gleichen Wert hat. In den Einträgen unter „Transformation" bezeichnen die gestrichenen Größen M', P' und E' die jeweiligen Werte in einem Bezugssystem, das sich mit der Geschwindigkeit v relativ zu dem Bezugssystem bewegt, in dem die Größen die ungestrichenen Werte M, P und E annehmen. Die Erhaltungssätze gehorchen dem Relativitätsprinzip: Sind sie in einem Inertialsystem erfüllt, dann sind sie es in allen Inertialsystemen. Bei den nichtrelativistischen Größen gilt dies aber nur, wenn man beim Wechsel des Bezugssystems das (im Allgemeinen falsche) nichtrelativistische Additionstheorem für Geschwindigkeiten benutzt. Zum Vergleich von relativistischem und nichtrelativistischem Fall ist es nützlich zu erkennen, dass für $u \ll c$ die Teilchenenergie $\frac{mc^2}{\sqrt{1 - u^2/c^2}}$ dem Ausdruck $mc^2 + \frac{1}{2} mu^2$ beliebig nahe kommt. Beachten Sie auch die verschiedenen Rollen, welche hier die inelastischen Kollisionen spielen: Nichtrelativistisch ist die Masse selbst bei inelastischen Kollisionen erhalten, die kinetische Energie hingegen nicht; relativistisch ist die Energie selbst bei inelastischen Kollisionen erhalten, aber dafür die Masse nicht. Obwohl sich die Tabelleneinträge jeweils auf Teilchenpaare beziehen, gelten die gleichen Relationen für beliebige Teilchenzahlen. Die Anzahl der Teilchen braucht auch vor und nach der Kollision nicht dieselbe zu sein. Wenn nach der Kollision nur noch ein Teilchen da ist, beschreiben wir die Verschmelzung mehrerer Teilchen zu einem einzigen; wenn wir vor der „Kollision" nur ein Teilchen haben, beschreiben wir ein Teilchen, das in mehrere Bruchstücke auseinanderbricht.

Die linke Seite von (11.46) ist das, wonach wir suchen: die Differenz zwischen m^* und m. Dummerweise steht m^* auch auf der rechten Seite, doch wenn wir uns ausschließlich für Geschwindigkeiten u interessieren, die klein verglichen mit c sind, liegt m^* beliebig nahe bei m. Wir können dann die rechte Seite von (11.46) mit sehr hoher Genauigkeit approximieren, indem wir dort m^* durch m ersetzen. Unter denselben Voraussetzungen kommt p dem nichtrelativistischen Term mu beliebig nah, und kann ebenso hierdurch ersetzt werden. Mit diesen beiden Approximationen auf der rechten Seite von (11.46) bekommen wir die Näherung, nach der wir gesucht haben: Wenn sich ein Teilchen langsam im Vergleich zur Lichtgeschwindigkeit bewegt, gilt mit hoher Genauigkeit

$$m^* - m = \frac{1}{2}mu^2/c^2. \qquad (11.47)$$

Tabelle 11.1 fasst alle unsere Ergebnisse über Masse, Impuls und Energie zusammen, und zwar jeweils für den nichtrelativistischen und den relativistischen Fall.

Vertiefung: Relativistische Erhaltungssätze bei Kollisionsproblemen

Wir beschließen dieses Kapitel mit einigen anschaulichen Beispielen für die Anwendung der relativistischen Erhaltungssätze auf einfache Kollisionsprobleme, nicht unähnlich denen, die wir in Kap. 1 besprochen haben.

Als Beispiel für eine extrem relativistische Situation betrachten wir eine Kollision zwischen einem Photon (das sich natürlich mit der „besonders extremen" relativistischen Ge-

schwindigkeit c bewegt) und einem ursprünglich ruhenden
Teilchen der Masse m_{ur}. Nehmen wir an, das Photon werde von dem Teilchen absorbiert. Wir haben hier also eine
relativistische (und asymmetrische – die zwei Teilchen sind
nicht länger identisch) Version der Kollision aus Kap. 1, nach
der zwei einlaufende Teilchen zusammenkleben und als ein
„Verbundteilchen" davonfliegen. Wenn das einfallende Photon die Energie ω hat, wie schnell bewegt sich das Teilchen
nach der Absorption des Photons und wie große ist die neue
Masse des Teilchens, m_{neu}?[64] Die Antworten auf diese Fragen
fallen uns mithilfe der Erhaltungssätze für Gesamtenergie und
-impuls quasi direkt in den Schoß.

Vor der Kollision hat das Photon die Energie ω[65] und das
Teilchen die Energie $m_{ur}c^2$, wie wir aus (11.37) – bzw. (11.41)
und (11.42) – für ein Teilchen mit Masse m_{ur} und Geschwindigkeit $u = 0$ direkt ablesen können. Nach der Kollision hat
das Teilchen das Photon geschluckt und besitzt die Energie e.
Wegen der Erhaltung der Energie ist

$$\omega + m_{ur}c^2 = e. \tag{11.48}$$

Vor der Kollision hat das Photon den Impuls k, der wegen
(11.43) mit seiner Energie ω über

$$k = \omega/c \tag{11.49}$$

zusammenhängt, und der Impuls des Teilchens ist null, da es
sich in Ruhe befindet. Nach der Kollision hat das Teilchen den
Impuls p und das Photon ist verschwunden. Also erfordert
die Erhaltung des Gesamtimpulses, dass das „neue" Teilchen
den Impuls davonträgt, den das einfallende Photon miteinge-
bracht hat:

$$\omega/c = p. \tag{11.50}$$

Kennt man Energie und Impuls eines Objekts, kann man mit Gl. (11.42) ganz einfach seine Geschwindigkeit ausrechnen, denn wenn sich etwas mit der Geschwindigkeit u bewegt, gilt für seine Energie e und seinen Impuls p die Gleichung $p = eu/c^2$. Demzufolge ist das Verhältnis seiner Geschwindigkeit zur Lichtgeschwindigkeit durch

$$u/c = cp/e \qquad (11.51)$$

gegeben. Mit den Ausdrücken (11.50) und (11.48) für p und e haben wir dann

$$u/c = \frac{1}{1 + m_{\mathrm{ur}}c^2/\omega}. \qquad (11.52)$$

Wenn $m_{\mathrm{ur}}c^2$ groß gegenüber der Photonenenergie ω ist, beträgt die Geschwindigkeit des Teilchens nach der Kollision nur einen kleinen Bruchteil der Lichtgeschwindigkeit. Ist jedoch ω vergleichbar mit $m_{\mathrm{ur}}c^2$, dann liegt die Geschwindigkeit, mit der das Teilchen davonfliegt, im Bereich von c. Um also das Teilchen auf Werte nahe der Lichtgeschwindigkeit c zu beschleunigen, müssen wir die Photonenenergie ω viel größer als $m_{\mathrm{ur}}c^2$ werden lassen. Beachten Sie allerdings: Egal wie groß ω auch sein mag, Gl. (11.52) ergibt für das Teilchen immer eine Ausgangsgeschwindigkeit u, die unterhalb der Lichtgeschwindigkeit liegt.

Die einfachste Methode, um die Teilchenmasse m_{neu} nach Absorption des Photons zu bekommen, geht über die Beziehung (11.41) zwischen Energie, Impuls und Masse des Teilchens. Wenden wir diese auf das Teilchen an, nachdem es das Photon absorbiert hat, bekommen wir

$$(m_{\mathrm{neu}}c^2)^2 = e^2 - (pc)^2. \qquad (11.53)$$

Mit den Ausdrücken (11.48) und (11.50) für e und p ersehen wir aus Gl. (11.53), dass m_{neu} die Bedingung

$$(m_{neu}c^2)^2 = (\omega + m_{ur}c^2)^2 - \omega^2 = (m_{ur}c^2)(2\omega + m_{ur}c^2)$$
(11.54)

erfüllt. Somit wird die Masse des Teilchens nach Absorption des Photons zu

$$m_{neu} = m_{ur}\sqrt{1 + 2\omega/m_{ur}c^2}.$$
(11.55)

Also kann die Teilchenmasse m_{neu} nach der Absorption signifikant größer sein als dessen ursprüngliche Masse m_{ur}, sofern die Photonenenergie ω zumindest vergleichbar mit $m_{ur}c^2$ ist.

Beachten Sie, dass man mit (11.52) die Beziehung (11.55) zwischen ursprünglicher und neuer Masse in Abhängigkeit von der Ausgangsgeschwindigkeit u des Teilchens ausdrücken kann. Das Ergebnis der kleinen Rechnung ist die merkwürdige Tatsache, dass das Verhältnis aus alter und neue Masse gerade dem Doppler-Faktor aus Kap. 7 entspricht:

$$\frac{m_{neu}}{m_{ur}} = \sqrt{\frac{1 + u/c}{1 - u/c}}.$$
(11.56)

Als Nächstes wollen wir das Originalbeispiel aus Kap. 1 relativistisch behandeln, also die Vereinigung von zwei identischen kollidierenden Objekten. In dem Bezugssystem, in dem sie mit entgegengesetzt gleichen Geschwindigkeiten aufeinander geschossen werden, muss das sich bildende Verbundobjekt aus Symmetriegründen anschließend ruhen, und dies gilt selbst im relativistischen Fall. Was passiert aber in einem Bezugssystem, in welchem das eine Objekt anfänglich ruht und das andere in gerader Linie auf das erste abgefeuert wird?

Im nichtrelativistischen Fall war es leicht, ein Bezugssystem zu finden, in dem sich die neue Situation auf die alte zurückführen ließ: dasjenige Bezugssystem, das sich in Richtung des ersten Objekts bewegt, aber mit nur der Hälfte von dessen Geschwindigkeit u. Dies führte uns zu dem Schluss, dass sich das Verbundobjekt im ursprünglichen Bezugssystem mit einer Geschwindigkeit von $\frac{1}{2}u$ bewegen würde. Wir können das Problem im relativistischen Fall auf die gleiche Weise angehen. Allerdings ist es nun schwieriger, die Geschwindigkeit des Bezugssystems zu finden, in dem die Kollision symmetrisch abläuft, denn wir müssen jetzt mit dem relativistischen Additionstheorem für Geschwindigkeiten rechnen. Wenn wir die Kollision von einem Bezugssystem aus betrachten, das sich mit einer Geschwindigkeit v in dieselbe Richtung wie das erste Objekt bewegt, dann bewegt sich das zweiten Objekt – das im ursprünglichen Bezugssystem ruhte – in diesem Bezugssystem in die entgegengesetzte Richtung mit demselben Geschwindigkeitsbetrag v. Die Geschwindigkeit des ersten Objekts beträgt in dem neuen Bezugssystem

$$w = \frac{u - v}{1 - uv}. \tag{11.57}$$

Ich habe hier der Übersichtlichkeit halber als Maßeinheiten Fuß und Nanosekunden gewählt, sodass wir wegen $c = 1$ Fuß pro Nanosekunde den Faktor c im Additionstheorem weglassen können. Dieser Trick wird von Profianwendern der Relativitätstheorie sehr häufig benutzt. Alle Geschwindigkeiten, die wir am Ende herausbekommen werden, sind dann in Fuß pro Nanosekunde ausgedrückt und können direkt als Bruchteile der Lichtgeschwindigkeit interpretiert werden. Wenn Sie mögen, können Sie am Ende c wieder in die Gleichungen einfügen, indem Sie jede Geschwindigkeit v durch den Bruch v/c ersetzen.

Damit die Kollision im bewegten Bezugssystem symmetrisch ist, muss die Geschwindigkeit w des ersten Objekts in diesem Bezugssystem ebenfalls v sein, also müssen wir eine Geschwindigkeit v finden, welche die Gleichung

$$v = \frac{u - v}{1 - uv} \qquad (11.58)$$

erfüllt. Das auslaufende Verbundobjekt wird im ursprünglichen Bezugssystem die Geschwindigkeit v haben, da es im Bezugssystem, in dem die Kollision symmetrisch ist, ruht. Die Bedingung (11.58) führt auf eine quadratische Gleichung für die unbekannte Geschwindigkeit v, die zwar nicht gänzlich jenseits unseres mathematischen Horizonts liegt, aber doch komplizierter ist als alle anderen bisherigen Umformungen in diesem Buch, selbst in der vereinfachten Form mit $c = 1$.

Es ist daher einfacher, die Antwort direkt im ursprünglichen Bezugssystem zu ermitteln, wozu man lediglich die Erhaltungssätze anwenden muss. Die Geschwindigkeit u_{neu}, mit der das Verbundobjekt davonfliegt, hängt mit seinem Impuls p_{neu} und seiner Energie e_{neu} gemäß Gl. (11.42) zusammen, was (mit $c = 1$ F/ns) auf

$$u_{neu} = p_{neu}/e_{neu} \qquad (11.59)$$

führt. Da es nach der Kollision nur noch ein Objekt gibt, ist p_{neu} auch der neue Gesamtimpuls. Vor der Kollision bewegt sich nur das erste Objekt, also ist der ursprüngliche Gesamtimpuls der Impuls p_{ur} des bewegten ersten Objekts. Die Erhaltung des Gesamtimpulses bedeutet daher in diesem Fall

$$p_{neu} = p_{ur}. \qquad (11.60)$$

Die ursprüngliche Gesamtenergie setzt sich aus der Energie e_{ur} des bewegten ersten Objekts und der Energie m des ruhenden zweiten Objekts zusammen.[66] Somit liefert uns die Energieerhaltung

$$e_{\text{neu}} = e_{\text{ur}} + m. \tag{11.61}$$

Mit diesen zwei Erhaltungssätzen können wir jetzt die Geschwindigkeit u_{neu} in Gl. (11.59) in Abhängigkeit von den Größen vor der Kollision ausdrücken:

$$u_{\text{neu}} = \frac{p_{\text{ur}}}{e_{\text{ur}} + m} = \frac{e_{\text{ur}} u_{\text{ur}}}{e_{\text{ur}} + m} = \frac{u_{\text{ur}}}{1 + m/e_{\text{ur}}}. \tag{11.62}$$

Wenn wir jetzt noch Gl. (11.37) (mit $c = 1$) auf m/e_{ur} anwenden, erhalten wir schließlich die gewünschte Beziehung zwischen der ursprünglichen und der neuen Geschwindigkeit:

$$u_{\text{neu}} = \frac{u_{\text{ur}}}{1 + \sqrt{1 - u_{\text{ur}}^2}}. \tag{11.63}$$

Wenn u_{ur} viel kleiner als 1 F/ns ist, kommt (11.63) dem nichtrelativistischen Ausdruck $u_{\text{neu}} = \frac{1}{2} u_{\text{ur}}$ beliebig nahe, wie es ja auch sein muss. Doch wenn das erste Objekt auf das ruhende zweite mit einer Geschwindigkeit u_{ur} knapp unter 1 F/ns trifft, sagt uns (11.63), dass die Geschwindigkeit u_{neu}, mit der das Verbundobjekt davonfliegt, kaum kleiner als u_{ur} ist. Es ist somit sehr schwer, ein Objekt, das sich fast mit Lichtgeschwindigkeit bewegt, abzubremsen. Wenn Sie es versuchen, indem Sie ihm ein ruhendes identisches Objekt in den Weg legen, wird dieses einfach mitgenommen, ohne dass sich die Geschwindigkeit des Objekts groß ändern würde.

Wie bereits bemerkt, hätten wir (11.63) ebenso, wenn auch mit deutlich mehr Aufwand, mit dem alten Trick aus Kap. 1 herleiten können, also dem Wechsel zwischen sinnvoll gewählten Bezugssystemen. Worauf wir auf diese Weise aber gar nicht kommen könnten, ist die Masse M des resultierenden Verbundobjekts. Diese folgt dagegen sofort aus

Gl. (11.41), und zwar wieder mit der hilfreichen Vereinbarung $c = 1$ F/ns:

$$M^2 = e_{\text{neu}}^2 - p_{\text{neu}}^2 = (e_{\text{ur}} + m)^2 - p_{\text{ur}}^2. \qquad (11.64)$$

Das zweite Gleichheitszeichen ergibt sich, wenn man die Erhaltung von Energie und Impuls benutzt, um Gesamtenergie und -impuls nach der Kollision durch die jeweiligen ursprünglichen Größen auszudrücken. Nach einigen Äquivalenzumformungen erhält man

$$M^2 = e_{\text{ur}}^2 + 2e_{\text{ur}}m + m^2 - p_{\text{ur}}^2. \qquad (11.65)$$

Aber (11.41) besagt, dass $e_{\text{ur}}^2 - p_{\text{ur}}^2 = m^2$, also vereinfacht sich Gl. (11.65) zu

$$M^2 = 2m(e_{\text{ur}} + m). \qquad (11.66)$$

Es bietet sich noch an, e_{ur} durch $m + k$ zu ersetzen, mit k als kinetischer Energie des bewegten Objekts. Dann haben wir

$$M = 2m\sqrt{1 + k/2m}. \qquad (11.67)$$

Im nichtrelativistischen Fall ist u_{ur} nur ein kleiner Bruchteil der Lichtgeschwindigkeit, sodass $k = \frac{1}{2}mu_{\text{ur}}^2$ ein winziger Bruchteil von m ist und (11.67) auf die erwartete nichtrelativistische Antwort führt, dass die Masse M des Verbundobjekts gerade doppelt so groß wie die Masse m der beiden identischen Einzelobjekte ist, aus denen das Verbundobjekt entstanden ist. Im „ultrarelativistischen" Fall, dass die ursprüngliche Geschwindigkeit des ersten Objekt sehr nahe bei der Lichtgeschwindigkeit ist, also seine kinetische Energie k viel größer als m[67] ist, kann der Summand 1 gegenüber $k/2m$ vernachlässigt werden und (11.67) ergibt

$$M = \sqrt{2km}. \qquad (11.68)$$

Dieses Resultat hat eine gewisse praktische Bedeutung, etwa wenn Sie ein Teilchen mit der großen Masse M produzieren wollen. Sollten Sie dies versuchen, indem Sie ein ruhendes Teilchen der kleinen Masse m mit einem anderen Teilchen derselben Masse beschießen, dann wächst die Masse M des produzierten Teilchens nur mit der Wurzel der kinetischen Energie k des einfallenden Teilchens an. Wenn Sie ein Teilchen mit der Masse $10 \cdot M$ erzeugen wollen, müssen Sie k verhundertfachen. Es gibt aber noch eine zweite Möglichkeit: Sie können ihr massives Teilchen auch dadurch erhalten, dass Sie zwei Teilchen der kleinen Masse m mit entgegengesetzt gleicher Geschwindigkeit aufeinanderschießen. In diesem Fall sorgt dann die Impulserhaltung dafür, dass das entstehende Verbundteilchen mit der Masse M im Null-Impuls-System am Treffpunkt liegen bleibt, und die gesamte kinetische Energie der kollidierten Teilchen kann in Masse konvertiert werden. Um mit diesem Aufbau M zu verzehnfachen, müssen Sie die kinetischen Energien der Teilchen lediglich ebenfalls verzehnfachen. Dies ist der Grund, warum man Teilchenbeschleuniger gerne als „Collider", also Kollisionsmaschinen entwirft. Bei diesen Geräten richtet man zwei Strahlen beschleunigter Teilchen aufeinander, statt nur einen Strahl auf ein festes „Target" abzufeuern. Der Vorteil des Collider-Konzepts macht sich allerdings erst dann wirklich bemerkbar, wenn die Geschwindigkeiten der Teilchen sehr nahe an die Lichtgeschwindigkeit herankommen. Dann manifestiert sich Relativität auf Ingenieursniveau.

12

Ein bisschen Allgemeine Relativitätstheorie

Wie in Kap. 2 erwähnt, gelangte Einstein zu seinen außerordentlichen Erkenntnissen über die Natur der Zeit, weil er davon überzeugt war, dass das Relativitätsprinzip für die Gesetze des Elektromagnetismus genauso gelten sollte wie für die Mechanik. Elektrische und magnetische Kräfte waren im Jahr 1905 jedoch nicht die einzigen Kräfte von fundamentalem Interesse. Es gab auch noch die Schwerkraft oder Gravitation(-skraft). Einstein verbrachte weitere zehn Jahre mit dem Versuch, die Relativitätstheorie auf gravitative Phänomene zu übertragen. Schließlich konnte er 1915 seine *Allgemeine Relativitätstheorie* veröffentlichen, welche bis heute von grundlegender Bedeutung für Kosmologie und Astrophysik ist – und ebenso für die sehr praktische Frage, wie man mit Satellitennavigationssystemen wie dem GPS (Global Positioning System) exakte Positionsangaben auf der Erdoberfläche erhalten kann, was bemerkenswert ist bei einem Thema, das man so lange für eine rein akademische Angelegenheit hielt. Anders als die Spezielle Relativitätstheorie verbietet die Allgemeine Relativitätstheorie eine Behandlung auf dem durchweg elementaren mathematischen Niveau dieses Buchs. Aber immerhin schließt sich

© Springer-Verlag Berlin Heidelberg 2016
N.D. Mermin, *Es ist an der Zeit*, DOI 10.1007/978-3-662-47152-4_12

eine von Einsteins allgemein-relativistischen Erkenntnissen sehr gut an unseren bisherigen Gedankengang an. Und zwar handelt es sich dabei um die (insbesondere für das GPS ganz wesentliche) Entdeckung, dass die Gravitation die Taktrate einer Uhr beeinflusst – ein kleines, aber wichtiges Puzzleteil, das Einstein bereits vor 1915 gefunden hatte.

Der Einfluss der Schwerkraft auf die Taktrate einer Uhr erwächst aus einem neuen Prinzip, das Einstein zu Beginn seiner Suche nach einer relativistischen Theorie der Gravitation formuliert hat. Er nannte es das *Äquivalenzprinzip*, und es ist ebenso allgemein und folgenreich wie die beiden Prinzipien, auf denen die Spezielle Relativitätstheorie basiert. Einstein wurde auf das Äquivalenzprinzip durch eine Entdeckung von Galileo Galilei gebracht, der damit ein weiteres Mal Wesentliches zur Begründung der relativistischen Theorie beigetragen hat: Der Einfluss der Schwerkraft auf die Bewegung eines Objekts ist unabhängig von dessen Masse.

Im Vakuum, wo es keinen Luftwiderstand gibt, braucht ein Tischtennisball genauso lange wie eine massive Bleikugel, um im freien Fall aus einer gewissen Höhe den Boden zu erreichen. In der Nähe der Erdoberfläche unterliegen beide derselben gleichförmigen Beschleunigung – in jeder Sekunde nimmt ihre Fallgeschwindigkeit um knapp 10 Meter pro Sekunde zu. Diese Erscheinung war schon seit so langer Zeit bekannt, dass sich niemand mehr Gedanken über diese scheinbare Selbstverständlichkeit machte. Doch wenn Sie einmal richtig darüber nachdenken, und Einstein war weise genug, genau dies zu tun, ist es alles andere als offensichtlich, dass der Widerstand gegen Geschwindigkeitsänderungen (so haben wir in Kap. 11 die Masse definiert!) in irgendeiner Weise etwas mit der Reaktion auf die gravitative Anziehung durch den Erdkörper zu tun haben sollte! Warum sollte die Schwerkraft stärker sein, wenn ihr Angriffsziel sich Geschwindigkeitsänderungen stärker widersetzt – und dann auch noch gerade so, dass sich für alle Körper vollkommen unabhängig von ihrer jeweiligen Masse exakt dieselben Geschwindigkeitsänderungen ergeben?

Eine unmittelbare Konsequenz aus diesem merkwürdigen Benehmen ist, dass Alice, wenn sie wie ihre berühmte Namenscousine im Wunderland zusammen mit einem Haufen anderer Objekte durch einen Schacht fällt, sich relativ zu allen mit ihr fallenden Objekten in Ruhe oder gleichförmiger Bewegung befindet – ganz so, als ob Alice in einem Inertialsystem stationär wäre und es überhaupt keine Schwerkraft gäbe. Denselben Effekt kann man am Verhalten von Objekten innerhalb der Internationalen Raumstation ISS beobachten: Obwohl die Schwerkraft der Erde in der Flughöhe der Raumstation nur unwesentlich geringer ist als an der Erdoberfläche, bewegen sich Objekte innerhalb der Station relativ zum Stationsbezugssystem so, als gäbe es gar keine Erde (oder zumindest keine gravitative Erdanziehung).

Sie könnten jetzt einwenden, dies sei ein schlechtes Beispiel, da die Raumstation (mehr oder weniger) immer dieselbe Höhe über der Erdoberfläche habe und sich somit gar nicht im freien Fall befinde. Dieser Einwand ignoriert jedoch die Krümmung der Erdoberfläche. Die Raumstation fällt in der Tat zu jeder Zeit frei auf die Erde. Sie hat bloß eine so große Horizontalgeschwindigkeit, dass sich die Erde unter ihr genau so schnell von ihr wegkrümmt, wie sie auf die Erde zufällt. Das Ergebnis ist, dass sie endlos auf die Erde

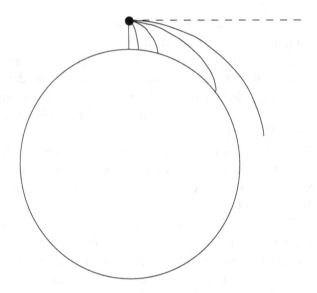

Abb. 12.1 (*Nach Newton*) Der *große weiße Kreis* stellt die Erde dar, der *schwarze kleine Kreis* eine Startplattform, die mithilfe von Raketentriebwerken stationär über der Erdoberfläche gehalten wird. Wenn man ein Objekt über den Rand der Plattform hält und dann loslässt, fällt es entlang einer vertikalen Linie direkt auf die Erde zu. Die *gekrümmten Kurven rechts von der vertikalen Linie* stellen Flugbahnen anderer Objekte dar, die von der Plattform mit zunehmender Horizontalgeschwindigkeit gestartet werden. Bei einer gewissen Grenzgeschwindigkeit kommt das betreffende Objekt, obwohl es weiterhin frei fällt, der Erdoberfläche niemals näher (*durchgezogene Linie ganz rechts*). Dass es sich dabei trotzdem immer noch um einen freien Fall unter Einfluss der Erdgravitation handelt, erkennt man durch den Vergleich mit der geradlinigen Bahn, die sich ohne Erdanziehung ergäbe (*gestrichelte Linie*)

fällt, ohne ihr je näher zu kommen – sie fällt daher nicht *auf* die Erde, sondern *um sie herum* (Abb. 12.1). Aus der Bedingung, dass die Trajektorie der Station der Krümmung der Erdoberfläche folgen muss, lässt sich umgekehrt ihre Horizontalgeschwindigkeit berechnen (gut 10 km/s). In der Tat wird fast die gesamte Energie, die man benötigt, um etwas in eine niedrige Erdumlaufbahn zu bringen, nicht dafür benötigt, es in die entsprechende Höhe anzuheben, sondern dafür, es auf die notwendige Horizontalgeschwindigkeit zu beschleunigen.

Die Richtung, in welche Dinge unter dem Einfluss der Erdanziehung beschleunigt werden, ist nicht fest im Raum, sondern immer auf den Erdmittelpunkt gerichtet. Der Betrag dieser Beschleunigung hängt vom Abstand zum Erdmittelpunkt ab, im Abstand der Mondbahn ist sie deutlich kleiner als am Erdboden. Wenn man sich aber nur für Gebiete interessiert, die klein sind im Vergleich zur kompletten Erdoberfläche – z. B. die Stadt New York und die untersten paar Kilometer Luftraum über ihr –, dann variieren Betrag und Richtung der Erdbeschleunigung so gut wie gar nicht. Man sagt dann, dass in diesem Bereich das Schwerefeld (Gravitationsfeld) homogen ist.

Wir wollen die komplexen Eigenschaften von inhomogenen Schwerefeldern hier ignorieren und uns auf Gebiete beschränken, in denen Betrag und Richtung der von der Gravitation verursachten Beschleunigung konstant sind. Ein Großteil der mathematischen Schwierigkeiten im Umgang mit der Allgemeinen Relativitätstheorie resultiert aus der Notwendigkeit, das Äquivalenzprinzip so anzuwenden, dass man viele kleine Gebiete zusammenfügt, in welchen die Gravitation nahezu homogen ist, um inhomogene Schwerefelder wie das der kompletten Erdkugel behandeln zu können. Eine andere wichtige Komponente der Theorie, die wir außer Acht lassen müssen, ist die Frage, wie man das Schwerefeld findet, das von einer gegebenen Massenverteilung erzeugt wird.

Die aus dem Äquivalenzprinzip abgeleitete Regel lautet dann: Innerhalb eines homogenen Schwerefelds – d. h. innerhalb eines Gebiets, in welchem die Gravitation auf alle frei fallenden Objekte eine gleichförmige Beschleunigung g in eine konstante Richtung („nach unten") bewirkt – sind alle physikalischen Erscheinungen vollkommen ununterscheidbar von Vorgängen in einem Bezugssystem, das ohne Gravitation gegenüber einem Inertialsystem gleichförmig beschleunigt wird, wobei diese Beschleunigung den gleichen Betrag wie g, aber die entgegengesetzte Richtung („nach oben") hat. Bemerkenswerterweise kann man bereits aus dieser Formulierung direkt ableiten, dass die Gravitation die Taktrate einer Uhr beeinflussen muss. Wir werden den Rest dieses Kapitels mit dem Versuch verbringen zu verstehen, warum das so ist. Dies wird unser „kleines bisschen Allgemeine Relativitätstheorie" sein.

Nehmen wir zwei identische Uhren in einer gegebenen Distanz D. Die Richtung der Verbindungslinie zwischen ihnen definieren wir als unsere „Vertikale", sodass wir die eine Uhr als die „obere" und die andere als die „untere" Uhr bezeichnen können, egal ob die Gravitation die Uhren „nach unten" beschleunigt oder nicht. Nehmen wir weiterhin an, dass die obere Uhr immer zwischen zwei „Ticks" f_0[68] kurze Lichtpulse emittiert und dass sich die Pulse nach unten auf die untere Uhr zubewegen – natürlich mit Lichtgeschwindigkeit. Vielleicht hilft es, sich f_0 als eine sehr große Zahl vorzustellen (etwa eine Million Pulse pro Tick), die auf der oberen Uhr zwischen zwei Pulsen angezeigte Zeit entspräche dann einem Millionsteltick. Wir möchten wissen, wie viele Pulse die untere Uhr von der oberen zwischen zwei von ihren eigenen Ticks empfängt. Diese Zahl nennen wir f_u.

Wenn beide Uhren in einem Inertialsystem ohne Gravitation ruhen, ist die Antwort klar. Jeder Puls legt dieselbe Strecke zurück und braucht daher dieselbe Zeit, um von der oberen Uhr zur unteren zu gelangen, also empfängt die untere Uhr die Pulse mit derselben Rate f, mit der diese von der oberen Uhr emittiert werden. Darüber hinaus (und das ist wichtig!) stellen die Ticks von beiden Uhren identische, gleichermaßen zuverlässige Zeitmaße dar, denn die Uhren sind identisch und ruhen im selben Inertialsystem. Wir können daher die obere Uhr benutzen, um die Rate zu ermitteln, mit welcher die Pulse die obere Uhr verlassen: $f = f_o$. Ebenso können wir mit der unteren Uhr die (gleich große) Rate messen, mit welcher die Pulse dort ankommen: $f = f_u$. Daher ist in einem Inertialsystem ohne Gravitation $f_o = f_u$.

Die letzten Sätze könnte man für eine sehr elaborierte Weise halten, das komplett Offensichtliche auszudrücken. Aber stellen Sie sich jetzt den viel interessanteren und weniger offensichtlichen Fall vor, in dem beide Uhren in einem homogenen Schwerefeld ruhen, wobei die obere Uhr direkt über der unteren platziert sein soll. Die obere Uhr könnte z. B. an der Spitze und die untere am Fuß eines hohen vertikalen Turms auf der Erdoberfläche angebracht sein. Wir wüssten gern, ob die Anwesenheit der Gravitation die Beziehung zwischen f_o und f_u verändert, und wenn ja, was dies für die Taktrate bzw. Geschwindigkeit bedeutet, mit der die Uhren ticken.

Spontan würde man meinen, dass dies keinerlei Unterschied machen kann. Wir befinden uns immer noch in einem Zustand der Ruhe. Jeder von der oberen Uhr emittierte Puls wird von der unteren Uhr empfangen, und die Pulse türmen sich nicht irgendwo unterwegs auf. Also müsste die untere Uhr immer noch mit derselben Taktrate Pulse empfangen, wie sie von der oberen emittiert werden. Dies ist natürlich vollkommen richtig. Die Frage ist jedoch, was sich daraus für die Raten f_o und f_u ergibt, wobei f_o mit der oberen Uhr und f_u mit der unteren gemessen wird. Diese Raten stimmen nicht mehr notwendigerweise überein, wenn nach „Einschalten" der Gravitation die obere Uhr schneller oder langsamer als die untere geht.

Wir können die Relation zwischen f_o und f_u in Anwesenheit eines Schwerefelds mithilfe des Äquivalenzprinzips finden. Dieses besagt, dass diese Relation für in einem Schwerefeld ruhende Uhren exakt die gleiche sein muss wie für Uhren, die ohne Schwerefeld in vertikaler Richtung gleichförmig beschleunigt werden. Also müssen wir zurück in den leeren Raum gehen und eine Situation untersuchen, in der beide Uhren in Abwesenheit gravitativer Effekte „vertikal" beschleunigt werden. Die untere bewegt sich schneller und schneller in Richtung der oberen, während die obere schneller und schneller von der unteren fortstrebt. Wir beschreiben all dies in einem Inertialsystem, relativ zu dem die beiden Uhren diese Beschleunigung erfahren.

Da die Uhren beschleunigt werden, werden sie in dem Inertialsystem die Geschwindigkeit $u = gt$ haben, wobei g die Beschleunigung und t die Zeit ist, während der sie beschleunigt wurden (also seitdem sie aus der Ruhe gebracht wurden). Sicherlich machen Sie sich jetzt Sorgen über den

Verlangsamungsfaktor $\sqrt{1 - u^2/c^2}$. Wir werden uns hier jedoch auf eine Situation beschränken, in welcher beide Uhren in Ruhe starten und t so klein bleibt, dass sie während dieser Zeit nicht auf mehr als einen winzigen Bruchteil der Lichtgeschwindigkeit beschleunigt werden können. Wenn also u/c ein sehr kleiner Bruch ist, dann ist $(u/c)^2$ ein sehr kleiner Bruchteil von einem sehr kleinen Bruch – d. h. ein sehr sehr kleiner Bruch. Da der gravitative Effekt, den wir herleiten werden, nur Uhrtaktraten-Differenzen in der Größenordnung von u/c involviert, sind demgegenüber winzige Differenzen in einer Größenordnung von $(u/c)^2$ vernachlässigbar klein. Wir können diese Situation also nichtrelativistisch behandeln!

Da die Uhren eine Distanz D voneinander entfernt sind, braucht jeder Lichtpuls die Zeit $t = D/c$, um von der oberen Uhr zur unteren zu gelangen. Genauer gesagt braucht es eigentlich ein bisschen weniger Zeit, da sich die untere Uhr auf den Ort zubewegt, an dem der Puls emittiert wurde. Doch da die Geschwindigkeit v der unteren Uhr winzig im Vergleich zur Geschwindigkeit c der Pulse ist, hat diese Abweichung ebenfalls keine Auswirkungen.

Von entscheidender Bedeutung *ist* dagegen die Tatsache, dass beide Uhren während der Zeit von etwa $t = D/c$, in der mehrere Pulse von der oberen Uhr zur unteren gelangt sind, beschleunigt wurden.[69] Zu der Zeit also, wenn die untere Uhr eine Gruppe von Pulsen empfängt, bewegt sie sich schneller, als die obere Uhr zu der Zeit war, als sie diese Pulse emittierte, und zwar um

$$u = gt = g(D/c). \qquad (12.1)$$

Da die untere Uhr sich mit dieser zusätzlichen Geschwindigkeit u auf die Pulse zubewegt, sammelt sie die Pulse mit einer Rate ein, die schneller ist als die Rate, mit der sie von der oberen Uhr emittiert wurden. Dies ist nichts anderes als der Doppler-Effekt, den wir ziemlich detailliert in Kap. 7 untersucht haben. Der Unterschied zwischen der Rate, mit der die Pulse von der unteren Uhr empfangen werden, und der Rate, mit welcher sie von der oberen emittiert wurden, ist gerade der *nichtrelativistische* Doppler-Faktor $1 + \frac{u}{c}$.[70]

Nun ist die Zeit in dem Inertialsystem, in dem wir die Vorgänge beschreiben, die gleiche wie die auf den beiden Uhren angezeigte, denn sie bewegen sich so langsam, dass der Verlangsamungsfaktor für sie keinen Unterschied macht. Also sind die Ticks beider Uhren weiterhin akkurate Maße der Zeit in dem Inertialsystem. Da die untere Uhr in einer gegebenen Zeitspanne mehr Pulse empfängt, als die obere Uhr während ebendieser Zeit emittiert, und weil die Ticks beider Uhren die „Systemzeit" gleich akkurat messen und anzeigen, muss die untere Uhr zwischen zwei von ihren eigenen Ticks mehr Pulse empfangen als die obere zwischen zwei von *ihren* eigenen Ticks emittiert. Quantitativ entspricht diese Abweichung dem Doppler-Faktor $1 + \frac{u}{c}$. Damit haben wir jetzt die Antwort auf die Frage nach der Beziehung zwischen f_o und f_u für Uhren, die in einem Inertialsystem beschleunigt werden:

$$f_u = f_o \left(1 + \frac{u}{c}\right) = f_o \left(1 + gD/c^2\right). \qquad (12.2)$$

Das Äquivalenzprinzip sichert uns jetzt zu, dass die Beziehung (12.2) zwischen der Zahl f_u (von der unteren Uhr zwischen zwei von ihren Ticks empfangene Pulse) und der Zahl

f_o (von der oberen Uhr zwischen zwei von ihren Ticks emittierte Pulse) in genau der gleichen Weise gelten muss, wenn sich beide Uhren in einem homogenen Schwerefeld in Ruhe befinden. Wenn wir zwei identisch konstruierte Uhren im Abstand D übereinander in einem homogenen Schwerefeld platzieren, in welchem Körper eine Beschleunigung g erfahren, dann besteht zwischen der Pulsemissionsrate f_o der oberen Uhr (gemessen in „oberen Ticks") und der Pulsempfangsrate f_u der unteren Uhr (gemessen in „unteren Ticks") die Relation

$$f_u = f_o(1 + gD/c^2). \tag{12.3}$$

Die untere Uhr empfängt also pro (eigener) Zeiteinheit mehr Lichtpulse als die obere Uhr in ihrer Zeiteinheit aussendet.

Wie wir aber bereits gezeigt haben, muss die untere Uhr in einem Schwerefeld Pulse mit der *gleichen* Rate empfangen, mit der sie von der oberen emittiert werden. Dies ist konsistent mit der in Gl. (12.3) aufgestellten Diskrepanz zwischen den Pulsraten f_o und f_u von in oberer Zeit emittierten und in unterer Zeit empfangenen Signalen, sofern die Anwesenheit des Schwerefelds dazu führt, dass die beiden Uhren mit unterschiedlichen Taktraten ticken (verschieden schnell gehen). Dies muss so geschehen, dass die untere Uhr im homogenen Schwerefeld exakt um den Faktor $1 + gD/c^2$ aus Gl. (12.3) langsamer tickt. Dies ist die Schlussfolgerung, zu der Einstein bezüglich des Einflusses der Schwerkraft auf die Taktrate einer Uhr gelangt ist.

Beachten Sie, dass bei der Ganggeschwindigkeit zweier Uhren der gravitative Faktor $1 + gD/c^2$ viel größer ist als der relativistische Verlangsamungsfaktor $\sqrt{1 - (u/c)^2}$, den wir bei unserer Diskussion der Situation in einem Inertialsystem ignoriert haben. Der für unsere Argumentation benötigte Geschwindigkeitsbetrag u war nicht wesentlich größer als $gt = gD/c$. Somit bekommen wir mit $1 + u/c = 1 + gD/c^2 = 1{,}000.01$ als Verlangsamungsfaktor nur $\sqrt{1 - u^2/c^2} = \sqrt{1 - 0{,}000.000.000.1} \approx 1 - 0{,}000.000.000.05$. Dies ist in der Tat vergleichsweise sehr sehr nah bei 1.

Dieser Effekt wirft ein interessantes neues Licht auf das Zwillingsparadoxon aus Kap. 10. Wenn Alice eine High-Speed-Reise von der Erde zum nächsten Stern und wieder zurück macht, wird sie bei ihrer Rückkehr feststellen, dass sie weniger gealtert ist als ihre daheim im Inertialsystem verbliebene Zwillingsschwester Carol, da die Verlangsamung der Zeit aufgrund ihrer Bewegung relativ zu Carol alle biologischen Prozesse in Alice' Körper entschleunigt hat. Das „Paradoxon" besteht dabei darin, dass Alice argumentieren könnte, Carol wäre diejenige, die weniger hätte altern müssen, da sie erst rasend schnell davongerast und dann genauso schnell wieder zu Alice' Raumschiff zurückgekehrt wäre.

Doch bei diesem Versuch, ein Paradoxon aus der Sache zu machen, vergisst man, dass Alice, anders als Carol, sich nicht durchgehend im selben Inertialsystem aufgehalten hat. Sie ruht zwar auf der Hin- und der Rückreise jeweils im Bezugssystem des Raumschiffs, doch dies waren zwei verschiedene Inertialsysteme, da sie sich in entgegengesetzte Richtungen bewegten. Obwohl Carol in Alice' Bezugssystem weniger altert, wenn sie mit der Erde von Alice fort- und dann wieder zu ihr zurückrast, macht sie für Alice gewissermaßen einen Alterssprung, wenn sie am Umkehrpunkt in das zur Erde zurückfliegende Raumschiff umsteigt. Dies liegt daran, dass sie damit auch in ein anderes Bezugssystem wechselt und dabei ihre Auffassung von „zu dieser Zeit auf der Erde" von „Du/c^2 früher als bei mir" auf „Du/c^2 später als bei mir" springt, also insgesamt um $T = 2Du/c^2$; dabei sind u der Betrag der Raumschiffgeschwindigkeit und D die Distanz zwischen der Erde und dem Umkehrpunkt. Diese zusätzliche Zeit ist gerade so groß, dass Alice Carol beim Wiedersehen um genauso viel mehr gealtert hält, wie sie aussieht (bzw. wie dies auch aus Sicht von Carols irdischem Bezugssystem der Fall ist).

Nehmen wir jetzt aber einmal an, dass Alice den Umstieg von „mit $+u$ von der Erde weg" auf „mit $-u$ zur Erde zurück" dadurch bewerkstelligt, dass sie die Bewegungsrichtung ihres Raumschiffs umkehrt, indem sie es gleichförmig in Richtung Erde beschleunigt.[71] Wenn wir jetzt noch das Äquivalenzprinzip berücksichtigen, wird aus Alice' beschleunigtem Bezugssystem ohne Gravitation ein gleichförmig bewegtes Alice-Inertialsystem, dessen Bewegungsrichtung relativ zu Carol von einem geeigneten Schwerefeld „umgedreht" wird. In Alice' Bezugssystem müssen wir dann zwei Fragen beantworten: Warum ruhte Alice in einem Inertialsystem, obwohl ihre Triebwerke während der Umkehrphase gefeuert haben? Und wie haben es Carol und die Erde geschafft, ihre Geschwindigkeit von „mit $-u$ von Alice weg" auf „mit $+u$ zu Alice zurück" zu ändern?

Beide Rätsel lassen sich lösen, wenn ein homogenes Schwerefeld während der Umkehrphase gewirkt hat und Carol sich in diesem Feld direkt „oberhalb" von Alice aufhielt. Alice' Triebwerke wurden aktiviert, um die Beschleunigungswirkung des Felds zu kompensieren, weswegen sie gerade *nicht* beschleunigt wurde und somit in ihrem Inertialsystem in Ruhe blieb. Carol dagegen kehrte ihre Bewegungsrichtung zusammen mit der Erde um, da sich niemand die Mühe gemacht hat, in der Nähe der Erde die Wirkung des Schwerefelds (durch sehr sehr große Triebwerke oder was auch immer) auszugleichen, weswegen sie und die Erde entsprechend beschleunigt wurden.

Nehmen wir an, dieses wundervolle Feld wirkt für eine Zeit t in Alice' Bezugssystem. Da Carols Geschwindigkeit sich um $2u$ ändern muss (von „$-u$ weg von Alice" auf „$+u$ auf Alice zu"), muss die gleichförmige Beschleunigung den Betrag $2u = gt$ haben, also ist

$$g = 2u/t. \tag{12.4}$$

Während der gesamten Zeit, in der sie zusammen von der Schwerkraft umgedreht werden, halten sich Carol und die Erde im Schwerefeld oberhalb von Alice auf (denn das Feld soll ja bewirken, dass sie anfangen, zu Alice zurück- bzw. herunterzufallen). Folglich müssen ihre Uhren, wie wir gerade gezeigt haben, schneller gehen als die von Alice, und zwar um $1 + gD/c^2 = 1 + 2uD/tc^2$. Da das Schwerefeld während der gesamten Zeit t des Umkehrmanövers aktiv ist, altert Carol um $t(1 + 2uD/tc^2) = t + 2uD/c^2$, während Alice nur um t älter wird.

Damit lässt sich der Alterssprung um $2uD/c^2$, den Carol während des Umkehrmanövers aus Alice' Sicht erleidet, völlig zwanglos als eine gravitative Beschleunigung der Zeit auf den Uhren von Carol und dem Rest der Erde erklären, und zwar gerade während der Phase, in der die Gravitation sie zurück zu Alice schickt.

Dieser Gedankengang ist nur ein winziges Teilchen in dem großenartigen Puzzle der Allgemeinen Relativitätstheorie. Aber immerhin hat es beträchtliche praktische Auswirkungen auf die Satellitennavigation per GPS, wie zu Beginn dieses Kapitels angemerkt.

13

Was steckt dahinter?

Am Ende dieses Buchs sind Sie vielleicht versucht, das eine oder andere von dem, was Sie gelesen haben, doch eher für eine intellektuelle Spielerei zu halten. Der harte Kern des Themas ist – daran lässt sich nicht rütteln – Einsteins große Entdeckung aus dem Jahr 1905, dass die Gleichzeitigkeit von zwei Ereignissen, die an verschiedenen Orten stattfinden, keine absolute, unbedingte Beziehung zwischen diesen Ereignissen ist. Vielmehr ist „Gleichzeitigkeit" eine mögliche Beschreibung der Ereignisse, die in einem ganz bestimmten Bezugssystem angemessen ist, in anderen, relativ dazu entlang der Verbindungslinie bewegten Bezugssystemen jedoch ganz und gar nicht.

Dieser Umstand war schon lange vor 1905 für die räumliche Beziehung zwischen zwei Ereignissen bekannt: Ob sie am selben Ort („gleichortig") stattfinden oder nicht, hängt vom Bezugssystem ab.[72] Dass dies für zeitliche Relationen ebenso ist, wurde bis 1905 von der Tatsache verschleiert, dass nach menschlichen Maßstäben die mit einer Distanz von einem Fuß korrespondierende Zeitspanne nur eine Nanosekunde währt – viel zu wenig, um mit handelsüblichen Mitteln bemerkt zu werden.

Wir haben gesehen, wie Einsteins Einsichten in das Wesen der Gleichzeitigkeit dazu führen, dass auch die Taktrate

© Springer-Verlag Berlin Heidelberg 2016
N.D. Mermin, *Es ist an der Zeit*, DOI 10.1007/978-3-662-47152-4_13

einer Uhr und die Länge eines Stocks davon abhängen, in was für einem Bezugssystem diese Größen gemessen werden. Im Fall des Stocks ist dies eine elementare Konsequenz aus der Tatsache, dass man für eine Längenmessung an einem bewegten Stock herausfinden muss, wo sich dessen Enden *zur selben Zeit* befinden, sodass wenn „zur selben Zeit" vom Bezugssystem abhängt, dies ebenso für die Länge eines Stocks gilt. Will man bestimmen, wie schnell oder langsam eine Uhr geht, muss man sie zu verschiedenen Zeiten ablesen. Bewegt sich die Uhr, braucht man dafür synchronisierte ruhende Uhren an verschiedenen Orten. Wenn aber die Gleichzeitigkeit von Ereignissen an verschiedenen Orten bezugssystemabhängig ist, dann gilt dies auch für die Synchronisation von Uhren, die sich an verschiedenen Orten befinden. Daher führen unterschiedliche Auffassungen von Gleichzeitigkeit in verschiedenen Bezugssystemen zwangsläufig zu unterschiedlichen Auffassungen über die Taktraten bewegter Uhren und die Längen bewegter Stöcke.

An dieser Stelle stellen Sie sich jetzt möglicherweise die verständliche Frage, was eigentlich hinter all dem steckt: Was *lässt* bewegte Stöcke schrumpfen und bewegte Uhren langsamer gehen? Und geschehen diese Dinge überhaupt *wirklich* oder sind sie bloß sekundäre Folgen von Unklarheiten über die Gleichzeitigkeit, deretwegen nicht mehr klar ist, was überhaupt eine gültige Messung ist? In der Physik ist man sich in dieser Frage alles andere als einig, und man findet häufig Aussagen der Art, dass bewegte Uhren langsamer zu gehen *scheinen*, oder es *so aussehe*, als würden bewegte Stöcke schrumpfen.

Aber diese einschränkenden Zusätze sind unangebracht. Bewegte Uhren gehen wirklich langsamer und bewegte Stöcke sind tatsächlich kürzer, wenn die Begriffe „Taktrate einer Uhr" und „Länge eines Stocks" überhaupt irgendetwas bedeuten sollen. Sie müssen sich so verhalten, denn alles andere würde den $T = Dv/c^2$-Regeln für gleichzeitige Ereignisse und synchronisierte Uhren widersprechen und zum Einsturz des gesamten relativistischen Gedankengebäudes führen.

Diese Antwort ist allerdings nicht wirklich befriedigend. Man hätte gerne eine Art Mechanismus. Was ist die *Ursache* dafür, dass bewegte Uhren langsamer gehen und bewegte Stöcke schrumpfen? Wäre die einzige mögliche Antwort, dass sonst die Relativitätstheorie nicht mehr konsistent wäre, kann man sich mit Recht fragen, was Uhren und Stöcke von der Relativitätstheorie wissen und warum ihnen deren Schicksal so sehr am Herzen liegen sollte. Was man wirklich haben möchte, ist eine Erklärung auf der Grundlage von irgendetwas im inneren Aufbau von Stöcken, aufgrund dessen Stöcke in Bewegungsrichtung um den Faktor $s = \sqrt{1 - \left(\frac{u}{c}\right)^2}$ schrumpfen *müssen*, oder etwas in der Funktionsweise einer Uhr, das sie dazu *zwingt*, in Bewegung um den Faktor $s = \sqrt{1 - \left(\frac{u}{c}\right)^2}$ langsamer zu ticken.

Und in der Tat lässt sich solch ein Mechanismus, obwohl das im Detail ausgesprochen kompliziert werden kann, *immer* angeben. In jedem gegebenen Bezugssystem liefern die physikalischen Gesetze, welche die Längen von Stöcken und die Taktraten von Uhren bestimmen, erschöpfende Erklärungen und zwingende Gründe dafür, dass ein Stock kürzer werden muss, wenn er sich in Längsrichtung bewegt, und eine Uhr langsamer tickt, wenn sie in Bewegung gesetzt wird. Leute, die Ausdrücke wie „erscheint kürzer/langsamer" benutzen, haben diese Erklärungen bloß noch nicht hinreichend durchdrungen.

Betrachten wir als Beispiel eine sehr einfache Art von Uhr, die aus einem sehr einfachen Grund langsamer wird, wenn sie sich bewegt. Dazu nehmen wir einen ruhenden Stock der Länge D und bringen an seinen beiden Enden Spiegel an, die einen Lichtpuls in Längsrichtung hin- und herreflektieren (weißer Kreis auf der linken Seite von Abb. 13.1). Die Uhr tickt jedesmal, wenn der Puls einmal hin- und hergelaufen ist. Obwohl es nicht ganz einfach sein dürfte, eine solche Uhr tatsächlich zu bauen, hat sie den Vorteil größter konzeptioneller Einfachheit. Man muss nur zwei Dinge über die Welt wissen, um ihr Verhalten zu analysieren, wenn sie sich bewegt: (a) wie schnell der Lichtpuls in der bewegten Uhr hin- und herläuft und (b) wie lang der Stock ist, wenn er sich bewegt. Wir wissen, dass die Lichtgeschwindigkeit in jedem Inertialsystem den Wert c hat, damit ist (a) bereits erledigt. Aufpassen müssen wir bei (b), denn wir müssen möglicherweise die schrumpfende Länge des bewegten Stocks und damit unserer bewegten Uhr erklären, um ihre Verlangsamung zu verstehen. Glücklicherweise lässt sich dieses Problem aber auf einfache Weise umgehen: Wir verlangen einfach, dass sich der Stock nicht in Längsrichtung, sondern seitlich, also senkrecht dazu, bewegt (rechte Seite von Abb. 13.1).

Ein Stock, der sich *senkrecht* zu seiner Längsrichtung bewegt, schrumpft (oder wächst) nicht. Der Grund dafür ist, dass anders als bei Bezugssystemen, die sich entlang der Verbindungslinie zwischen zwei Ereignissen bewegen, es keinerlei Probleme mit der Gleichzeitigkeit von Ereignissen an verschiedenen Orten gibt, wenn sich zwei Bezugssysteme *senkrecht* zur Verbindungslinie der Ereignisse bewegen. Die

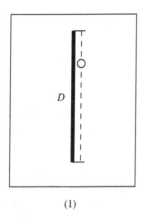

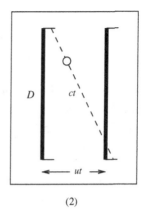

(1)   (2)

Abb. 13.1 (1) Die *dicke durchgezogene Linie* ist ein ruhender Stock der Länge *D*. Die *kurzen dünnen Striche* an seinen Enden sind zwei Spiegel, zwischen denen ein Lichtpuls (*kleiner weißer Kreis*) mit der Geschwindigkeit *c* hin- und herreflektiert wird (*gestrichelte Linie*). (2) Derselbe Stock zu zwei Zeitpunkten aus Sicht eines anderen Bezugssystems, das sich mit der Geschwindigkeit *u* nach links bewegt. Der Lichtpuls braucht eine Zeit *t*, um vom oberen zum unteren Spiegel zu gelangen. In dieser Zeit bewegt sich der Stock um die Strecke *ut* nach rechts. Der Lichtpuls bewegt sich zwischen den Spiegeln entlang der *gestrichelten Linie*; die von ihm zurückgelegte Strecke beträgt $ct = \sqrt{D^2 + (ut)^2}$

Symmetrie der Situation macht es unmöglich anzugeben, welches Ereignis im bewegten Bezugssystem zuerst stattfindet. Es bleibt den Ereignissen schlicht nichts anderes übrig, als gleichzeitig zu bleiben. Sie können sich das auch so überlegen: Wenn die Ereignisse an den zwei Enden eines ruhenden Zugs stattfänden, würde das Licht einer in der Mitte platzierten Lampe – anders als in Kap. 5 – in jedem sich *senkrecht* zur Länge des Zugs bewegenden Bezugssystem die Enden des Zugs jeweils gleichzeitig erreichen.

Somit sind sich alle senkrecht zur Längsrichtung des Stocks bewegten Bezugssysteme einig, an welchen Orten sich die beiden Enden des Spiegel *zur selben Zeit* befinden. Damit gibt es auch keine unterschiedlichen Ansichten darüber, was eine gültige Längenmessung ist. Alice könnte z. B. einfach Bobs bewegten Stock mit einem identischen Stock vergleichen, der in ihrem Bezugssystem ruht und ebenfalls senkrecht zur Bewegungsrichtung ausgerichtet ist. In ihrem wie in Bobs Bezugssystem liegen alle Teile von ihrem Stock *zur selben Zeit* neben allen Teilen von Bobs Stock. Wenn Alice misst, dass Bobs bewegter Stock kürzer ist, dann ist das auch für Bob eine gültige Messung. Daher schließt Bob, dass Alice' Stock länger als seiner ist. Das würde aber bedeuten, dass für Bob bewegte Stöcke (z. B. der von Alice) länger werden, während sie für Alice kürzer werden. Dies widerspricht dem Relativitätsprinzip, und der einzige Ausweg aus dem Dilemma ist, dass die Länge eines senkrecht bewegten Stocks von dieser Bewegung nicht beeinflusst werden darf.[73] Also können wir D als Länge des Stocks benutzen, egal wie er sich senkrecht zu seiner Längsrichtung bewegt. Wenn die Uhr ruht, braucht der Lichtpuls eine Zeit D/c, um von einem Spiegel zum anderen zu gelangen, die Zeit T zwischen zwei Ticks der Uhr ist doppelt so lang:

$$T = 2D/c. \tag{13.1}$$

Wenn sich die Uhr dagegen bewegt, muss das Licht eine längere Strecke zurücklegen, um von einem Spiegel zum anderen zu gelangen (rechte Seite von Abb. 13.1). Und da die Lichtgeschwindigkeit unabhängig vom Bezugssystem ist, benötigt die Uhr ganz klar mehr Zeit zwischen zwei

Ticks. So einfach funktioniert hier der Mechanismus hinter der Zeitverlangsamung.

Wir können sogar eine quantitative Aussage darüber machen, wie viel Zeit mehr vergeht. Es seien u die Geschwindigkeit des Stocks und t die Zeit, die das Licht von einem Spiegel zum anderen braucht. Dann bewegt sich der Stock die Strecke ut senkrecht zu seiner Länge, während sich der Lichtpuls von einem Ende des Stocks zum anderen bewegt. Also ist der Weg ct des Lichtpulses die Hypotenuse eines rechtwinkligen Dreiecks mit den Katheten D (unveränderte Länge des Stocks) und ut (Weg des Stocks). Mit Pythagoras ist dann

$$(ct)^2 = D^2 + (ut)^2 \qquad (13.2)$$

und damit

$$t = \frac{D/c}{\sqrt{1 - \left(\frac{u}{c}\right)^2}}. \qquad (13.3)$$

Weil die Zeit T_u zwischen zwei Ticks der mit der Geschwindigkeit u bewegten Uhr doppelt so lang ist, bekommen wir durch Vergleich von (13.3) und (13.1)

$$T_u = \frac{T}{\sqrt{1 - \left(\frac{u}{c}\right)^2}}. \qquad (13.4)$$

Die bewegte Uhr braucht somit mehr Zeit zwischen zwei Ticks als die ruhende und die Beziehung zwischen den beiden Taktraten entspricht exakt dem Verlangsamungsfaktor s, den wir in Kap. 6 auf komplett andere Weise hergeleitet haben.

Man könnte jetzt noch argwöhnen, dass dieses Beispiel in Wahrheit nicht wegen seiner Einfachheit gewählt wurde, sondern um die Konstanz der Lichtgeschwindigkeit als den gesuchten „Mechanismus" hinter der Verlangsamung der bewegten Uhr auszugeben. Dieser Einwand ist nicht berechtigt. Die Konstanz der Lichtgeschwindigkeit ist eine fundamentale Eigenschaft der Welt, in der wir leben, genau wie jede andere ihrer physikalischen Eigenschaften, und dazu noch wesentlich fundamentaler als die meisten. Es ist veraltetes Denken (vorletztes Jahrhundert!) und schlichtweg irrational, beim Entwurf eines Messinstruments keinen Gebrauch von dieser grundlegenden Tatsache zu machen.

Darüber hinaus kann man immer einen Mechanismus finden, wie auch die Uhr im einzelnen konstruiert wird. Er wird bei den meisten Uhren nur komplizierter sein als hier. Eine moderne Atomuhr beruht z. B. auf der Schwingungsfrequenz einer bestimmten Atomsorte unter bestimmten Bedingungen. Solche Schwingungsfrequenzen kann man mit einer komplizierten quantenmechanischen Gleichung ausrechnen, die Paul Dirac als erster formuliert hat. Und in der Tat werden Sie, wenn Sie mit der Dirac-Gleichung die Schwingungsfrequenz von genau dieser Atomsorte und unter genau diesen Bedingungen berechnen und die Berechnung dann wiederholen für den Fall, dass sich die ganze Atomuhr mit der Geschwindigkeit u bewegt, nach einem gigantischen Rechenaufwand herausbekommen, dass die Schwingungsfrequenz, also die Taktrate der Uhr, bei der bewegten Atomuhr exakt um unseren gewohnten Verlangsamungsfaktor $s = \sqrt{1 - \left(\frac{u}{c}\right)^2}$ kleiner ist.

Selbst die Rate, mit der eine altmodische mechanische Armbanduhr tickt, wird durch Dinge wie die Steifigkeit bzw. Elastizität gewisser Federn und die Trägheitsmomente gewisser Rädchen bestimmt. Diesen liegen wiederum Kräfte zugrunde, welche die Atome in Federn und Rädchen zusammenhalten und praktisch ausschließlich elektromagnetischer Natur sind, sowie die quantenmechanischen Gesetzmäßigkeiten, welche die innere Struktur von Atomen und Molekülen in Anwesenheit solcher Kräfte bestimmen. Und obwohl, so weit ich weiß, noch niemand eine detaillierte „First-Principles-Rechnung" der Taktrate einer alten Kaufhausarmbanduhr von Grund auf durchgezogen hat, garantiere ich Ihnen, dass wenn Sie diese Uhr in Bewegung versetzen, dies sich so auf die inneren Kräfte und Atomstrukturen auswirken wird, dass die Taktrate um den Verlangsamungsfaktor s abnimmt.

Wie kann ich so etwas garantieren, ohne diese schwierigen Berechnungen wirklich selbst ausgeführt zu haben? Erinnern Sie sich an Einsteins erstes Postulat: Die Gesetze des Elektromagnetismus müssen genau wie die der Mechanik konsistent mit dem Relativitätsprinzip sein. Eine der großen Leistungen in Einstein Arbeit aus dem Jahr 1905 bestand darin, dass er explizit demonstriert hat, wie man jene Gesetze in eine Form bringen kann, die mit dem Relativitätsprinzip konsistent ist. Da die Gesetze insbesondere voraussagen, dass die Geschwindigkeit des Lichts im leeren Raum unabhängig von der Geschwindigkeit der Lichtquelle ist, sind sie vollkommen mit allen Aspekten der Speziellen Relativitätstheorie verträglich. Einer dieser Aspekte ist, dass bewegte Uhren langsamer gehen – daher *muss* jede Uhr, deren Funktionsweise auf den Gesetzen des Elektromagnetismus beruht, aufgrund ebendieser Gesetze langsamer gehen, wenn sie in Bewegung versetzt wird. Um die Funktionsweise der Uhr umfassend zu beschreiben, braucht man zusätzlich noch die Gesetze der Quantenmechanik, um etwaige Einflüsse zu berücksichtigen, welche die Bewegung der Uhr auf die atomaren Strukturen ausübt. Doch einer der Ausgangspunkte von Dirac zur Herleitung seiner quantenmechanischen Gleichungen war, dass diese explizit konsistent mit der Speziellen Relativitätstheorie sein sollten!

Mit anderen Worten: Die Gesetze der Quantenmechanik (genauer gesagt die der „relativistischen Quantenmechanik") und des Elektromagnetismus wurden so, wie wir sie heute kennen, *darauf ausgelegt*, dass bei der Berechnung der Taktrate einer bewegten Uhr diese Taktrate garantiert geringer ist als die einer ruhenden Uhr. Ebenso können sie „qua Design" garantieren, dass die einen Stock zusammenhaltenden Kräfte sich so verhalten, dass der Stock in Bewegung kürzer ist, als wenn er sich in Ruhe befindet. Diese Gesetze versetzen uns somit automatisch in die Lage, ein detailliertes physikalisches Bild von den Vorgängen auszurechnen, die im Einzelnen jeweils dafür verantwortlich sind, dass eine Uhr in Bewegung langsamer geht und ein Stock in Bewegung kürzer ist – so schwierig es auch sein und so viel Computerleistung es auch erfordern mag, solch ein Wahnsinnsunternehmen tatsächlich auszuführen.

Den Umstand, dass die Gesetze einer Theorie ein solches Design aufweisen, fasst man oft in der Aussage zusammen, die Theorie sei „Lorentz-invariant" oder auch „Lorentz-kovariant" – zu Ehren von Hendrik Antoon Lorentz, der 1904 die Lorentz-kovariante Form der Gesetze des Elektromagnetismus veröffentlicht hat, ohne allerdings die

Tragweite dieser Erkenntnisse zu ermessen. Diese zu erkennen gelang erst Einstein, als er ein Jahr später seine Einsichten in die Natur der Zeit publizierte.

Könnte unser Beharren darauf, nur physikalische Theorien gelten zu lassen, in denen bewegte Uhren langsamer gehen und bewegte Stöcke schrumpfen, nicht dennoch eine kolossale Schummelei sein? Haben wir nur deshalb mechanistische Erklärungen für diese Erscheinungen, weil wir uns weigern, eine fundamentale Theorie zu erwägen, welche diese Erklärungen nicht liefert? Betrachten wir ein anderes, intuitiveres Invarianzprinzip aus Kap. 2. Wir bestehen nun darauf, dass akzeptable fundamentale Theorien keinen Unterschied aufgrund der absoluten Orientierung eines Objekts im Raum machen dürfen. Solche Theorien weisen eine eingebaute Rotationsinvarianz auf. Sie erlauben es uns, eine mechanistische Erklärung dafür auszuarbeiten, dass jemand einen Ball genauso weit nach Norden wie nach Osten werfen kann (unter Vernachlässigung von Wind, Erdrotation und anderen lokalen Belanglosigkeiten). Ist das geschummelt? Nein! Sollten wir jemals entdecken, dass es eine in die Struktur des leeren Raums eingebaute Vorzugsrichtung gibt, wäre damit eines unserer fundamentalsten Gesetze widerlegt, und wir hätten etwas von größter Bedeutung gelernt. Da aber das Prinzip der Rotationsinvarianz, soweit wir wissen, unter allen Umständen korrekt ist, wäre es töricht, es nicht zu einer Grundlage unserer physikalischen Theorien zu machen.

Genauso verhält es sich mit dem Relativitätsprinzip und dem Prinzip von der Konstanz der Lichtgeschwindigkeit. Letzteres sollten wir in diesem allgemeineren Kontext besser als Prinzip von der Existenz einer invarianten Geschwindigkeit, oder wenn Sie mögen, von der Invarianz des Intervalls bezeichnen. Diese Prinzipien sind mittlerweile so oft und überzeugend belegt worden, dass wir es beim Entwerfen von neuen Theorien für von den elektromagnetischen Gesetzen nicht abgedeckte Phänomene als Richtschnur nehmen: Jede neue Theorie muss so angelegt sein, dass sie konsistent mit den Prinzipien der Relativitätstheorie ist. So wurden seit 1905 zwei neue Grundkräfte entdeckt, die starke Kraft (oder Wechselwirkung), welche die Atomkerne gegen die elektrische Abstoßung zwischen den dort befindlichen Protonen zusammenhält, und die schwache Kraft (oder Wechselwirkung), welche radioaktive Zerfälle wie die Umwandlung eines Neutrons in ein Proton, ein Elektron und ein Neutrino bewirkt.

Diese neuen Kräfte haben zunächst einmal nichts mit dem Elektromagnetismus zu tun.[74] Auf der Suche nach Gesetzen, welche ihre Wirkungen beschreiben könnten, konnte man die unüberschaubare Vielfalt der möglichen Ansätze mithilfe der Invarianzprinzipien ganz erheblich einschränken: Jedes denkbare Gesetz musste konsistent mit der Rotationsinvarianz, der Translationsinvarianz in Raum und Zeit, dem Relativitätsprinzip und mit der Konstanz der Lichtgeschwindigkeit sein. Als Folge davon haben wir die Garantie, dass jede Uhr, die man mithilfe der schwachen oder starken Wechselwirkung konstruiert, genau wie eine „elektromagnetische" Uhr um den Faktor s langsamer geht, wenn sie sich bewegt. Und in der Tat, bei einer Geschwindigkeit knapp unter c lebt ein freies Neutron, das in Ruhe eine Halbwertszeit von rund 12 Minuten hat, merklich länger und kann somit als eine bewegte

„Schwache-Wechselwirkungs-Uhr" dienen, genau wie die μ-Mesonen in Kap. 6.

So hängt alles miteinander zusammen. Wenn „real" überhaupt irgendeine Bedeutung haben soll, sind die Verlangsamung bewegter Uhren und das Schrumpfen bewegter Stöcke reale Vorgänge. Andererseits haben wir mittlerweile ein deutlich weniger naives Verständnis davon, was „real" *wirklich* bedeutet. Der Mechanismus, der uns in einem Bezugssystem die reale Erklärung für ein Phänomen beschert, kann ganz anders aussehen als die reale Erklärung dieses Phänomens in einem anderen Bezugssystem. Betrachten Sie das folgende Beispiel.[75]

Zwei Raketen sind durch ein langes, straff gespanntes Seil verbunden. Zu einer vorgegebenen Zeit starten beide Raketen und bewegen sich dann mit der Geschwindigkeit *u* in der durch das Seil vorgegebenen Richtung, etwa nach Osten. Da die Raketen zur gleichen Zeit starten und sich dann mit der gleichen Geschwindigkeit bewegen, ändert sich ihr räumlicher Abstand nicht. Dadurch wird aber das nunmehr in Längsrichtung bewegte Seil am Schrumpfen gehindert, wie es dies eigentlich tun müsste. Wenn die Raketen schnell genug sind, ist das Seil so stark überspannt, dass es reißt – eine schöne Demonstration der Realität von Längenkontraktionen.

In einem Bezugssystem, das sich entlang des Seils mit einer Geschwindigkeit *u* bewegt, läuft die Geschichte allerdings ziemlich anders ab. Anfangs bewegen sich beide Raketen und das (in diesem Bezugssystem kontrahierte) Seil mit dem Geschwindigkeitsbetrag *u* nach Westen. Plötzlich hört die östliche Rakete auf sich zu bewegen, während die westliche noch ein bisschen weiterfliegt, bevor sie auch abstoppt, wodurch das Seil überspannt wird – gegebenenfalls so weit, dass es reißt.

Tatsächlich sind beide Geschichten in Wirklichkeit komplizierter, denn die Bewegung, die von den beiden Raketen auf das Seil an dessen Enden übertragen wird, wandert mit der Geschwindigkeit elastischer Wellen das Seil entlang, was extrem langsam im Vergleich zu Geschwindigkeiten im Bereich von c ist. Aber auch die sorgfältiger erzählte Geschichte sieht in beiden Bezugssystemen deutlich anders aus. Beide Versionen sind vollkommen korrekt – in dem Bezugssystem, in dem sie erzählt werden. Die Tatsache, dass diese beiden sehr unterschiedlichen Erklärungen für das gleiche Geschehen so unterschiedlich sind, ist nicht seltsamer (oder weniger seltsam) als die Vorstellung, dass Menschen in New York denken, die Bewohner der australischen Stadt Sydney stünden alle auf dem Kopf, und umgekehrt. Auch die Einwohner von New York und Sydney beschreiben das gleiche Geschehen auf unterschiedliche Weise.

Eine wichtige Lektion, die man bei der Beschäftigung mit der Relativitätstheorie lernen kann, ist, dass den Dingen weniger Eigenheiten innewohnen, als wir bisher geglaubt haben. Vieles von dem, was wir für fundamentale Eigenschaften der Dinge gehalten haben, ist nur ein Ausdruck der Art, in der wir über sie reden. Das soll nicht heißen, dass es keine unabänderlichen Eigenschaften von Dingen oder Ereignissen gäbe. Aber das, was wir als tatsächlich unabänderlich kennengelernt haben – etwa das Intervall zwischen zwei Ereignissen – ist fremdartig und seltsam, während das, was wir einmal für unabänderlich hielten – etwa die Zeit zwischen zwei Ereignissen – sich als bloße Ansichtssache herausgestellt hat.

Dieser Prozess des Aufdeckens von falschen alten Überzeugungen und der mühseligen und akribischen Suche nach
den ihnen zugrunde liegenden Irrtümern, um dann daraus
besser fundierte Überzeugungen zu konstruieren, mit denen wir die alten ersetzen können, macht das Streben nach
naturwissenschaftlicher Erkenntnis so fesselnd und faszinierend. Die Welt wäre ein viel besserer Ort, wenn man diese
Freude am Aufdecken von eigenen Irrtümern auch in anderen menschlichen Unternehmungen finden könnte.

Anmerkungen

[1] „... at last it came to me that time was suspect." R. S. Shankland: „Conversations with Albert Einstein", *American Journal of Physics* **31** (1963): 47–57; auf Deutsch in A. P. French (Hrsg.): „Einstein. Wirkung und Nachwirkung" (Braunschweig u. Wiesbaden: Vieweg) 1985

[2] In Deutschland ist das anders, hier steht sie seit Längerem in den Physiklehrplänen der Oberstufe, zumindest auf Leistungskursniveau (Anm. d. Ü.).

[3] Leider gibt es keine deutsche Ausgabe dieses Werks (Anm. d. Ü.).

[4] etwa 8.–10. Klasse im deutschen Schulsystem (Anm. d. Ü.)

[5] *Annalen der Physik* **17** (1905): 891–921

[6] Für Physiker bedeutet „mit konstanter Geschwindigkeit" grundsätzlich, dass sich weder der Betrag noch die Richtung der Geschwindigkeit ändern. Für den „Betrag der Geschwindigkeit" (immer eine positive Zahl oder null) benutzt der Autor im englischen Original den Ausdruck „speed", für „Geschwindigkeit als gerichtete Größe" das Wort „velocity". Leider kann man diese Unterscheidung nicht direkt ins Deutsche übertragen, weswegen wir im Zweifelsfall das etwas sperrige Wort „Geschwindigkeitsbetrag" benutzen müssen (Anm. d. Ü.).

[7] Wiederum schließt „ohne Beschleunigung" physikalisch auch „ohne Richtungsänderung" mit ein.

[8] Der Autor des englischsprachigen Originals stammt aus New Haven, Connecticut, und ist daher des Antiamerikanismus unverdächtig (Anm. d. Ü.).

[9] Auch auf die Gefahr hin, eine ziemlich einfache Sache noch weiter zu verkomplizieren, fühle ich mich genötigt darauf hinzuweisen, dass wir implizit angenommen haben, ein in dem einen Inertialsystem ungestörtes Objekt sei automatisch auch in allen anderen Inertialsystemen ein ungestörtes Objekt. Anders ausgedrückt: Die Bedingung, dass auf ein Objekt keine äußere Kraft einwirken soll, ist eine *Invariante* unter dem Wechsel zwischen zwei Inertialsystemen. Da man sich unter solchen Kräften beispielsweise Düsentriebwerke oder zusammengedrückte bzw. lose Federn vorstellen kann, ist dies einen vernünftige Annahme.

© Springer-Verlag Berlin Heidelberg 2016
N. D. Mermin, *Es ist an der Zeit*, DOI 10.1007/978-3-662-47152-4

[10] das sich im Bahnhofssystem mit 2 m/s nach rechts bewegt

[11] Ruhe ist auch nur eine Form von Bewegung, nämlich eine mit der Geschwindigkeit null.

[12] „... at last it came to me that time was suspect." R. S. Shankland, „Conversations with Albert Einstein", *American Journal of Physics* **31** (1963): 47–57; auf Deutsch in A. P. French (Hrsg.): „Einstein. Wirkung und Nachwirkung" (Braunschweig u. Wiesbaden: Vieweg) 1985

[13] Für den Rest des Buchs werde ich für den solcherart umdefinierten „Foot" die deutsche Bezeichnung „Fuß" verwenden, da diese Einheit im deutschen Sprachraum schon so lange aus dem Gebrauch ist, dass einer sinnvollen Wiederverwendung nichts im Weg steht. Die Abkürzung „1 F/ns" liest sich also „ein Fuß pro Nanosekunde" (Anm. d. Ü.).

[14] „Photo" kommt vom griechischen Wort für Licht, $\phi\omega\varsigma$ (Genitiv $\phi\omega\tau o\varsigma$).

[15] Hervorhebung durch den Autor

[16] im englischen Original mit c! (Anm. d. Ü.)

[17] Im englischen Original steht hier „if you know a little German" – lucky you! (Anm. d. Ü.)

[18] Zur Erinnerung: Nur die Vakuumlichtgeschwindigkeit hat in allen Inertialsystemen den gleichen Zahlenwert.

[19] Einen Überblick über die Bedeutung der Synchronisation weit entfernter Uhren und die dabei zu Einsteins Zeiten auftretenden praktischen Schwierigkeiten finden Sie in Peter Galisons Buch „Einstein's Clocks, Poincare's Maps: Empires of Time" (New York: W. W. Norton) 2003, deutsch: Peter Galison: „Einsteins Uhren, Poincarés Karten: die Arbeit an der Ordnung der Zeit" (Frankfurt a. M.: Fischer-Taschenbuch-Verlag) 2006.

[20] Wir betrachten lediglich den Fall, dass der Ball langsamer ist als das Photon. Später werden wir sehen, dass es sehr ernsthafte Probleme mit Bällen geben würde, die sich schneller als das Licht bewegen.

[21] Ein kleiner didaktischer Exkurs: Wenn ich behaupte, dass zwei Ausdrücke äquivalent sind – in diesem Fall die Relationen (4.3) und (4.4) – sollten Sie sich immer selbst davon überzeugen, dass dies auch wirklich so ist. Wenn ihnen die Äquivalenzumformung von (4.3) nach (4.4) zu schwierig sein sollte, testen Sie die Behauptung zumindest für einige Spezialfälle. So besagt Gl. (4.3) für $f = \frac{1}{2}$, dass $u/c = \frac{1}{3}$ ist. Andererseits ist für $u = \frac{1}{3}c$ laut Gl. (4.4) $f = \frac{1}{2}$, wie es auch sein sollte.

[22] Sie erinnern sich, dass ein „Fuß" ein sinnvoll umdefinierter amerikanischer „Foot" ist?

[23] Es ist eine nützliche Übung, wenn Sie dieses Resultat überprüfen, indem Sie die Analysen dieses Kapitels für den Fall wiederholen, dass das Rennen „Ball vs. Photon" im ersten Wagen beginnt und das Photon am Endes des Zugs reflektiert wird.

[24] Siehe R. S. Shankland: „Conversations with Albert Einstein", *American Journal of Physics* **31** (1963): 47–57. Es ist insofern sehr schön, dass Fizeaus Resultat sich als eine unmittelbare Konsequenz der beiden Postulate von Einsteins Relativitätstheorie erweist.

[25] Im selben Jahr veröffentlichte er noch zwei weitere bahnbrechende Arbeiten, eine zur Quantentheorie und eine zur statistischen Physik (Anm. d. Ü.).

[26] und ich kein deutsches (Anm. d. Ü.)

[27] Dies ist selbst dann der Fall, wenn die vom Zug und von den Schienen aus gemessenen Längen voneinander abweichen sollten – was sie tatsächlich tun, wie wir in Kap. 6 sehen werden –, denn egal wie diese Abweichung aussehen mag, sie muss für die vordere Zughälfte in gleicher Weise gelten wie für die hintere.

[28] Nebenbei gesagt: Wenn wir in dieser schockierenden Erkenntnis die beiden Worte „Ort" und „Zeit" vertauschen, wird sie zu einer ziemlich langweiligen Feststellung: „Ob zwei Ereignisse zu verschiedenen *Zeiten* am selben *Ort* geschehen oder nicht, hat keine absolute Bedeutung, sondern hängt davon ab, in welchem Bezugssystem diese Ereignisse beschrieben werden" – was in Ihrem Auto im Lauf einer Fahrt geschieht, geschieht in Ihrem Auto, aber ebenso an vielen verschiedenen Punkten auf der Straße.

[29] Sollte *u* kleiner als *v* sein, würden im Schienensystem beide Signale mit unterschiedlichem Tempo in dieselbe Richtung laufen. Man kann dann ganz ähnlich argumentieren, worauf wir hier aber verzichten wollen.

[30] Bei beiden Uhren ist jeweils dieselbe Zeit vergangen, weil sie identisch sind und sich mit derselben Geschwindigkeit bewegen.

[31] Ich sage „verlangsamt", weil es sich herausstellt, dass der Faktor immer kleiner als 1 ist. Wäre er größer als 1, müsste ich „Beschleunigungsfaktor" sagen.

[32] Sollte sich herausstellen, dass diese Zahl größer als 1 ist, wäre es ein Streckfaktor, aber auch hier ahnen wir bereits, dass der Faktor immer unter 1 liegen wird.

[33] Was zumindest auf Englisch sowohl für „shrinking" als auch für „slowing-down" stehen könnte, auf Deutsch geht leider nur „schrumpfen" – andererseits könnte es aber auf Englisch genauso gut für „stretching" (Strecken) oder „speeding" (Beschleunigen) stehen (Anm. d. Ü.).

[34] Nach dem berühmten niederländischen Physiker Hendrik Antoon Lorentz und dem kaum bekannten irischen Physiker George F. Fitzgerald; Fitzgerald war etwas eher auf die Idee gekommen, Lorentz hat sie gründlicher ausgearbeitet.

Meist sagt man kurz Lorentz-Kontraktion, ein typisches Beispiel für den sog. Matthäus-Effekt („Denn wer da hat, dem wird gegeben, dass er die Fülle habe; wer aber nicht hat, dem wird auch das genommen, was er hat.").

[35] Würde Bob sich in Richtung der zweiten Uhr bewegen, käme man am Ende auf dasselbe Ergebnis; es genügt, eine von beiden Varianten durchzudiskutieren.

[36] sich zu bewegen, nicht zu ticken!

[37] In diesem Kapitel soll „Distanz" immer einen räumlichen und „Zeitspanne" einen zeitlichen Abstand bezeichnen (Anm. d. Ü.).

[38] Wie später noch weiter ausgeführt wird, werden in diesem Kapitel „raum-zeitliche" Abstände von Ereignissen durchgehend als „Intervalle" bezeichnet. Im deutschen Sprachraum gibt es dafür auch verschiedene andere Begriffe, aus didaktischen Gründen übernehme ich hier aber den Ausdruck „interval" aus dem englischen Original (Anm. d. Ü.).

[39] Geteilt durch c – ein weiterer Vorteil der Raum- bzw. Zeiteinheiten Fuß und Nanosekunde ist, dass mit ihnen diese Fußnote unnötig wird.

[40] Hier ist tatsächlich die angelsächsische Einheit mit der Länge 30,48 cm gemeint, es ist genau 1 yd = 3 ft (Anm. d. Ü.).

[41] Diese Tatsache lässt sich auch ohne den Begriff des Intervalls direkt aus dem Verlangsamungsfaktor $s = \sqrt{1 - v^2/c^2}$ für bewegte Uhren ableiten.

[42] z. B. in Skizze (1) von Abb. 9.1 die weiße und die graue Rakete **0** oder in Skizze (3) die graue Rakete **1** und die weiße Rakete **3**

[43] Passen Sie auf, dass Sie v_{ow} und v_{og} jeweils mit dem richtigen Vorzeichen versehen: positiv, wenn sich das Objekt zum rechten Ende des Zugs bewegt, und negativ, wenn es sich Richtung linkes Ende bewegt.

[44] Sie können nachrechnen, dass selbst dieses überlichtschnelle Tempo mit dem relativistischen Additionstheorem für Geschwindigkeiten konsistent ist. Achten Sie aber auf die Vorzeichen, die angeben, in welche Richtung sich das Objekt jeweils bewegt.

[45] oder einem 2D-Display (Anm. d. Ü.)

[46] Der Autor benutzt im Original die Wortschöpfungen „equiloc" und „equitemp". Er merkt an dieser Stelle an: „Der Terminus ‚equiloc' ist momentan noch kein Teil des relativistischen Grundwortschatzes, sollte es aber sein." Auch die deutsche Sprache hat Mermins sehr treffende Ausdrücke leider noch nicht übernommen (Anm. d. Ü.).

[47] Sollten Sie gerade ein eBook lesen, denken Sie sich „auf dem ePaper" (Anm. d. Ü.).

[48] Wie „Äquilokale/equiloc" hat es auch dieser Begriff zu N. David Mermins Bedauern noch nicht in den relativistischen Grundwortschatz geschafft (Anm. d. Ü.).

[49] Sie erinnern sich sicher, dass wir die Einheit Fuß als die Strecke definiert haben, welche das Licht im Vakuum während einer Nanosekunde zurücklegt.

[50] so klein, dass es auf der interessierenden Längenskala zu jedem Zeitpunkt als punktförmig angesehen werden kann

[51] sofern es möglich ist, dass etwas Unmögliches noch unmöglicher wird

[52] Beachten Sie jedoch, dass Bob mit Alice darin übereinstimmt, dass Ereignis 1 vor Ereignis 2 geschieht; Meinungsverschiedenheiten über die zeitliche Abfolge kann es nur bei raumartig separierten Ereignissen geben.

[53] Denken Sie an den Strahlensatz (Anm. d. Ü.).

[54] Warum der Impuls immer mit einem „P" oder einem „p" abgekürzt wird, ist ein bisschen mysteriös; „I" und „i" sind jedenfalls bereits durch die elektrische Stromstärke bzw. die häufige Verwendung als Zähl- oder Indexvariable besetzt.

[55] Anders als in Kap. 1, wo wir im Wesentlichen Bälle aufeinander geworfen haben, werden wir in diesem Kapitel (Elementar-)Teilchen als Beispielobjekte wählen. Deswegen werden wir wie in der Elementarteilchenphysik üblich von „Kollisionen" und nicht von „Stößen" sprechen, gemeint ist aber im Prinzip das Gleiche (Anm. d. Ü.).

[56] Im Deutschen werden statt halbfett-kursiver Buchstaben für gerichtete Größen oft auch kleine „Vektorpfeile" über das entsprechende Größensymbol gesetzt. Im englischen Original verwendet der Autor hier übrigens wie in den ersten beiden Kapiteln die Begriffe „velocity" und „speed", im Deutschen müssen wir uns leider mit den Worten „Geschwindigkeit" und „Geschwindigkeitsbetrag" behelfen (Anm. d. Ü.).

[57] Die Kürzel „v" und „n" stehen für „vor" und „nach der Kollision".

[58] Physiker sagen dazu meist „Schwerpunktsystem", „Null-Impuls-System" beschreibt die Situation aber treffender.

[59] In der Frühzeit der Relativitätstheorie hat man manchmal eine andere relativistische Massendefinition benutzt, bei der die Masse eines Teilchens geschwindigkeitsabhängig war. Dies zog entsprechende Änderungen bei den relativistischen Definitionen von Energie und Impuls nach sich, damit diese Ausdrücke die gleiche Form behielten wie diejenigen, die wir im Folgenden konstruieren werden. Heute jedoch wird die Masse eines Teilchen immer unabhängig von seiner Geschwindigkeit definiert.

[60] Sie können noch schneller auf (11.29) kommen, wenn Sie die linke Seite des Impuls-Transformationsgesetzes (11.23) durch die linke Seite des Transformationsgesetzes für Geschwindigkeiten (11.18) teilen und dann ebenso die beiden

rechten Seiten durcheinander teilen. Anschließend vergleichen Sie, was Sie mit den Definitionen von m^* und p bekommen.

[61] Die Mathematik, die auf (11.32) führt, ist eigentlich unkompliziert, aber ich möchte unsere Geschichte jetzt, wo es gerade richtig spannend wird, nicht unnötig unterbrechen.

[62] A. Einstein: „Ist die Trägheit eines Körpers von seinem Energieinhalt abhängig?", *Annalen der Physik* **18** (1905): 639–41.

[63] Am Ende von Kap. 8 habe ich bemerkt, dass wenn eine Uhr ihre Reise durch den Raum beschleunigt, sich ihre Reise durch die Zeit verlangsamt. Dieser scheinbare Widerspruch löst sich auf, wenn man bedenkt, dass wir dort in einem gegebenen Bezugssystem die Reise einer bewegten Uhr durch die Zeit anhand der Geschwindigkeit bestimmt haben, mit der die Zeit auf dieser Uhr pro Sekunde Zeit in diesem Bezugssystem voranschreitet. Hier jedoch reden wir über die Geschwindigkeit, mit der die Zeit in einem gegebenen Bezugssystem vergeht, angegeben pro Sekunde Eigenzeit der bewegten Uhr.

[64] Die Indizes „ur" („ursprünglich") und „neu" sind bei der Anwendung von Erhaltungssätzen etwas passender als „v" und „n" für „vorher" bzw. „nachher", bedeuten aber natürlich dasselbe.

[65] An dieser Stelle stehen die Buchstaben ω und k einfach für eine Energie bzw. einen Impuls. Falls Sie aus anderen Büchern oder Kursen an eine andere Verwendung dieser Zeichen gewöhnt sind, vergessen Sie diese hier für den Moment. Es gibt einen physikalischen Zusammenhang, aber den herauszuarbeiten würde uns viel zu weit weg von dem führen, worum es hier geht.

[66] Dessen Energie ist gleich seiner Masse m, da es erstens ruht und wir zweitens mit den Einheiten Fuß und Nanosekunden $c^2 = 1$ haben.

[67] eigentlich m mal c^2, aber $c = 1\,\text{F/ns}\ldots$

[68] f wie „Frequenz".

[69] D sei so groß und die Zeit t_P zwischen aufeinanderfolgenden Pulsen sei so klein, dass t_P winzig ist im Vergleich zu der Zeit, in der ein Puls von einer Uhr zu anderen fliegt.

[70] Der Unterschied zwischen diesem und dem relativistischen Faktor aus Kap. 7 ist komplett vernachlässigbar, denn es ist $\sqrt{\left(1 + \frac{u}{c}\right) / \left(1 - \frac{u}{c}\right)} = \left(1 + \frac{u}{c}\right) / \sqrt{1 - \left(\frac{u}{c}\right)^2}$ und $\left(\frac{u}{c}\right)^2$ ist wirklich nur eine sehr sehr kleine Abweichung von der 1.

[71] „In Richtung Erde beschleunigen" heißt die Geschwindigkeit $+u$ weg von der Erde so lange zu reduzieren, bis sie kleiner als null und schließlich gleich $-u$ wird.

[72] Ob Sie in Ihrem Bett ruhen, d. h. sich jetzt und zehn Minuten später am selben Ort befinden, hängt davon ab, ob Sie dies im Bezugssystem des Betts oder etwa dem des galaktischen Zentrums betrachten.

[73] Dieser Schluss gilt nicht für in Längsrichtung bewegte Stöcke, dann dort gibt es keine Einigkeit darüber, was eine gültige Messung ist.

[74] auch wenn es eine Verbindung zwischen Elektromagnetismus und schwacher Kraft gibt, die man beide als niederenergetische Grenzfälle einer sog. elektroschwachen Kraft ansehen kann

[75] Siehe hierzu den Aufsatz „Wie lehrt man spezielle Relativität?" in dem Buch „Sechs mögliche Welten der Quantenmechanik" von John S. Bell (München: Oldenbourg 2012); englisches Original: „How to Teach Special Relativity", in: John S. Bell: „Speakable and Unspeakable in Quantum Mechanics" (Cambridge: Cambridge University Press, 1987, 2nd edn. 2004).

Sachverzeichnis